Hans-Peter Krüger

Gehirn, Verhalten und Zeit
Philosophische Anthropologie als Forschungsrahmen

Philosophische Anthropologie

Band 7

Herausgegeben von Hans-Peter Krüger und Gesa Lindemann

Internationaler Beirat:
Richard Shusterman (Boca Raton, Florida) und
Gerhard Roth (Bremen)

Was bisher Leben und Bewusstsein, Sprache und Geist genannt wurde, steht in den neuen biomedizinischen, soziokulturellen und kommunikationstechnologischen Verkörperungen zur Disposition. Diese neuen Sozio-Technologien führen zu einer tief greifenden anthropologischen Entsicherung, die eine offensive Erneuerung der Selbstbefragung des Menschen als vergesellschaftetes Individuum und als Spezies herausfordert.

Die philosophische Anthropologie reflektiert die Grenzen sowie die interdisziplinären Grenzübergänge zwischen den verschiedenen erfahrungswissenschaftlichen Disziplinen und ihren jeweiligen Anthropologien. Sie behandelt diese Grenzfragen philosophisch im Hinblick auf die Fraglichkeit der Lebensführung im Ganzen.

Diese Reihe ist ein Ort für die Publikation von Texten zur philosophischen Anthropologie. In ihr werden herausragende Monographien und Diskussionsbände zum Thema veröffentlicht.

Hans-Peter Krüger

Gehirn, Verhalten und Zeit

Philosophische Anthropologie als
Forschungsrahmen

Akademie Verlag

Bibliografische Information der Deutschen Nationalbibliothek

Die Deutsche Nationalbibliothek verzeichnet diese Publikation in der Deutschen Nationalbibliografie; detaillierte bibliografische Daten sind im Internet über http://dnb.d-nb.de abrufbar.

ISBN 978-3-05-004480-4

© Für die deutsche Ausgabe: Akademie Verlag GmbH, Berlin 2010

Das eingesetzte Papier ist alterungsbeständig nach DIN/ISO 9706.

Lektorat: Mischka Dammaschke
Einbandgestaltung: Petra Florath, Berlin
Satz: Frank Hermenau, Kassel
Druck: MB Medienhaus Berlin
Bindung: BuchConcept, Calbe

Printed in the Federal Republic of Germany

Für Richard Shusterman

Inhalt

Vorwort

Die Philosophie kann nicht in den Stimmungen des Zeitgeistes mitlaufen. Er folgt der Rhythmik von Generationen, d. h. er wechselt biologisch alle 20 bis 25 Jahre und kulturell etwa alle 5 Jahre. Das sind für die Problemgeschichte der Philosophie und ihre akkumulierte Systematik zu kurze Zeiträume. Sie schafft es nicht, unter dem geschichtlichen Maß der Epochen und Formationen, und dies heißt quantitativ: unter dem der Jahrhunderte, zu fragen und zu antworten. Die meisten ihrer Grenzfragen kommen in historisch neuer Gestalt immer wieder, da sie für die menschliche Lebensführung konstitutiv sind. Wir stehen nicht *über* diesen Fragen nach den Grenzen des Wissens, des Glaubens, des Handelns, des Fühlens etc., sondern *in* ihnen. In dieser aufmerksamen Langsamkeit muss nicht nur ein Nachteil bestehen, darin könnte sogar ein Vorteil liegen. Philosophie kann aus ihrem theoretischen und methodischen Fundus heraus andere Lupen und Ferngläser, andere Uhren und Stimmgabeln beisteuern, als sie dem Zeitgeiste immer gerade unausweichlich zu sein scheinen. Ihre Instrumente sind kategoriale Unterscheidungen und deren Netzwerke, in denen die Welt in anderem als dem gewohnten Lichte und Rhythmus wahrgenommen, gestaltet und begriffen werden kann. So entdeckt man Phänomene und neue Szenarien von allgemeinerem Belang, der an die Grenzen geht. Man muss so nicht immer im Vordergrund das gleiche festgefahrene Stück nachspielen, etwa *entweder* Freiheit *oder* Determinismus, ohne auf den veränderten Hintergrund zu achten, aus dem dieses Lieblingsstück herkommt und in den es wieder verschwinden kann wie ein altes Grammophon. Wenn der Luxus des Philosophierens überhaupt einen Vorteil hat, dann wohl den, dass man sich nicht in ein Stück festbeißen muss, von dem man nicht mehr weiß, wer es einem ursprünglich hingehalten hat.

Nach dem Wertewandel in der westlichen Welt im Gefolge des Generationenwechsels von *1968* war die Natur neu zu thematisieren. Sie erschien öffentlich in ihrer ganzen

Bandbreite von Atomkraft und Atomwaffen mit Napalm über die grüne Frage angesichts ökologisch absehbarerer Katastrophen bis hin zur erotisch freizügigen Plastizität von Säugern, die sich vielleicht doch noch auf Gleichheit und Freiheit ihrer selbstbestimmten Ansprüche einigen könnten. Aus diesem Tumult sich widersprechender Naturverständnisse gingen unter der Hegemonie des neokonservativen Zeitgeistes in den 1980er Jahren klarere Konturen hervor.

Es folgte seither die öffentliche, d. h. in den Massenmedien äußerst selektive Verwertung dreier transdisziplinärer Forschungsschübe aus den Naturwissenschaften: der Genetik und ihrer inzwischen teilweise greifenden Technologien, der Hirnforschung und ihrer seit den 1990er Jahren versprochenen Technologien der Zukunft und der Verhaltensforschung, die uns Menschen zu nahe steht, um uns durch technologische Versprechen in Atem halten zu können. Sie lädt zur Anschauung ein und verwickelt spontan in Verstehenszirkel: Leben versteht schon immer Leben, wie Wilhelm Dilthey sagte.

Die massenmediale Verwertung dieser drei Forschungsschübe hat derzeit in eine Kippbewegung geführt: Der Genetikschub der 1980er Jahre folgte noch der molekularbiologischen Auflösung eines anspruchsvollen evolutionstheoretischen Selbstverständnisses, das man soziokulturell hätte erweitern können. An die Stelle des zufälligen Zusammenspiels verschiedener Variations- und Selektionsprozesse in der lebendigen Natur trat ein molekularbiologischer Determinismus, der alles übergreifend zum Mythos wurde: Da agierten *egoistische* mit *altruistischen Genen* einen alles entscheidenden Überlebenskampf im Rahmen von Marktmodellen des *homo oeconomicus* aus, als seien nicht Organismen die Subjekte des Verhaltens und als gäbe es keine chancenreiche Evolution. Ab 2000 sickerte dann doch massenmedial durch, dass die Gene noch zur rechten Zeit und am rechten Ort ein- und abgeschaltet werden müssten, d. h. ihre eigentliche Erforschung im Rahmen biologischer Verhaltensfunktionen noch bevorstünde, so in der Epigenetik. Dieses offensichtliche Zusammenspiel zwischen molekularbiologischer und ökonometrischer Genetikauffassung, genannt *Evolutionsstrategien* der Gene, mit dem damals neokonservativen Zeitgeist braucht hier nicht mehr erörtert zu werden. Aber vor ihm zeichnet sich umso besser die kritische Verschlingung in der Gegenwart ab: In den massenmedialen Annoncen der Hirnforschung wurde noch das alte Rüstzeug aus dem Glauben an den einen, alles überwältigenden Determinismus nach ökonometrischen Modellen mitgeschleppt, um endlich dem inzwischen, wie es schien, auf postmoderne Weise beliebigen Zeitgeiste entgegentreten zu können. Dieses Motiv vieler Hirnforscher, Determinismus der Natur gegen soziokulturelle Beliebigkeit, wurde häufig von den dominierenden Meinungsmachern, wie sie gerne genannt werden, nochmals kanalisiert. Was längst soziokulturelle Verhandlungsmasse in der westlichen Gesellschaft geworden war, sollte *re-naturalisiert*, also der öffentlichen Diskussion und Veränderung wieder entzogen werden. Diese Renaturalisierung passte strategisch zur und fiel zeitlich zusammen mit der *De-Regulierung* der Kapital- und Finanzmärkte, also deren vermeintlicher *Natur*, der künstlichsten und höchst modernsten, die wir kennen.

Die Kippbewegung begann damit, dass die Gehirne, der Gegenstand der Forschung, nicht vollkommen verdreht werden konnten. Sie sind zu plastisch, zu selbstreferenziell, in ihrer Ausreifung zu stark an bereits soziokulturelle Umwelten gebunden, doch nicht trennbar von den Organismen, deren zentrales Nervensystem sie so vorzüglich darstellen, ja, als nichtlineare n-dimensionale Systeme zu unberechenbar in ihren künftigen Aktivitäten. Kurz: Es kam die *Verhaltensseite der Gehirne*, auch und gerade im Versuchsdesign, zum Vorschein, also eine Einladung an die vergleichende Verhaltensforschung. Sie nun aber befreit erneut von der Vorstellung, die molekularbiologischen Evolutionsstrategien reichten schon aus, um mit der lebendigen Natur noch klarzukommen. Verhaltensforschung lädt zum Abenteuer im *wild life* ein, lässt sich gut mit dem eigenen Zoobesuch und Studium der eigenen Haustiere, nicht zuletzt von einem selbst und den nächsten wie fernsten Nachbarn verbinden. Sie zieht uns Medienkonsumenten in die lebendige Natur hinein, als wäre letztere doch mehr als ein strategisch zu beherrschender Gegner oder gar Feind. Vergleichende Verhaltensforschung bringt, oft im Inszenierungsformat des Reality TV, einerseits Anthropomorphismen zum Blühen in der Phantastik exotischer Bilder, verstrickt andererseits in anthropozentrische und ethnozentrische Blasen. Der Tumult an Potentialität von uns Menschen inmitten der lebendigen Natur ist erneut da, aber nicht mehr wie zuvor im Rufe nach individueller Selbstbestimmung und Selbstverwirklichung. Der Ruf nach einer *community of equals*, wenigstens was die Menschenaffen angeht, wird seit über eininhalb Jahrzehnten lauter.[1] Die Gleichzeitigkeit mit der ökologischen Krise und der globalen Wirtschafts- sowie vor allem Finanzkrise erfordert doch auch Einordnung in übergreifende Gesamtheiten und mehr „kollektive" als nur „individuelle Intentionalität" (M. Tomasello). Es ist so, als müsste dasjenige, welches man mal in der Philosophie „Geist" (Hegel) genannt hatte, wiederentdeckt werden, aber nun für *personale Lebewesen*, nicht mehr für austauschbare Träger des Weltgeistes. Die Kehrseite dieser offenen, sich die Augen reibenden Neugierde: Wer weiß schon, wer in der nächsten Arche Noah, falls es noch eine geben wird, mit wem Platz finden wird?

Das hier vorliegende Buch nimmt die kognitiven Ansprüche der neurobiologischen Hirnforschung und der vergleichenden Verhaltensforschung ernst. Es lässt die Beobachtung des Zeitgeistes, seiner medial zufälligen und strategischen Überlappungen, aus denen heraus dann politische Rhetorik gemacht wird, nur am Rande mitlaufen, sofern sich die Hirnforscher und Verhaltensforscher selbst auf den öffentlichen Austausch einlassen. Oft zu ihrer Überraschung, denn Motive werden verdreht, von der Eitelkeit und Authentizität der Individuen entfremdet und medial gebrochen. Vor allem geraten aber die öffentlichen Adepten, auch jene, welche aus der Philosophie, Soziologie und

---

1 1993 gründeten die italienische Tierschützerin Paola Cavalieri und der australische Bioethiker Peter Singer „The Great Ape Project: Equality beyond Humanity" (deutsch: *Menschenrechte für die Großen Menschenaffen*), in dem von Anfang an führende Primatologen mitwirkten. In der dort enthaltenen „Erklärung für Menschenaffen" wird gefordert, die „Gemeinschaft der Gleichen" auf alle großen Affen auszudehnen, insbesondere, ihnen das Recht auf Leben, den Schutz individueller Freiheit und das Verbot von Folter zu gewähren. Ich danke Volker Sommer (University College London), einem engagierten Kämpfer für die Gemeinschaft der Gleichen, für Diskussionen in Potsdam und Tübingen zu diesem Thema. V. Sommer, Schimpansenland, München 2008.

Wissenschaftsgeschichte stammen, in den Strudel von medialen Zeitverschiebungen, die niemand überschauen kann. In all diesen Hinsichten des Feuilletons will ich hier also keine falschen Versprechen abgeben.

Wichtiger sind mir die bahnbrechenden Erkenntnisse aus der Hirn- und Verhaltensforschung selbst: Was bedeutet es, wenn unsere Gehirne tatsächlich *selbstreferentiell* funktionieren, also sich gerade nicht in *Repräsentationen* erschöpfen, sondern uns bereits organismisch gesehen von *Meta*repräsentationen, die auf *Meta*repräsentationen rekurrieren, förmlich leben lassen? – Da bricht der Mainstream der cartesianischen und empiristischen Philosophien einschließlich der alten analytischen Philosophie schlichtweg zusammen. Das ganze Gerede von Sicherheit verheißenden *Repräsentationen* dessen, was wir ohnehin schon an Sensorik mit Motorik im Verhalten verbinden, stellt sich als ein Angstpfeifen derjenigen heraus, die es im Walde der lebendigen Natur nicht aushalten. Die Affenvorstellung von uns selbst, als könnten wir nur generalisieren, was wir ohnehin bereits wahrgenommen haben und uns nun erneut vorstellen, entfiele dann. Man kann die Entdeckung der selbstreferentiellen Funktionsweise des Gehirnes, darunter insbesondere des Neocortex, kaum überschätzen, denn sie passt als das hirnphysiologische Korrelat bestens zu jener Selbstreferenz, die uns die moderne Semiotik seit Charles Sanders Peirce über dreistellige Symbole gelehrt hat. Solche, in der Kommunikation geteilten Symbole, die auf weitere Symbole referieren, sind keine empirischen Verallgemeinerungen, sondern ermöglichen diese. Sollte also in der Evolution personaler Lebewesen, seien sie der Spezies nach Menschen oder nicht, doch ein transzendentaler Witz stecken, von dem sie in der Tat abhängen?

Es kommt aber noch schlimmer, nicht nur für den Empirismus, sondern auch endlich für den Dualismus in der westlichen Moderne: Wir Menschen haben uns nicht nur als Affen vorgestellt und die Gesellschaft entsprechend eingerichtet, sondern zumindest auch noch die Menschenaffen grundsätzlich unterschätzt (womöglich sogar Säuger und Vögel): Menschenaffen sind zweifelsfrei Sozial- und Kulturwesen, mit zumindest ersten Levels von individuellem Selbstbewusstsein und einem Kommunikationsniveau, das dem von Menschenkindern im dritten Lebensjahr entspricht, wenn man den Primatologen und vergleichenden Psychologen der beiden letzten Jahrzehnte glauben darf. Wenn wir schon an Menschenaffen deren Sozialität und Kulturalität *übersehen* haben, um es gelinde auszudrücken, wie dann erst an uns selbst, falls es da überhaupt noch einen echten Unterschied geben sollte? Es ist auf eine ganz merkwürdige, nur den 1920er Jahren zwischen den beiden Weltkriegen vergleichbare Weise alles ins Rutschen geraten, was für die Wesensmonopole des Menschen im empiristisch-dualistischen Hauptstrom der westlichen Moderne gehalten wurde, und dies sagt etwas über sie aus. Ist diese westliche Moderne doch nur die Einrichtung eines *Tierreiches*, welches man allein im Sinne einer *List der Vernunft*, nämlich der von Märkten, noch hinterrücks als *geistiges* apostrophieren darf, wie Hegel meinte? War mithin dasjenige, welches man in der Philosophie *Geist* nannte, nur eine speziesistische Monopolisierung, da an ihm seit bereits Jahrmillionen andere Hominiden längst teilnahmen und noch teilnehmen? Oder gibt es tatsächlich die Ermöglichung durch einen *Geist* in einer *Welt* von *Personen*, die über dem Niveau einer künstlichen Markterweiterung von Menschenkindern im dritten Lebensjahr liegt?

Für diejenigen, die mit diesen transdisziplinären Forschungsrichtungen länger vertraut sind, als es nötig ist, auf die nächste mediale Mode und Ausschreibung zur Forschungsförderung aufzuspringen, waren die o. g. Nachrichten nicht ganz so *neu*, wie es der Code der Massenmedien zu inszenieren erfordert: Die Selbstreferenz im Primatengehirn, deren psychisches Korrelat man in einem entsprechenden individuellen Selbstbewusstsein und Kommunikationsgebaren anschauen kann, und die Sozialität und Kulturalität der Primaten, die man in verschiedenen Nischenpopulationen der genetisch gleichen Art beobachten kann. Es ist auch nicht so, dass es im Westen nur empiristische und dualistische Philosophien gegeben hätte, die nun das dann Übliche tun, wenn sich der eigene Hegemonieanspruch in Schall und Rauch auflöst: Das Neue schnell als wirklich neu im eigenen Namen feiern, damit man nicht eingehender sich nach hinten lesen muss, und die Gegner, die das Neue vorausgesagt haben, solange es geht ignorieren oder gar des Falschen bezichtigen. So stellt man sich mal wieder an die Spitze der Bewegung, an der man ja schon immer war. Der Streit unter den philosophischen Gegnern innerhalb der westlichen Moderne bietet in dieser Hinsicht keine Ausnahme von dem Schauspiel eines allgemeinen Opportunismus, der heute für eine Resonanzfähigkeit gehalten wird. Aber wer einmal tatsächlich Wolfgang Köhler (1887–1967, 1935 Emigration in die USA) über die Ergebnisse seiner Experimente mit Schimpansen auf Teneriffa, der Anthropoidenstation der Preußischen Akademie der Wissenschaften, vor und während des ersten Weltkrieges gelesen hat, konnte wissen und absehen, was da noch früher oder später auf uns zukommen würde. Franz Kafkas „Ein Bericht für eine Akademie" war dagegen harmlos, gewiss nicht soziokulturell und politisch, was das Judentum betrifft, sondern das Motto wortwörtlich gelesen: Für diejenigen, welche sich trauten, gleichsam durch ein neues Fernrohr (Galilei) zu blicken, indem sie selbst an den – solchen Entdeckungen angemessenen – Primtatenversuchen teilnahmen, statt im Lehnstuhl sitzen zu bleiben. Dass Schimpansen eine praktische Intelligenz entwickeln, konnte jeder Gebildete seit dem Beginn der 1920er Jahre wissen. Aber es war ignoriert worden, weil diese Nachricht weder in die empiristischen noch in die transzendentalen Bewusstseinsphilosophien hineinpasste, nach der bekannten Devise eines üblichen Fehlschlusses: Was nicht sein *darf*, könne auch nicht *sein*. Es gibt nicht nur die naturalistischen Fehlschlüsse vom faktisch Seienden aufs Sollen, wie sie unter Naturwissenschaftlern verbreitet sind, sondern auch die normativistischen Fehlschlüsse vom Sollen aufs Sein, in denen sich viele Philosophen wie in einer Berufskrankheit einig sind, damals sowohl Empiristen als auch transzendentale Rationalisten.

Zu den wenigen Philosophen, die dann in den 1920er Jahren bei dem vergleichenden Zoologen und Tierpsychologen Frederik J. J. Buytendijk in den Niederlanden in die Schule der Tiere und Menschen vergleichenden Physiologie und Psychologie gegangen sind, gehörten Max Scheler und Helmuth Plessner, die Begründer der Philosophischen Anthropologie. Plessner war selbst auch Zoologe, d. h. wusste aus eigener Erfahrung, wie Erfahrungswissenschaft gemacht wird. Er brauchte keine philosophische Legitimation der Naturwissenschaft als Ersatzkirche und neue Leitkultur der atheistischen Moderne,

weder Positivismus noch logischen Empirismus noch kritischen Rationalismus. Er star-
tete innovativ gleich in einer, wie man heute sagt, *post*empiristischen Ausgangslage.
Zudem widerstand er der damals in Deutschland gegebenen Gefahr, die Errungenschaften der Zivilisation in rechts- und linksextreme Gemeinschaftsformen aufzulösen. Diese
Philosophische Anthropologie bedurfte also auch nach dem Zweiten Weltkrieg keiner
re-education (im Gegensatz zu der von Arnold Gehlen[2]), wurde also zu Unrecht „vergessen".

Ich setze hier meine systematische Arbeit mit dieser Philosophischen Anthropologie
fort, weil ich sie noch immer für den besseren Ansatz halte. Dies betrifft vor allem den
Vergleich mit der international längst aufgelösten Hegemonie der analytischen Philosophie in den USA selbst. Natürlich begrüße ich alle dortigen Wenden der letzten Jahrzehnte in den Neoaristotelismus (J. McDowell), in den Neohegelianismus (R. Brandom), in den Neopragmatismus (im Sinne von H. Putnam, nicht R. Rorty). Es hat dort
zweifellos eine Serie von „Rediscoveries" gegeben, für die schon die Buchtitel von John
Searle repräsentativ waren: die Wiederentdeckung der Intentionalität und des Geistes
gegen die reduktiven Auflösungen derselben einerseits, die Anerkennung von präre-
flexiven Erfahrungs- und Tätigkeitsniveaus gegen die Versprachlichung und Rationalisie-
rung des Menschseins (*discursive creatures*) andererseits.[3] Vor allem freue ich mich über
die dortige Überwindung der Auffassung, *Mind* könne *nur* eine individuelle Erweiterung
des individuellen Bewusstseins ins Vorbewusste, Unbewusste und in sprachliche Handlungen sein. Das war in Hegels problembewusster Terminologie bestenfalls *subjektiver*
Geist, den es ohne *objektiven* und *absoluten Geist* nicht geben kann. Endlich wird wieder, weil das alles schon einmal in den klassischen Pragmatismen da war, über kollektive Intentionalität und kollektive Mentalität, über *Embodied*, *Embedded* and *Extended*
Mind gearbeitet. So entsteht international ein wechselseitiges Austauschniveau, denn bei
allen terminologischen Wiederentdeckungen: Wir in den europäischen Philosophien
kennen eben doch nicht weniger gut die originären Entdeckungen, von denen es mehr
gab, als man denkt, und arbeiten an ihren Weiterentwicklungen seit einigen Dekaden.
Ignoranz ist kein Argument. Feldherrenhügel gibt es in der *philosophischen Tätigkeit*
(im Unterschied zu den *Schulphilosophien*: Kant) nicht, ohne sich früher oder später lä-
cherlich zu machen.

Die hier folgende, bislang ausgesparte Konfrontation der neurobiologischen Hirnforschung mit der vergleichenden Verhaltensforschung erfolgt aus mehreren Gründen.
Zunächst schlagen beide einander entgegen gesetzte Erklärungsrichtungen ein. Die Hirnforschung möchte von innen, dem Gehirn her, nach außen das Verhalten erklären. Sie
erhebt dabei sogar kausale Erklärungsansprüche, um ihre künftigen medizinischen Leistungen, sowohl für die Gesellschaft und Kultur als auch für die Individuen, plausibel zu

---

2   Vgl. H.-P. Krüger/G. Lindemann (Hrsg.), Philosophische Anthropologie im 21. Jahrhundert, Berlin
    2006.
3   Vgl. H.-P. Krüger, Zwischen Lachen und Weinen, Bd. II: Der dritte Weg Philosophischer Anthro-
    pologie und die Geschlechterfrage, Berlin 2001. Vgl. auch: ders., Philosophische Anthropologie
    als Lebenspolitik. Deutsch-jüdische und pragmatistische Moderne-Kritik, Berlin 2009, 3. Teil.

machen. Demgegenüber steht die umgekehrte Erklärungsrichtung. Die Tiere und Menschen vergleichende Verhaltensforschung geht von den Verhaltensphänomenen aus und interpretiert sie zunächst im Rahmen von Verhaltensfunktionen. Dabei wird unterstellt oder explizit thematisiert, inwiefern bestimmte Verhaltenslevels *erlernt* werden und insofern struktur- und funktionsbildende Effekte in den neuronalen Aktivitäten der Gehirne der Organismen zeitigen. Es wird also von außen nach innen erklärt, wobei die funktionale Erklärung nicht kausal ausgeführt werden muss, nur kann, und mit der umgekehrten Erklärungsrichtung, sofern es sich nicht um *Lernverhalten* handelt, zu kombinieren geht. Das Modell ist interaktionistischer als das der Hirnforschung, sowohl hinsichtlich des Verhältnisses zwischen Organismus und Umwelt als auch zwischen den Organismen in einer Umwelt. Während die Hirnforschung vor allem auf Laborforschung setzt, muss die Verhaltensforschung außer den Laborversuchen auch die Feldforschung im *wild life* berücksichtigen. Die Verstehensprobleme sind von vornherein so groß, dass sie thematisiert werden und quasi transzendentale Fragen nach der Ermöglichung der Verhaltensphänomene gestellt werden. Dies kontrastiert deutlich mit der neurobiologischen Hirnforschung, die, wie ich zeigen werde, ihre Verstehensprobleme überspringt und vorschnell ihre Verstehensprojektionen als Kausalerklärungen ausgibt.

Eigentlich setzen sich beide Forschungsrichtungen gegenseitig voraus: Man kann im Gehirn überhaupt nichts beobachten, ohne im Labor das Verhalten der Probanden und Versuchsleiter entsprechend einzuschränken und zu standardisieren. Und man kann auch keine äußeren Verhaltensphänomene verstehen und erklären, ohne zumindest auch in Betracht zu ziehen, dass es für sie hirnphysische Korrelate geben wird. Aber für diese wechselseitigen Übergänge von der eigenen Leistung zu deren Voraussetzungen in der Leistung der jeweils anderen Forschungsrichtung gibt es keine Theorien und Methoden. Abgesehen von den bereits angesprochenen *naturalistischen* und *normativistischen* Fehlschlüssen fallen *mereologische* Fehlschlüsse auf, als ob man also bestimmte, bedingte Aspekte von *Teilen* auf das *un*bestimmt und *un*bedingt werdende *Ganze* des Lebens übertragen könnte. In dieser Hinsicht weiß ich mich mit vielen Analysen auch anderer philosophischer Kritiken einig (vor allem Bennett/Hacker, A. Ros). Unter den mereologischen Fehlschlüssen spielen vor allem Fehlschlüsse von je bestimmten Krankheiten (Pathologien, Ausfallerscheinungen) auf das Ganze des gesunden, normalen, artgerechten, humanen Lebens eine große Rolle. Aus dem Umstand, dass man ein bestimmtes krank machendes Korrelat in der Physis gefunden hat, folgt nicht, dass man das Ganze gelungenen Lebens in eine Summe hinreichender Korrelationen zwischen Physis und Psyche auflösen kann. Dann hätte man es, das Ganze, nur festgeschraubt. Alle normativen Unterscheidungen, die ähnlich wie die Differenz zwischen gesund und krank gebaut sind, sind *asymmetrisch*, weil die *eine Seite das Ganze bezeichnet*, das *per se* nicht empirisch bestimmt werden kann, also praktisch vorausgesetzt werden muss, während die andere Seite der Unterscheidung nur Abweichungen von diesem Ganzen hervorhebt, welche die empirische Untersuchung und Therapie lohnen. Solche Unterscheidungen werden also richtig verwendet, wenn man die Abweichungen vom Ganzen der historischen Lebenspraxis als selektive Themensetzung in dieser Praxis versteht. Aber der Rückschluss ist schlichtweg falsch: Man kommt nicht durch *Summierung* aller „kranken" Korrelationen und ihre Umkehr ins *Gesunde* beim Ganzen eines lebenswerten Lebens an. So kann man nur einer Person, die hoffentlich allein zeitweilig Patient war, ihr Leben zurückgeben, damit sie es wieder annimmt und übernimmt.

Worauf ich aber insbesondere abhebe, ist zweierlei: Lebenswissenschaften (life sciences) haben enorme Verstehensprobleme, die sie in ihren *communities* bewältigen müssten, aber derzeit nicht können, um mal zu funktionalen und kausalen Erklärungen gelangen zu können. Gerade die Lebenswissenschaften, im Unterschied zu Wissenschaften von unbelebten Gegenständen, sind zunächst kognitive *Verstehensgemeinschaften*, ehe sie auf bestimmte und bedingte Weise zu *Erklärungsgemeinschaften* werden können. Die alte Ideologie der Trennung, der entsprechend Naturwissenschaften nur zu erklären und Geistes- oder Kulturwissenschaften allein zu verstehen hätten, desorientiert die transdisziplinären Forschungspraktiken beider Ausrichtungen. Zweitens lässt sich mit Hilfe der Philosophischen Anthropologie ein theoretischer und methodischer Rahmen entwickeln, in dem sich beide hier behandelten Forschungsrichtungen begegnen können. Ich hatte dafür vor einem Jahrzehnt das *Spektrum der Einspielung zentrisch organisierter,* d. h. mit einem zentralen Nervensystem ausgestatteter *Lebewesen in eine exzentrische Verhaltensform, d. h. in eine dementsprechende Umwelt und Welt* entworfen.[4] Ich führe auch die Lösungsrichtung der *Steigerung von Selbstreferenz in einer Pluralität von Selbstreferenzen fort.* Darauf war ich in der zweiten Hälfte der 1980er Jahre in meinen Auseinandersetzungen mit H. Maturana, N. Luhmann und J. Habermas[5] gekommen. Viele dachten bis dato, dass man alle möglichen Selbstreferenzen auf eine einzige Art und Weise der Selbstreferenzialität (des Gehirns, der Sprache, des Bewusstseins) als ihren Generalnenner bringen müsste. Aber das Problem liegt woanders: nämlich in der Pluralität irreduzibler Selbstreferenzen, damit der Kopplungsfrage zwischen ihnen, und der rekursiven Steigerungsmöglichkeiten innerhalb einer jeden Art und Weise von Selbstreferenz.

Was bedeutet diese Lösungsrichtung exemplarisch? – Man sollte sich nicht mehr mit falsch, weil dualistisch gestellten Fragen aufhalten, wie der, ob den Verhaltensweisen von Menschenaffen Soziales, Kulturelles, Sprachliches und Mentales überhaupt zukommen kann. Diese Fragen sind längst entschieden: Ja. Die differenziertere Fragerichtung betrifft das Rekursionsniveau des Sozialen, Kulturellen, Sprachlichen und Mentalen, und hinsichtlich dieser Rückverweise von Sozialem auf Soziales, von Kulturellem auf Kulturelles, von Sprachlichem auf Sprachliches, von Mentalem auf Mentales steht die Menschheitsgeschichte nicht am Ende, sondern womöglich erst am Anfang. Das Interessante an den Sprachversuchen mit Menschenaffen besteht darin, dass sie zwar relativ mühelos, wenn ontogenetisch im richtigen Zeitfenster, Menschensprache zur verallgemeinernden Bezeichnung ihrer Wahrnehmungs- und Vorstellungssituationen erlernen können, *nicht*

---

4   H.-P. Krüger, Zwischen Lachen und Weinen, Bd. I: Das Spektrum menschlicher Phänomene, 3. Kapitel, Berlin 1999.
5   Vgl. ders., Kritik der kommunikativen Vernunft. Kommunikationsorientierte Wissenschaftsforschung im Streit mit Sohn-Rethel, Toulmin und Habermas, Berlin 1990 u. ders., Perspektivenwechsel. Autopoiese, Moderne und Postmoderne im kommunikationsorientierten Vergleich, Berlin 1993.

aber dazu übergehen können, ihren weiteren Verhaltensaufbau der Rekursion von Sprache auf Sprache anzuvertrauen. Sie stellen ihren Verhaltensaufbau nicht um, nicht einmal auf Narration und Reparatur der Dialoge (M. Tomasello), geschweige auf Schriften. Genau dies geschieht aber in der sozialen Institutionalisierung von Schriftkulturen, d. h. durch Kopplung mehrerer Formen von Selbstreferenz, die die neurophysischen (Gehirn) und psychischen (Selbstbewusstsein) Selbstreferenzen der beteiligten Individuen übersteigen. Ähnlich lässt sich für das Soziale zeigen, dass es, den *homo sapiens sapiens* lange vorausgesetzt, rekursiv gesteigert werden kann, also nicht auf der Ebene der Kooperation und des Kampfes zwischen *Gruppen* verbleiben muss. Vielmehr kann das Soziale unter geschichtlichen Bedingungen in verschiedene *Gemeinschafts-* und *Gesellschafts-*formen ausdifferenzieren. Auf dieses Problem antwortet erst die relativ späte *Zivilisations*geschichte, indem sie diese Vielfalt der Sozialformen zu integrieren sucht. *Für all diese Niveaus an Kopplung zwischen verschiedenen Selbstreferenzen und an rekursiver Steigerung jeder bestimmten Selbstreferenz gibt es unter den anderen bekannten Primaten keine Äquivalente.*

Man gelangt zu solchen exemplarischen Fragen leicht in dem theoretischen Framework der Philosophischen Anthropologie und in ihrem Prozedere, die Methoden der Phänomenologie, der Hermeneutik, der Verhaltenskrisen und der transzendentalen Rekonstruktion von praktischen Präsuppositionen miteinander zu kombinieren.[6] Dies ist in der Tat aufwendig, aber eben auch schon eine Lösungsrichtung für Probleme, die ansonsten immer nur aufgezählt werden, statt sie in Angriff zu nehmen. Der postmoderne Zeitgeist[7] hat sich lange darin gefallen, die Redeweise von den Zentrismen angeblich entdeckt zu haben: den Ethnozentrismen, den Anthropozentrismen, den Spezisismen. Gegen diese Zentrismen sollten Dezentrierungen, gegen solche Identitäten sollten Differenzen helfen. Eine erneute dualistische Trennung war aufgemacht und verlief im Sande populärer Eklektizismen, die sich schnell vermarkten ließen. Die Redeweise von diesen Zentrismen sollte weder zum Vorwand verkommen, nichts tun zu können, noch moralisch in ein schlechtes Gewissen knebeln, von dem man erst recht zu keinem Lösungsbeitrag gelangen kann. Die kritische Diagnose von den Zentrismen ist alt, mindestens so alt, wie man die Fortsetzung kopernikanischer Revolutionen für modern hält. Dass die cartesianischen Trennungen von Materie und Geist bzw. deren Nachfahren bis heute: von Physis und Psyche einen Anthropozentrismus zum Ausdruck brachten, war eine der kritischen Diagnosen der Philosophischen Anthropologie. Aber nicht deshalb, weil sie mal schnell ihren kritischen Geist deklamierte, um sich interessant zu machen, ist sie heute wichtig, sondern weil sie einen Lösungsweg eingeschlagen hat, der mindestens so viel Zeit erfordert wie eine der vielen bisherigen Kopernikanischen Revolutionen verbraucht hat. Wieder reibt sich alles zwischen den verschiedenen Zeiten der verschiedenen selbstreferentiellen Prozesse. Wer von der Hand in den Mund lebt, worauf die

---

6 Vgl. H.-P. Krüger, Zwischen Lachen und Weinen, Bd. II, a. a. O., Kap. 1.2. u. 2.3. Vgl. auch: Ders./G. Lindemann (Hrsg.), Philosophische Anthropologie im 21. Jahrhundert, a. a. O., Kap. 3.1.
7 Ich meine also nicht J.-F. Lyotard oder St. Toulmin. Vgl. hierzu: H.-P. Krüger, Perspektivenwechsel, a. a. O., 1. Teil.

Werbung uns alle konditioniert, und darin auch noch seine Freiheit finden soll, hat dieses Problem der Gleichzeitigkeit und Ungleichzeitigkeit in der Tat *nicht*. Ich zweifele nicht einmal daran, dass es sich bei den Umworbenen um Primaten handelt, denn erst sie sind werbungsanfällig. Aber wenn in dieser Auflösung der Zivilisationsgeschichte die gewiss nicht intendierte Konsequenz der *community of equals* bestehen sollte, fehlt etwas von Zukunft, das schon einmal Vergangenheit war.

Falls es mithin noch Leserinnen und Leser geben sollte, die sich dafür interessieren, wie man aus dem anthropologischen Zirkel in der Moderne (M. Foucault) herausgelangen könnte, ohne sein Niveau zu unterschreiten, so könnten sie vielleicht doch auf die Philosophische Anthropologie neugierig werden. Ja, sie nimmt erstens an den lebenswissenschaftlichen Praktiken phänomenologisch teil, zweitens sie deutet diese hermeneutisch und sie interessiert sich drittens dafür, unter welchen Bedingungen lebendes Verhalten kritisch in seine Grenzen gerät. Aber dies alles dient viertens der Freilegung jener Voraussetzungen, welche die lebenswissenschaftlichen Praktiken allererst möglich gemacht haben. Die Lebenswissenschaften setzten Commonsense-Praktiken voraus, die sie in ihren Verstehens- und Erklärungsprozessen immer weiter einschränken, um zu einer bestimmten, bedingten, reproduzierbaren Erkenntnisleistung gelangen zu können. Allein, in diesem lebenswissenschaftlichen Bestimmungsgewinn liegt eine doppelte Ironie: Lebenswissenschaft lebt von Voraussetzungen aus dem Commonsense, die sie im Ganzen nicht geschaffen hat und nicht im Ganzen ersetzen kann, welche also nicht irgendwelche präsenten Voraussetzungen darstellen, sondern Präsuppositionen sind. Hier macht die Philosophische Anthropologie, daher der Aufwand an methodischer Selbstkontrolle, die Differenz zwischen Ganzem und Teil immer erneut auf gegen die o. g. Vielfalt an Fehlschlüssen. Die zweite Ironie kündigt sich darin an, dass die Lebenswissenschaft in ihrem Erkenntnisgewinn, hier über die Funktionsweise des Gehirns, über die Spezifikation der Verhaltenslevels, eine anthropologische Spezifikation von Menschen leistet. Aber während sie *vorne*, im Hinblick auf ihren Gegenstand, noch Eureka ruft (die Menschen seien doch nur Primaten, sie seien doch eine Abweichung von den anderen Primaten), hat sie *hinten*, unter den Lebenswissenschaftlern selbst, bereits eine neue menschenspezifische Leistung vollbracht. Menschen sind nun mindestens auch solche Lebewesen, die der Lebenswissenschaft bedürftig und fähig sind. Es könnte alles von vorne losgehen, indem man das zuletzt hinten Gelegene nach vorne holt, in die Gegenstandsstellung rückt, um es untersuchen zu können.

Wie ist das möglich? – Allein außerhalb des anthropologischen Zirkels: Der Mensch präsupponiert *nicht im Ganzen sich*, den Menschen, sondern nur unter bestimmten Aspekten in bestimmten Perspektiven. Der Mensch resultiert auch *nicht im Ganzen in sich*, den Menschen, sondern nur unter bestimmten Aspekten in bestimmten Perspektiven. Er hat sich hier schon längst überholt, wo er sich dort noch immer hinterher hinkt. Im Ganzen seiner Lebensführung präsupponiert er etwas *anderes als sich*, als den ihm bereits bekannten Menschen. Und im Ganzen führt seine Lebenspraxis zu etwas anderem als sich, als zu dem ihm bekannten Menschen. Wen die Natur in einen Strukturbruch seines Verhaltens geschickt hat, in einen Hiatus zwischen Exzentrierung und leiblicher Rezentrierung, der kann nicht anders als geschichtlich leben, als sich künftig zu ändern. Was ihn, den Menschen in der Moderne, und erst in ihr wurde er als allgemein verbindlich entdeckt, ermöglicht hat, ist das *zivilisatorische Institut von Personalität.* Personen können die ihnen wesentlichen Veraltensambivalenzen nur in einem Weltrahmen mit Vordergrund und Hintergrund, der ihre Außen-, Innen- und Mitwelt durchzieht, in geschichtlichen Zeitdifferenzen gestalten. Menschen sind im biologischen Sinne Primaten, aber nicht darin liegt die Pointe ihrer Lebensspezifik, zumindest seit den Hochkulturen, die Personalität von Welt eingerichtet haben, wenngleich noch für eine kleine Minderheit. Das Zeitmaß der Zivilisationen im o. g. Sinne ist keine Primatenevolution mehr, jenseits von gut und böse gesagt. Die künftigen Primaten auf Erden sind solche, die aus der Zivilisationsgeschichte hervorgehen oder mit ihr scheitern. Dies, scheint mir, das richtige Verständnis der *community of equals* zu sein, und so könnte man auch das Kafka-Motto verstehen.

Das vorliegende Buch hat drei Kapitel. Im ersten stimme ich auf das Thema ein. Wenn man sich auf interdisziplinäre Forschungsrichtungen einlässt, weil man gewisse Probleme für wichtiger als ihre alleinige Disziplinierung hält, dann muss man zunächst die verschiedenen Diskurse aufeinander beziehen können. Hierfür eignen sich als Einstieg die Diskurse der biologischen Theorie der natürlichen Evolution, der die Brücke in die Biowissenschaften hinein schlägt, und der Philosophischen Anthropologie, der seinerseits zwischen den anthropologischen und philosophischen Diskursen vermittelt. Als Frage, anhand derer man derart viele Diskurse aufeinander beziehbar gestaltet, eignet sich einführend die Frage der Menschwerdung. So dürfte der Unterschied und Zusammenhang der Diskurse deutlich werden. Was man heute im Rahmen der biologischen Evolutionstheorie als die Frage nach jener soziokulturellen Nischenbildung versteht, welche die Menschwerdung wahrscheinlich gemacht haben könnte, wird in der Philosophischen Anthropologie nicht nur dadurch klarer, dass in ihr zwischen biosozialen und soziokulturellen Umwelten als verschiednen Filtern zwischen dem Genotypus und dem Phänotypus unterschieden werden kann. Schon allein diese Differenzierung setzt eine Fülle von disziplinären Anschlussmöglichkeiten frei, von dem Unterschied zwischen einerseits *Mitmachen* und *Nachmachen* gegenüber andererseits der *Nachahmung,* die sich in einer Theorie des Spielens in und mit Personenrollen entfalten lässt; über die Änderung der Ontogenese in ihrem Verhältnis zur Phylogenese im extrauterinen Jahr, der Sozialisation und Enkulturation fötaler und postfötaler Plastizität zur Domestikation; bis hin zur symbolischen Transformation intelligenten Trieblebens in Personenrollen hinein, die biologisch eine unspezifische Allgemeinheit verkörpern, welche sich soziokulturell spezifizieren lässt. Vor allem aber muss man sich fragen, was man für diese Differenzierungsfülle selbst praktisch in Anspruch nimmt. Für diese Unterscheidungen nimmt man in den eigenen Forschungspraktiken, als Präsuppositon und im Resultat, Weltkontraste von Personen in Anspruch, deren Verhaltensambivalenzen dasjenige überschießt, was in den Umwelten in Korrelationen positiv bestimmt werden kann.

Im zweiten Kapitel ordne ich die neurobiologische Hirnforschung der Gegenwart in einen größeren geschichtlichen Zusammenhang ein, der philosophisch-anthropologischen Abstand nimmt von den zentrischen Selbstverständlichkeiten, die sowohl in der dualistischen als auch in der dualismuskritischen Moderne des Westens vorherrschen. Mit

„neurobiologisch" ist eine Hirnforschung gemeint, die nicht mehr, wie viele Jahrzehnte zuvor fast ausschließlich, dem Modell folgt, das Gehirn funktioniere wie ein Computer. Diese Hirnforschung wird in zwei, für diese Community repräsentativen Varianten vorgestellt. Gerhard Roth steht für die Hypothese vom Bewusstsein als dem Eigensignal ans Gehirn, Wolf Singer für die Hypothese, das Bindungsproblem der neuronalen Aktivitäten könne im Sinne ihrer Synchronisation gelöst werden, wobei sich beide Verdienste in der öffentlich streitbaren Darstellung der Hirnforschung erworben haben. Mein Ziel besteht darin, die Verstehensprobleme freizulegen, in deren Mitte die neurobiologische Erklärungshypothese von der selbstreferentiellen Funktionsweise des Gehirnes generiert wird. Der diesbezügliche Stolperstein liegt in der Redeweise der Neurobiologen vom „Inneren": Das Gehirn liegt im Inneren des Organismus und hat selbst ein Inneres, aber von wo aus betrachtet? Wie kommt der Beobachter ins Gehirn, bezogen auf Singer, und wie kann man wissen, wie es aus der Sicht des Gehirnes aussieht, bezogen auf Roth? Während Roth eher den Gefühlsmenschen von außen, aus dem Verhalten heraus, ins Gehirninnere projiziert, projiziert Singer eher den reflexiven Beobachter dorthin, um verstehen zu können, was dort geschieht und wie man dieses Geschehen erklären könnte. Neurobiologen müssen, um für äußere Verhaltensmerkmale neurophysische Korrelate finden zu können, in ihre invasiven und non-invasiven Methoden etwas hineinlesen und aus ihnen etwas herauslesen können.

Ohne solche Verstehensprojektionen kann es in der Tat zu keinen Erklärungen kommen, nur sollte man diese Projektionen nicht bereits als Kausalerklärungen in der allgemeinen Öffentlichkeit ausgeben. Es handelt sich dann, naiv gesehen, um Konfusionen, oder gar um im Resultat falsche Versprechen. Was hier die Philosophische Anthropologie, gegen die o. g. Fehlschlüsse, zu leisten vermag, ist eine deutliche Ausweitung des kognitiven Spielraums im transdisziplinären Forschungsrahmen. Die üblichen Unterscheidungen könnten, statt sich in den zentristischen Selbstverständlichkeiten der westlichen Moderne zu bewegen, von woanders her (bisherige Präsupposition) und woanders hin (künftiges Resultat) getroffen werden. Es mag innerhalb der westlichen Moderne eine Freude sein, den Seelenkult der Innerlichkeit wissenschaftlich zu naturalisieren (Roth) oder diese Naturalisierung nochmals durch Demut (Singer) zu begrenzen. Beide Optionen führen noch nicht aus dem *Inneralb* des Westens von Christentum und seiner Säkularisierung heraus in ein diesbezügliches *Außerhalb,* das anthropologischen Vergleichen standhielte. Aber wollte die neurobiologische Hirnforschung nicht universell gültig sein?

Im dritten Kapitel wechsele ich zur – Tiere und Menschen – vergleichenden Verhaltensforschung. In ihr spielt M. Tomasellos Forschungsstrategie zu Recht eine prominente, weil eine enorme Flut von Einzeluntersuchungen aus den verschiedensten Disziplinen integrierende Rolle auf beiden Seiten des Atlantiks. Ihm gelingt nicht nur eine transkulturell vergleichende Konzipierung der Humanontogenese aus primär psychologischer Sicht, was seine Herkunftsdisziplin angeht. – Diese Konzipierung fällt in den *horizontalen* Vergleichsrahmen der Philosophischen Anthropologie, in dem die Soziokulturen des *homo sapiens* untereinander verglichen werden. – Tomasellos Dauerstreit mit den verschiedenen Richtungen unter den Primatologen rührt überdies aus der gleichzeitigen Konzipierung des Vergleichs von Menschen mit anderen Primaten, insbesondere Menschenaffen, her. – Diese Vergleichsaufgabe wird in der Philosophischen Anthropologie die *vertikale* genannt. – Die doppelte Vergleichsrichtung schafft unter hochspezialisierten Empiristen nicht nur viele Angriffsflächen, sondern auch erstaunliche Erkenntnismöglichkeiten, die den üblichen, o. g. Zentrismen widersprechen. Will man mit der Kritik an ihnen ernst machen, muss man sich diesen theoretischen und methodischen Aufwand leisten. Die *zentrismus-kritischen Phrasen*, in denen ein Großteil der Kulturwissenschaften während der beiden letzten Jahrzehnte erstarrt ist, bringen im praktischen Resultat nichts, weil dieses Entertainment schon aus Zeitgründen in Affirmation endet.

Heben wir hier vorab nur ein interessantes Zwischenergebnis aus dem laufenden Forschungsprogramm von Tomasello und Mitarbeitern hervor: Die Standardtheorie der sog. *theory of mind*, wie sie in den psychologischen Zuschreibungen von *beliefs* und *desires* auf ein eigenes Ich oder auf andere Ichs üblich ist, ist ethnozentrisch. Sie stammt unreflektiert aus einer westlichen Kultur von Trennungen zwischen Menschen, deren Ich wie ein Privateigentümer verstanden wird, also lebendige und geistige Teilhabe an Gemeinsamem von vornherein exklusiv aufteilt. Dieser *theory of mind* fehlt der humanontogenetische Unterbau an vier Levels geteilter Aufmerksamkeit, geteilter Intentionalität, geteilter Aktivität und geteilter Mentalität. Aber erst dieser Unterbau hat die privateigentümerischen Aufteilungen des Gemeinsamen von oben ermöglicht. Er könnte von unten auch andere Zuschreibungen ermöglichen, die im Kulturenvergleich von oben gleichsam draufgesetzt werden, käme es nur in den Narrationen und Diskursen zu anderen als den typisch westlichen Grammatikalisierungsprozessen. – Diese und andere Übereinstimmungen mit Tomasello verdecken nicht die Differenzen, so wenn es in seinem Programm um das ungelöste Problem der Motivation Nachwachsender zur Teilhabe an oder ihrer Identifikation mit erwachsenen Bezugspersonen geht. Sein Programm ist auf die soziale Kognition fokussiert, was bislang zu dem genannten ungelösten Problem führt. Es ist ergänzungsbedürftig im Hinblick auf ein viel weiteres Spektrum menschlicher Phänomene zwischen ungespieltem Lachen und Weinen einschließlich Leidenschaften, Süchten und dem Schauspiel von Personenrollen (Plessner), damit auch hinsichtlich einer reicheren *Grammatik des Gefühlslebens* (Max Scheler).

Ich interpretiere Tomasellos Programm als einen *quasi transzendentalen Naturalismus*. Es ist darin *naturalistisch*, dass es die Ermöglichungsstrukturen menschlicher Lebewesen empirisch untersucht, ohne irgendwelche Annahmen über eine transzendente Welt. Es ist darin *transzendental*, dass es darum weiß, in dieser empirischen Untersuchung selbst auch solche Ermöglichungsstrukturen in Anspruch zu nehmen, die nicht gleichzeitig bereits von der eigenen Erklärung empirisch gedeckt werden können. Es ist ohnehin nur *quasi* transzendental, wie die meisten Forschungsprogramme seit dem 20. Jahrhundert, weil die klassische *Antwort* auf die Frage nach Ermöglichungsstrukturen von Erfahrung bzw. Phänomenen nicht mehr- wie von Kant bis Husserl – in einer Subjektivität respektive Bewusstheit gefunden werden kann. – Die nun philosophisch entscheidende Differenz zwischen dieser Empirie des Transzendentalen und jener transzendentalen Rekonstruktion von Empirie kann temporalisiert werden. Sie ist selbst

ein funktionaler Zusammenhang zwischen Ermöglichendem und Ermöglichtem, episte-
misch: zwischen *explanans* (dem Erklärenden) und Explanandum (dem zu Erklärenden), der sich in geschichtlicher Zeitdifferenz ändert, bestenfalls rekursiv steigern, nicht
aber ein für allemal überwinden lässt. Diese Interpretation liegt nahe, da Tomasello aus
dem symbolischen Interaktionismus von G. H. Mead stammt und ich die diesbezüglichen Parallelen mit der Philosophischen Anthropologie anderenorts entfalte habe.[8] Diese
Vergleiche zwischen unabhängig voneinander entstandenen Paradigmen, die gleichwohl
zu ähnlichen Verfahrensweisen und Ergebnissen gelangen, sind kein Luxus, mit dem ich
in diesem Vorwort ironisch begonnen habe. Sie stellen eine offensive Möglichkeit dar,
aus dem anthropologischen Zirkel in der westlichen Moderne herauszugelangen.

Die zeitliche Diskrepanz zwischen naturwissenschaftlichen Versprechen und ihren
politisch wie ökonomisch verwerteten Resultaten gemahnt zu einer strukturellen Prä-
vention davor, immer wieder zum Opfer des anthropologischen Zirkels in der westlichen Moderne zu werden. Die Philosophische Anthropologie deckt diejenigen lebenspraktischen Präsuppositionen auf, unter denen die neurobiologische Hirnforschung und
die – Tiere und Menschen vergleichende – Verhaltensforschung auch in der Zukunft
möglich sein können. Beide interdisziplinäre Forschungsrichtungen nehmen die personale Lebensform in Anspruch, die aus geistigen Welten heraus biosoziale und soziokulturelle Umwelten zu bestimmen ermöglicht. Solange diese Forschungsrichtungen nicht
diese, ihre eigene Ermöglichung abschaffen, können sie eine Zukunft und zivilisatorische Aufgabe haben. Dieses Minimum an künftig gemeinsamer Lebenspraxis von
Personen besteht in dem immer wieder übersehenen „Rest", der an dieser Lebenspraxis
anthropologisch gesehen weder erklärt noch verstanden, gleichwohl aber philosophisch
erschlossen und eingesehen werden kann. Alle Versprechen, diesen „Rest" beseitigen zu
können, sich das unbestimmte und unbedingte Ganze zur Bestimmung und Bedingung
anmaßen zu dürfen, sind nicht nur im schlechtesten Sinne „metaphysisch", sondern
auch politische Ideologien vom Ende der Forschung von und für lebende Personen.
Dagegen lassen sich strukturell und funktional die Minimalbedingungen angeben, unter
denen Personen privat und öffentlich leben können. Wer an dieser Problemlage und ihren
Lösungsmöglichkeiten interessiert ist, sei auf mein vor einem Jahr erschienenes Buch
„Philosophische Anthropologie als Lebenspolitik. Deutsch-jüdische und pragmatistische Modernekritik" verwiesen.

Ich danke der *Deutschen Zeitschrift für Philosophie* (Akademie Verlag Berlin) für
die Möglichkeit, als einer ihrer Herausgeber interdisziplinäre Schwerpunkte zur neurobiologischen Hirnforschung (2004–2006) und zur Tiere und Menschen vergleichenden
Verhaltensforschung (seit 2007) gestalten zu dürfen. Ich habe dabei viel gelernt, mich
aber auch immer in der Spannung zwischen Moderator der Diskussion und eigener
Autorenüberzeugung befunden. Hier gehe ich allein letzterer nach. Im Rückblick auf
diese langen und intensiven Diskussionen habe ich keine Argumente vernommen, die

---

8 Vgl. H.-P. Krüger, Zwischen Lachen und Weinen, Bd. II, 2. Kapitel, a. a. O., u. auch: ders, Philosophische Anthropologie als Lebenspolitik, a. a. O., III. Teil.

mich zur grundsätzlichen Änderung meiner damaligen Beiträge hätten veranlassen müssen, aber natürlich zu ihrer Aktualisierung und verständlicheren Darstellung. Zudem danke ich erneut Frau Yvonne Wilhelm, die aus meinen handschriftlichen Lehrfolien im Buch verwendbare Abbildungen gemacht hat, und Herrn stud. phil. Guido K. Tamponi, der wieder die Last der Korrekturarbeiten und Registererstellungen selbstständig getragen hat.

Ich widme dieses Buch – aus Dankbarkeit für eine höchst seltene Freundschaft unter Philosophen – einem ganz anderen Grenzgängertum, das aber eben darin doch stets Wahlverwandtschaft zeigt: dem von Richard Shusterman.

1. Die Frage nach der Spezifik des Menschen: Ihre Ausweitung von der Biologie in die Philosophische Anthropologie

In den naturwissenschaftlich orientierten Lebenswissenschaften gilt die Biologie als der Bezugsrahmen für Verständigungen und Erklärungen, wenn nicht sogar als die Leitdisziplin. In der Biologie herrscht, bei allen gegenläufigen Tendenzen, die Ansicht vor, dass die Theorie der Evolution die Integrationsaufgabe am besten erfüllen kann. Es lohnt sich daher, mit ihr hier zur Einführung zu beginnen, um eine Gesprächsbasis zu gewinnen. Die Philosophische Anthropologie hat von Anfang an mit der Biologie kooperiert, gleichwohl aber auch die Frage nach der Spezifik von Menschen derart ausweiten müssen, dass über die Biologie hinausgehend auch andere, soziokulturelle und geschichtliche Disziplinen an ihrer Beantwortung mitwirken können. Es ist daher von Interesse, zunächst zu untersuchen, wie die biologische Theorie der Evolution und die Philosophische Anthropologie ein vergleichbares Problem angehen.

In dem folgenden ersten Unterkapitel wird exemplarisch für beide Zugänge das Problem der Menschwerdung behandelt. Dabei wird sich zeigen, wie die Philosophische Anthropologie Voraussetzungen einzuholen versucht, die von der Biologie gemacht werden, ohne dass sie in der Biologie selbst untersucht werden können. Solche Voraussetzungen werden Präsuppositionen genannt. Die Ausweitung der Frage nach der Spezifik von Menschen setzt also immanent in der Kooperation mit der Biologie an, nicht aus einem Vorurteil oder aus Ignoranz gegenüber der Biologie und Evolutionstheorie. Im zweiten Unterkapitel folgen eine allgemeine und spezielle Einführung in die Philosophische Anthropologie für Lebenswissenschaftler, womöglich nicht nur bio-medizinische, sondern auch sozial- und kulturwissenschaftliche Lebenswissenschaftler. Damit ist in einer ersten Skizze der philosophisch-anthropologische Forschungsrahmen angedeutet, von dem dann in den späteren Kapiteln ausgegangen wird. In ihm wird die Auseinandersetzung mit der neurobiologischen Hirnforschung und der – Tiere und Menschen – vergleichenden Verhaltensforschung erfolgen.

1. Das Problem der Menschwerdung: Die Zugänge der biologischen Evolutionstheorie und der Philosophischen Anthropologie

Biologische und medizinische Anthropologie, Sozial- und Kulturanthropologie, historische Anthropologie, sie alle untersuchen verschiedene Aspekte der *Conditio humana*. Die erste philosophische Aufgabe entsteht, wenn man versucht, diese verschiedenen Aspekte in ein interdisziplinäres Rahmenwerk zu integrieren. Ein solches Framework muss die Zusammenhänge zwischen Natur und Kultur, Individualität und Sozialem systematisch erfassen. Dazu gehört unter zeitlichem Aspekt, dass die systematischen Unterscheidungen auch zur interdisziplinären Orientierung in der Evolutionsgeschichte verwendet werden können. Sie müssen eine sinnvolle Suchfunktion ausüben. In dem interdisziplinären Sinne ist die philosophische Anthropologie keine partikulare Anthropologie, sondern eine universale Anthropologie, die das Forschungsfeld im Ganzen entwirft und mit den Teilforschungen kompatibel gestaltet. Ihre Struktur und Funktion bewährt sich darin, dass die disziplinären Aufgaben ineinandergreifen können.

Man begegnet der zweiten philosophischen Aufgabe, sobald man das historische Faktum ernst nimmt, dass die anthropologischen Fragen und Antworten selbst zu der *Condition humaine* gehören, zumindest seit den Achsenzeiten (Shmuel N. Eisenstadt), also seit den Hochkulturen der Personalität, die sich zwischen ca. 500 vor und 500 Jahren nach Christus stabilisiert haben.[1] Offenbar hat diese Institutionalisierung von Personalität, in deren Genuss damals nur eine kleine Minderheit kam, es ermöglicht, zwischen Menschen und anderen Lebewesen unterscheiden zu lernen, da vor allem zwischen Personen und anderen Lebewesen differenziert werden konnte. Solche Unterscheidungen und ihre Modifikationen haben als Abgrenzungskriterien fungiert, aus heutiger Sicht also in anthropozentrischer und ethnozentrischer Richtung.[2] Dieses Problem, das vorherrschende Selbstverständnis zum zentristischen Maßstab für alle anderen zu erheben, hat sich nochmals seit der Moderne verschärft. Für ihre epistemische und politische Verfassung kann man von einem anthropologischen Zirkel (Michel Foucault) sprechen.[3] Daher muss man auch untersuchen, wie Anthropologien ermöglicht werden und wie sie durch methodologische Kontrolle dazu in die Lage versetzt werden können, ihre politischen Ermächtigungen offen zu legen. Anderenfalls würden die Anthropologien, auch und gerade die Philosophische Anthropologie, zu einem ideologischen Machwerk verkommen, wie es leider historisch nur zu oft geschehen ist.

---

1   Vgl. B. Wittrock: Cultural Crystallization and Civilisation change: Axiality and Modernity, in: Comparing Modernities. Pluralism versus Homogeneity. Essays in Homage to Shmuel N. Eisenstadt, ed. by Eliezer Ben-Rafael/Yitzak Sternberg, Leiden/Boston 2005, S. 83-123.
2   Vgl. M. Landmann, Philosophische Anthropologie, Berlin/New York 1982, S. 14-16.
3   Vgl. H.-P. Krüger, Philosophische Anthropologie als Lebenspolitik. Deutsch-jüdische und pragmatistische Moderne-Kritik, Berlin 2009, I. Teil, 1. Kapitel.

Unter den philosophischen Anthropologien hat sich meines Wissens nur die von Helmuth Plessner beiden philosophischen Aufgaben überzeugend gestellt.[4] Daher wird hier mit ihr gearbeitet. Im Hinblick auf die erste philosophische Aufgabe beginne ich mit gegenwärtigen Vorschlägen zur Lösung des Problems, wie man die Evolution des – im biologischen Sinne – *modernen* Menschen (also des *homo sapiens sapiens*) denken kann. Im zweiten Punkt rekonstruiere ich die wichtigsten interdisziplinären Beiträge zu dieser Frage aus dem Diskurs der Philosophischen Anthropologie. Sicher gibt es empirisch sehr viel Neues für die einzelnen beteiligten Disziplinen während der beiden letzten Jahrzehnte. Aber die Denkaufgabe, die mit dem Thema der Evolution des Menschen erwächst, hat sich grundsätzlich nicht geändert. Bei aller Verwandtschaft zwischen einer neuen soziokulturellen Nische und einer neuen soziokulturellen Umwelt für den Menschen in der Evolution der Natur: Das philosophische und anthropologische Fragenniveau in der Philosophischen Anthropologie war entwickelter, als es in der übrigen Gegenwartsdiskussion praktiziert wird. Im dritten Punkt gehe ich auf die zweite philosophische Aufgabe ein. Heute gibt es – außer der Philosophischen Anthropologie – keine andere Philosophie, die sich zugleich der Erfüllung beider philosophischer Aufgaben stellt. Sie sind leider wieder in verschiedene Disziplinen auseinander gebrochen und mussten daher erst wiederentdeckt werden, wie man gut an Michael Tomasellos Forschungsprogramm (in *The Origins of Human Communication*, 2008) sehen kann.

1.1. Wie hängen Variation und Selektion in der Evolution des modernen Menschen, d. h. des *homo sapiens sapiens,* zusammen? Die Bildung einer soziokulturellen Nische kollektiver Intentionalität

Die moderne synthetische Theorie der Evolution (Ernst Mayr) kennt keine einzige und einheitliche Notwendigkeit mehr, sondern nur das zufällige Zusammenspiel zweier verschiedener Prozesse. In ihr gibt es weder Präformation noch Telos noch einen Zwang zur Höherentwicklung. Die beiden Prozesse, um die es in dieser Theorie geht, sind solche der Variation und solche der Selektion. Die Variation bezieht sich auf den Genotypus, d. h. auf die Veränderung des arttypischen Erbmaterials. Die Gene können durch äußere Einflüsse, d. h. Mutationen im engeren Sinne verändert werden (z. B. durch Strahlung, Gifte, Viren); durch Replikationsfehler der DNA- und RNA-Muster in den Spermien und Eizellen eines Organismus, und durch die Rekombination der Gene in der Fortpflanzung. Die Selektion bezieht sich auf den Phänotypus, d. h. auf den artspezifischen Verhaltenstypus in einer artspezifischen Umwelt. Obgleich man klar zwischen Variation und Selektion unterscheiden kann, muss es doch zu einem Zusammenspiel beider Prozesse kommen, so zufällig dieses auch sein mag. Das Überleben des

---

4   Vgl. H.-P. Krüger/G. Lindemann (Hrsg.), Philosophische Anthropologie im 21. Jahrhundert, Berlin 2006, S. 15-38. H.-P. Krüger, Philosophische Anthropologie als Lebenspolitik, a. a. O., II. Teil, 4.

Genotyps ist ohne das Verhalten der Fortpflanzung unmöglich, Geschlechtsdimorphismus vorausgesetzt. Die Selektion unterstellt nicht nur Organismen, die sich verhalten, sondern auch Gene, die in der Generationenfolge vererbt werden. Der Unterschied zwischen Variation und Selektion ist also keine völlige Trennung beider Seiten, sondern wirft die Frage auf, wie beide Prozesse zusammenhängen. Diese Frage kann nicht pauschal beantwortet werden, indem man ihre Lösung schon kennt, sondern muss in jedem Fall neu untersucht und beantwortet werden.

Für die Frage nach dem Zusammenhang zwischen Variation und Selektion sind bereits in der Biologie der Säuger und Vögel zwei hypothetische Richtungen immer wieder eingeschlagen worden: Population und Nische. Viele Säugerarten leben sozial in der Generationenfolge zusammen. Sie treffen sich nicht nur zur Fortpflanzung und leben ansonsten einzeln, sondern teilen Brutpflege, Ernährung oder Jagdverhalten. Sie bilden in einer raumzeitlich bestimmten Umwelt Populationen, von denen das Überleben der einzelnen Artgenossen und damit von deren Genen abhängt. Insofern wird die Weitergabe einer bestimmten Variation des Genotypus auch vom sozialen Status des jeweiligen Organismus in der Population vor Ort abhängig. Die sozialen Verhaltensweisen liegen in dem Spektrum von kooperativ bis kompetitiv und hängen vom Geschlecht ab, das in der Reproduktion bestimmte Funktionen erfüllt. Die Populationsbildung begünstigt Lernverhalten in der Generationenfolge. Die Populationsbildung kann zu einer Nischenbildung werden, wenn der Sozialverband in sich die biologischen Verhaltensfunktionen auf Dauer reintegriert und die Kooperation bzw. die Konkurrenz zwischen den Angehörigen durch schnelle und effektive Hierarchien begrenzt. Zur Nischenbildung muss aber auch noch eine Begünstigung dieser sozial organisierten Population auf Seiten der Umwelt hinzutreten. Diese Begünstigung kann dem Sozialverband zufällig sein, d. h. ihm passiv zufallen, oder auch schon Folge und Rückwirkung seines Bestehens sein, z. B. im Eingehen von Symbiosen mit Vertretern anderer Arten, in der Vertreibung und Vernichtung von Konkurrenten, d. h. durch seine Aktivitäten eintreten. Seit Hugh Miller (1964) spricht man auch von *Insulation* in dem folgenden Sinne: In einer Lebensgemeinschaft gibt es derart ein Zentrum und eine Peripherie, dass die Lebewesen im Zentrum einem geringeren Selektionsdruck ausgesetzt sind als die in der Peripherie. Ich verwende den Begriff der *Nische* in dem Sinne eines relativ stabilen Zusammenspiels zwischen einem Sozialverband und der ihm günstigen Umwelt. Natürlich ist die Nischenbildung nicht von der Nische oder ihrem Sozialverband intendiert worden, sondern das Ergebnis verschiedener Feedbacks sowohl sozialer als auch ökologischer Art.

Tritt die Nischenbildung schon unter Säugern auf, so ist ihre Bedeutung für die Evolution von Primaten umso größer. Ja, die Menschwerdung scheint geradezu davon abzuhängen, dass es schrittweise zu einer Umkehr kam. Ich meine die Umkehr von der passiven zur aktiven Nischenbildung, *aktiv* und *passiv* bezogen auf den Sozialverband. Verglichen mit anderen Primaten, gibt es beim – im biologischen Sinne – modernen Menschen eine wachsende Abstandnahme des Phänotypus vom Genotypus, d. h. seit 100 bis 200 tausend Jahren (*homo sapiens*). In diesem Zeitraum hat sich der Genotyp kaum verändert, wohl aber der Phänotyp auf eine enorme Weise. Man stelle sich nur einmal vor, wie er ausgesehen haben dürfte in Ostafrika vor der globalen Verbreitung des *homo sapiens*, also vor ca. 100 Tausend Jahren, und heute, inmitten der Globalisierung von Wirtschaft, Politik und Kultur in den Metropolen der Welt. Der deutlichste Sprung im Phänotyp wird in der alten biologischen Klassifikation vor ca. 40 tausend Jahren als das Auftauchen des *homo sapiens sapiens* veranschlagt, weil seit damals eine gewisse soziokulturelle Kumulation rekonstruiert werden kann. Die biologische Theorie der natürlichen Evolution kann diesen großen Sprung in einer derart kurzen Zeit nicht erklären, nicht einmal für die Periode zwischen dem *homo sapiens* und dem *homo sapiens sapiens*, d. h. für mindestens 60 und höchstens 160 tausend Jahren. Man muss daher mit vielen vermittelnden Zwischenschritten arbeiten, die in Raum und Zeit verteilt werden. Diese Lösungsrichtung schlugen Michael Tomasello (*The Cultural Origins of Human Cognition 1999*) und Steven Mithen[5] überzeugend ein.

Im Rahmen der biologischen Evolutionstheorie wird daher grundsätzlich folgende Hypothese verfolgt: Es muss zu der Herausbildung einer neuen Nische gekommen sein, die Prozesse des kulturellen Lernens ermöglicht hat, welche dann aufeinander aufbauen konnten, mithin die Evolution enorm beschleunigt haben. Die Wahrscheinlichkeit des Aufbaus einer solchen Nische wächst, wenn man sie sich als eine Serie kleiner Schritte denkt. Diese Serie kann mit der Selektion zugunsten von Verwandten (Kin Selection), die gegenseitige Kooperation (mutualistic cooperation) einschließt, begonnen haben. Sie kann sich durch einen wechselseitigen Altruismus (Reciprocal Altruism), der eine starke und indirekte Reziprozität (Strong or Indirect Reciprocity) beinhaltet, verstärkt haben. Und diese Serie könnte schließlich in die Selektion zugunsten kulturell integrierter Gruppen (Cultural Group Selection) gemündet sein. Wenn ich hier die in der biologisch-evolutionstheoretischen Diskussion üblichen Kurzbezeichnungen verwende, so möchte ich gleich, um nicht missverstanden zu werden, dies anmerken: Ich glaube nicht an die Mythen vom egoistischen oder altruistischen Gen. In der biologischen Evolutionstheorie sind nicht die Gene, sondern die Organismen die Subjekte des Verhaltens. Ohne einen Organismus, der sich in der Umwelt verhält, werden dessen Gene nicht zur rechten Zeit ein- und abgeschaltet, repliziert, fortgepflanzt und vererbt. Es widerspricht der biologischen Evolutionstheorie, wenn man wieder an die Stelle der beiden Prozesse von Variation und Selektion den Mythos von einer einzigen ehernen Notwendigkeit treten lässt, wie das leider während der letzten Jahrzehnte in der angelsächsischen Diskussion der Fall war.

Aber zum Zwecke der mathematischen Modellierung kann man sich den unbewussten Effekt zunutze machen, dass im Falle einer gegenseitigen Kooperation unter Verwandten deren gemeinsames Erbmaterial weitergegeben werden kann, ohne dass sich jeder Organismus in dieser Verwandtschaft vermehren muss. Die „Gesamtfitness"[6] des einzelnen Lebewesens kann auch dadurch in der Generationenfolge verbessert werden, dass es ohne eigene Vermehrung an der Kooperation unter Verwandten teilnimmt, deren

---

5   Siehe für die Evolution von den Frühformen des *homo* bis zum *homo sapiens*: S. Mithen, The Prehistory of the Mind. A Search for the origins of art, religion and science, Thames/Hudson 1996.

6   W. D. Hamilton, The genetical evolution of social behaviour, in: Journal of Theoretical Biology, 7, 1964, S. 1-52.

Vermehrung seine eigenen Gene enthält. Es vermehrt sich so indirekt mit. Die Ge-
dankenfigur der indirekten Effekte lässt sich auch ökologisch formulieren, wenn man
über die Verwandtenselektion hinausgeht. Es können auch Angehörige verschiedener
Arten zum gegenseitigen Nutzen und auf Kosten Dritter in einer gemeinsamen Umwelt
kooperieren. Ihre Bedürfnisse und kooperativen Vermögen müssen nur füreinander und
in einer geteilten Umwelt komplementär sein. Berühmt ist das Beispiel, dass der Vogel
Honiganzeiger durch Rufe den Honigdachs zum Bienenstock führt. Reziprozität liegt
vor, wenn die Kosten für jeden Kooperationspartner im Durchschnitt niedriger sind als
der Nutzen, den er aus der Zusammenarbeit zieht. In der Praxis ist reziproker Altruismus bei Arten zu erwarten, die in stabilen Gruppen leben, in denen wiederholte Begeg-
nungen mit denselben Individuen wahrscheinlich sind. Gleichwohl führt dieses Modell
die Möglichkeit zum Betrügen mit sich. Wird Betrug chronisch, zerfällt es. Es kann sich
evolutionär nur stabilisieren, wenn der Betrug so bestraft wird, dass er nicht zur Regel
werden kann. Unterstellt man Lebewesen mit einem lebensgeschichtlich wachsenden
Bewusstsein über die indirekten Effekte ihres Verhaltens, was man bei Primaten darf,
lassen sich die Effekte einer indirekten Reziprozität von Altruismus nur stabilisieren,
wenn es zur Ausbildung von kulturellen Normen kommt, deren Einhaltung prämiert und
deren Verletzung bestraft wird.

Nimmt man diese drei Schritte zusammen, was in der gegenwärtigen biologischen
Literatur üblich ist, also die Verwandtenselektion, den sog. reziproken Altruismus und
die Auswahl zugunsten kultureller Gruppenbildung, dann ermöglichen sie „an evolu-
tionary cascade of selective processes".[7] Diese Kaskade von positiver, d. h. Kooperation, Gegenseitigkeit, Wechselseitigkeit und Kulturbildung begünstigender Auswahl kann
Effekte der Rückkopplung auf die Selektion von Individuen und deren Eigenschaften,
die sexuelle Evolution eingeschlossen, und auf einen historischen Wandel zugunsten der
Stabilisierung von Kultur gehabt haben. In Übereinstimmung mit Tomasello hat man
dabei darauf zu orientieren, dass die gesuchte Nischenkonstruktion vor allem geteilte
oder kollektive Intentionalität (*shared intentionality*) im Unterschied zur nur individuellen Intentionalität (*individual intentionaltiy*) und die Institutionalisierung eines kulturellen Lernens mit Rollentausch (*role reversal*) im Unterschied zu anderen Verhaltensfunktionen prämiert haben dürfte.

---

7   J. R. Hurford, The Origins of Meaning, Oxford 2007, S. 304.

1.2. Äquivalente für die heutige Diskussion im interdisziplinären Diskurs der Philosophischen Anthropologie

Erstens: Welt und Nachahmung in einer soziokulturellen Umwelt, Mitmachen und Nachmachen in einer biosozialen Umwelt

In dem interdisziplinären Diskurs der Philosophischen Anthropologie hatte es sich bewährt, kategorial zwischen einer bio-sozialen *Umwelt*, einer sozio-kulturellen *Umwelt* und einer *Welt* zu differenzieren. So wurde damals in anderer Terminologie das heutige Problem der Nischenbildung diskutiert, und mir scheint, sogar besser. Seit Jakob von Uexkülls theoretischer Biologie war klar, dass es eine Korrelation zwischen dem physiologischen Aufbau der Organismen (Bauplan) und ihren Verhaltensfunktionen in einer bestimmten Umwelt gibt. Verschiedene Arten haben verschiedene Umwelten und nicht dasjenige zur Umwelt, was der Biologe auf den ersten Blick für ihre Umwelt hält. So nehmen Schnecken und Spinnen keine Dingkonstanten in ihrer Umwelt wahr, während Primaten, dies war durch Wolfgang Köhlers Schimpansenexperimente bekannt, zweifellos mit Dingen operieren, wenngleich nicht in unserem Sinne nach Gesetzen der Gravitationskraft. Um diese und andere empirische Befunde kategorial zu ordnen, hatte Max Scheler den Unterschied zwischen einer *Welt* und einer *Umwelt* eingeführt.[8] Biologen verwenden ihre eigene Weltauffassung als den Rahmen dafür, für artspezifisch verschiedene Lebewesen verschiedene Umwelten unterscheiden zu können. Natürlich war auch den damaligen Zoologen, zu denen Helmuth Plessner gehörte, bekannt, dass Säuger und erst recht Primaten bereits in sozialen „Mitverhältnissen"[9] stehen, also in einer *bio-sozialen Umwelt* leben. Aber er wollte diese nicht vorschnell mit einer soziokulturellen Umwelt verwechseln, wie sie von Menschen aktiv geschaffen wird. Solche *soziokulturellen Umwelten* werden aus Weltrahmen heraus ermöglicht, die am Ende der „Stufen"[10] als die Präsuppositionen in den Praktiken von Personen herausgearbeitet werden.

Es macht für Plessner einen großen Unterschied aus, ob die Umwelt nur in dem Sinne sozial ist, dass die Tiere das Verhalten ihrer Artgenossen spontan „mitmachen" und zeitlich versetzt „nachmachen" können, oder ob es wirkliche „Nachahmung" gibt. Im letzteren Falle müsse man zwei Fragen beantworten können: *Was* wird nachgeahmt, d. h. welcher Sachverhalt wird dargestellt? Und *wer* wird nachgeahmt, d. h. welche Person?[11] –

---

8   M. Scheler, Die Stellung des Menschen im Kosmos, Bonn 1995, S. 39-45.
9   H. Plessner, Die Stufen des Organischen und der Mensch. Einleitung in die philosophische Anthropologie (1928), Berlin 1975, S. 308.
10 Ders., Die Stufen des Organischen und der Mensch, a. a. O., 7. Kapitel.
11 Ders., Zur Anthropologie der Nachahmung (1948), in: Ders., Gesammelte Schriften VII (S. 389-398), Frankfurt a. M. 1982, S. 389-398. Siehe auch: Ders., Zur Anthropologie des Schauspielers (1948), in: Ders., Gesammelte Schriften VII (S. 399-418), Frankfurt a. M. 1982, S. 399-418 u. auch: Ders., Der imitatorische Akt (1961), in: Ders., Gesammelte Schriften VII (S. 446-458), Frankfurt a. M. 1982, S. 446-458.

Diese beiden Fragen könne man nicht dadurch beantworten, dass man beschreibt, wie sich ähnliche Organismen ähnlich verhalten, d. h. nach Uexkülls Korrelationen. Sie liegen – ontogenetisch und phylogenetisch betrachtet – *vor* der Nachahmung von Personenrollen und *vor* der Darstellung von Sachverhalten. Das Soziale der Säuger werde durch keine Mitwelt ermöglicht, in der Personen Geist teilen. Heute könnte man mit Tomasello elementarer Weise von *Geist* sprechen, wenn dem Kriterium genügt wird, dass kollektive Intentionen grammatikalisiert werden.[12]

Plessner hat aus heutiger Sicht mit seiner Unterscheidung zwischen spontanem Mitmachen, zeitlich versetztem *Nachmachen* und *Nachahmung* (von was und von wem) recht behalten. Dies zeigt die Diskussion über individuelle und kollektive Intentionen erster und zweiter Ordnung im Vergleich zwischen non-humanen Primaten und Menschenkindern. Dabei geht es philosophisch nicht darum, wer empirisch recht behält, sondern ob das Forschungsprogramm kategoriale Unterscheidungen bereit stellt, mit denen man sinnvolle Fragen bearbeiten kann. Tomasello anerkennt inzwischen, dass Schimpansen in bestimmten Verhaltensbereichen – insbesondere in Rankingkämpfen (competitions) – gemeinsame Aufmerksamkeit (shared attention), Zusammenarbeit (collaborative activity) und sogar miteinander geteilte Intentionen (shared intentions) erster Ordnung zeigen. Gleichwohl könnten sie aber nicht in geteilte Intentionen über geteilte Intentionen, also nicht in deren zweite Ordnung hineingelangen. Jedoch erst letztere stellten kulturell stabilisierte, wirklich kollektive Intentionen dar, auf die Menschenkinder ihr Verhalten aufbauen.[13] Schimpansen verstehen nicht die Rekursion von Symbolen, welche die – an ein individuelles Gedächtnis gebundene – Wahrnehmbarkeit von Situationen übersteigt, die Wiederholung der Triebbefriedigung vorausgesetzt. Die Zahl 5 bedeutet etwas anderes als die empirisch wahrnehmbare und erinnerbare Einsicht, dass fünf Bananen besser sind als zwei Bananen für einen sehr hungrigen Magen. Sicher muss die empirische Forschung über Intentionen erster und zweiter Ordnung fortgesetzt werden.

Was aber im Interesse solcher Forschungen inzwischen mit Sicherheit ausscheiden sollte, ist die anthropomorphe Verwechselung des Mitmachens und Nachmachens mit der Nachahmung, also eine begriffliche Konfusion, welche empirische differenzierte Forschung verunmöglicht. Für das spontane Mitmachen im Verhalten der Artgenossen kommen inzwischen die Spiegelneuronen in Frage, ein Mechanismus, den Plessner noch nicht kennen konnte. Aber dieses neurophysiologische Korrelat bestätigt das, was Plessner als das *Mitmachen* bezeichnet hat: Nimmt ein Lebewesen hier und jetzt wahr, was sein Artgenosse tut, gibt es unwillkürlich eine neuronale Aktivität in denjenigen seiner Hirnareale, die seine Sensorik und Motorik in eine Bereitschaft versetzen, welche dem artspezifischen Verhalten des Artgenossen entspricht. Für das *Nachmachen* reicht das Mitmachen plus individuelles Gedächtnis[14] aus. Kann das Lebewesen sich erneut

---

12 M. Tomasello, Constructing a Language. A Usage-Based Theory of Language Acquisition, Cambridge/London 2003, S. 8-19.

13 Siehe: Ders., Origins of Human Communication, Cambridge 2008, S. 330-345.

14 H. Plessner, Die Stufen des Organischen und der Mensch, a. a. O., S. 278-286.

vorstellen, was es in der Wahrnehmung bereits erfahren hat, treten vergleichbare neuronale Aktivitäten in Erscheinung. Es hatte schon einmal Erfolg in seiner Triebbefriedigung und folgt diesem nun in der erneuten Triebnot. Bei der *Nachahmung* aber geht es auf jeden Fall um mehr, d. h. um Geist, der eine Kulturgeschichte seiner Grammatikalisierung hat, in der Was- und Wer-Fragen gestellt und beantwortet werden. Dies geht nur in einer *exzentrischen Positionalität*, wie Plessner seine Spezifikation von Welt im Unterschied zur Umwelt genannt hat. Sie setzt sich triadisch aus den Dyaden der zentrischen Positionalität *heraus*, insoweit ex-. Sie positioniert sich außerhalb der zentrischen Interaktionen zwischen Organismus und Umwelt und außerhalb der zentrischen Interaktionen zwischen den Organismen, und kommt von dort, diesem Außerhalb, in die Interaktionen zurück. Tomasello spricht vom sog. *Bird's-eye view*.[15] Nachahmung kann nicht durch Spiegelneuronen erklärt werden, die dafür nur eine genetische Voraussetzung darstellen, aber keine hinreichende Bedingung. Nachahmung erfordert eine emotionale Motivation dafür, sich mit einer – dem Organismus äußeren – soziokulturellen Figur zu identifizieren bzw. sich von dieser zu distanzieren.[16]

Für Scheler und Plessner hatte Köhler bewiesen, dass Schimpansen eine hohe praktische Intelligenz haben, die jedoch an den einzelnen Organismus, dessen Sensorik und Motorik, und dessen individuelles Gedächtnis gebunden bleibt. Laut Plessner war entscheidend, dass Schimpansen der „Sinn für das Negative"[17] fehlt: Sie bleiben empirisch verallgemeinernde Positivisten, ein Standpunkt, den in der gegenwärtigen Forschung radikal Povinelli (2000) vertritt. Schimpansen erwarten keine *Sachverhalte*, die sich unabhängig von ihrem Organismus auch anderen Perspektiven darstellen. Sie erwarten nur *Feldverhalte*, mit denen sie senso-motorisch umgehen und dabei plötzlich eine Einsicht zeigen.[18] Sie können aber diese Einsicht nicht von der einen senso-motorischen Situa-

---

15 M. Tomasello, Origins of Human Communication, a. a. O., S. 160, 179 u. 266.

16 Vgl. dagegen: M. Iacobini, Mirroring People. The New Science of How we Connect with Others, New York 2008, S. 99f. – Zu Unrecht beruft sich Marco Iacoboni auf Michael Tomasello, wenn er eine magische Konfusion in den Spiegelneuronen erblickt, die alles ganz einfach werden lasse, da er den Unterschied zwischen Mitmachen, Nachmachen und Nachahmung nicht kennt: „Some scientists have interpreted the phenomenon (of spontanous language development: HPK) as evidence that humans are hardwired for language acquisition. I believe that mirror neurons provide a simpler explanation, for they make it possible to automatically and deeply understand the hand movements and gestures of other people and to imitate those gestures. This is a fundamental starting point for creating a set of gestures as the basis of a relatively simple sign language. From this basis, it is also relatively simple to settle on, through the recipocal imitation facilitated by mirror neurons,a more complex structure of gestures that build full-blown sign language. The key element that made all this possible [...] was the face-to-face interaction among kids throughout the day. This is the sort of context in which mirror neurons can work their magic to a maximum effect." Ebd., 99f. Diese magischen Sprünge zwischen verschiedenen Erklärungsebenen sind leider repräsentativ für die gegenwärtige Forschungslage, umso mehr für all die Fehlassoziationen und Scheinprobleme, die daraus in der massenmedialen Kommunikation resultieren.

17 H. Plessner, Die Stufen des Organischen und der Mensch, a. a. O., S. 271.

18 Ebd., S. 272 u. 276f.

tionsart ablösen und auf senso-motorisch andere Situationsarten übertragen. Sie verallgemeinern innerhalb einer Verhaltensfunktion, Konkurrenz oder Werkzeugproduktion, und diese Verallgemeinerung hängt sehr individuell von ihrem Gedächtnis ab. Dies hat, anthropomorph gesehen, auch sympathische Seiten: Sie glauben weder an Gespenster noch an Gesetze. Vor allem haben ihre Erwartungen keinen Rahmen von Welt, der sich von den Sinnen und der Motorik emanzipiert hat. Sie erwarten keine Sachverhalte in einer räumlich leeren, z. B. Newtonschen Welt und in einer geräuschlosen, stillen Welt der leeren Zeit. Für ihr Verhalten ist *nicht* konstitutiv eine symbolische, d. h. triadische Struktur von Welt, die sich aus *keiner* empirischen Verallgemeinerung ergibt. Demgegenüber erkenne man die Praktiken von Personen an derart symbolisch-triadischen Präsuppositionen, d. h. an Geist, sowohl in der Außenwelt als auch der Innenwelt als auch der Mitwelt.[19] Alle Weltstrukturen laufen nicht frontal, dyadisch, unmittelbar, direkt ab, d. h. *nicht* wie eine *Umwelt*, sondern vermittelt, indirekt, umwegig, triadisch, auf einer Bühne, die den Vordergrund darstellt, in einem Rahmen von *Welt*, der den Hintergrund bildet und sich ins Nirgendwo und Nirgendwann verläuft. Deshalb müssen Menschen in ihrem Verhalten wechseln können. Ihre zentrische Organisationsform braucht zentrische Verhaltensmöglichkeiten, d. h. eine *zentrische Positionalität*, wie Plessner seine Fassung von einer tierischen Umwelt nennt Aber diese soziokulturelle Umwelt muss unter Menschen erst eingerichtet werden. Sie wird ermöglicht durch triadische Weltrahmen, in denen Geist von Personen symbolisch geteilt wird.[20]

Zweitens: Das Schauspielen in und mit Personenrollen zwischen Lachen und Weinen

In Plessners Rollentheorie wird die hier bislang nur basal eingeführte Nachahmung entfaltet, und zwar so, dass eine zeitliche Dynamik in der Vielfalt eines Verhaltensspektrums entsteht, das erfahren werden muss, um erlernt werden zu können. Es geht um das Spielen *in* und *mit* Personenrollen,[21] das zwischen zwei Polen stattfindet, dem Lachen und Weinen, die letztlich nicht mehr gespielt werden können. (Plessner 1941). Darin bestand das Thema meines Buchs „Zwischen Lachen und Weinen, Bd. I: Das Spektrum menschlicher Phänomene" (1999). Ich fasse dieses Spektrum in einer Abbildung zusammen, die den Überblick gewährt.

   Schaut man unten in die Mitte, dann stehen dort „Sprechen und Handeln". Diese Fähigkeiten werden in den rationalistischen Philosophien als das Wesen des Menschen implizit unterstellt oder explizit behandelt. Für Plessner sind sie vorläufige Resultate

---

19 H. Plessner, Die Stufen des Organischen und der Mensch, Kap. 7.2.
20 Ebd., Kap. 7.3.-7.5.
21 Siehe hierzu: Ders., Soziale Rolle und menschliche Natur (1960), in: Ders., Gesammelte Schriften X (S. 227-240), Frankfurt a. M. 1985, S. 227-240. Ders., Die Frage nach der Conditio humana (1961), in: Ders., Gesammelte Schriften VIII (S. 136-217), Frankfurt a. M. 1983, S. 136-217. Ders., Elemente menschlichen Verhaltens (1961), in: Ebd. (S. 218-234), S. 218-234. Ders., Der Mensch im Spiel (1967), in: Ebd. (S. 307-313), S. 307-313.

aus einem anderen Prozess, nämlich dem, sich in Personenrollen hineinspielen zu können und aus diesen wieder herauszukommen, indem man *mit* ihnen spielt (siehe im Zentrum des Bildes). Elementarer Weise steht eine Person außerhalb ihres Organismus. Von dort kann sie den Unterschied machen, inwiefern sie in einem lebenden Körper – wie in einem Futteral – lebt, und inwiefern sie diesen Organismus von außen haben kann, indem sie ihn wie andere Körper auch behandelt. Eine Person hat also ein doppeltes Verhältnis zum Körper. Sie lebt in ihm, und sie kann ihn von außen haben.[22] Dafür muss sie außerhalb ihres Organismus, d. h. in den soziokulturellen Interaktionen mit anderen, eine Rolle übernehmen.

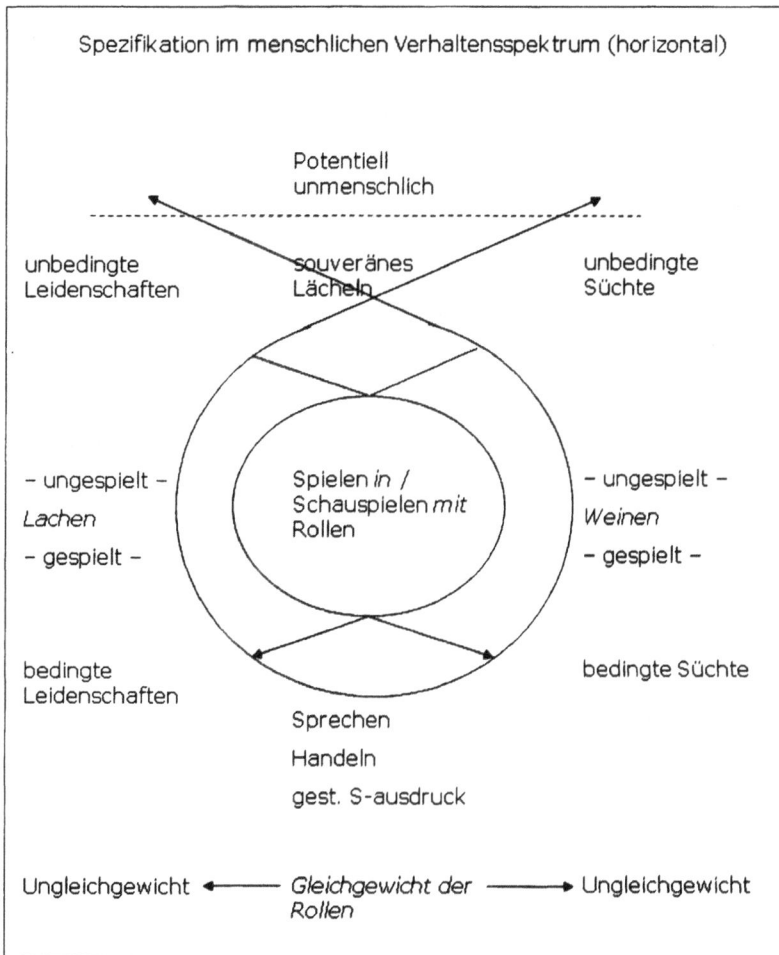

Spezifikation im menschlichen Verhaltensspektrum (horizontal)

Potentiell
unmenschlich

unbedingte   souveränes   unbedingte
Leidenschaften   Lächeln   Süchte

- ungespielt -   Spielen *in* /   - ungespielt -
Lachen   Schauspielen *mit*   Weinen
                          Rollen
- gespielt -   - gespielt -

bedingte   bedingte Süchte
Leidenschaften

Sprechen

Handeln

gest. S-ausdruck

Ungleichgewicht ◄──── Gleichgewicht der ────► Ungleichgewicht
                      Rollen

Abb. 1: Spezifikation im menschlichen Verhaltensspektrum

22 H. Plessner, Die Stufen des Organischen und der Mensch, a. a. O., S. 293.

Nun gibt es verschiedene Fallgruppen, die das Rollenspiel strukturieren. Eine Rolle besteht minimaler Weise aus einem Habitus, d.h. aus bewegten Bildern, denen gemäß man sich aufführt, und einer idiomatisch bestimmten Sprache (Dialekt), die zum Habitus passt. Eine solche Rolle kann man übertreffen durch Überidentifikation mit ihr. Man überschießt sie leidenschaftlich in den Augen der anderen. Oder man unterschreitet in deren Augen die Rollenerwartungen, weil man durch eine Sucht von etwas anderem abhängig ist. Beide Phänomenreihen, die Leidenschaften und die Süchte, können bedingt sein, dann werden sie allgemein toleriert, oder die Leidenschaften und Süchte werden *un*bedingt. Dann zerstören sie die Rolle, und falls es keine andere passendere Rolle gibt, wird die ganze Rollenexistenz fraglich. Die Betroffenen entgleiten in übermenschliche Ansprüche, oder sie unterschreiten das Niveau von Personalität. Man sieht oben in dem Überblicksbild, wie der menschliche Verhaltenskreis verlassen wird, wofür es in jeder Kultur Ausdrücke und Taboos gibt (heilig, göttlich, teuflisch).

In der Mitte, aber rechts außen und links außen, findet man das Lachen und Weinen. Plessners Grundgedanke ist ganz einfach und interkulturell bewährt: Wir alle erlernen das menschliche Verhalten zwischen Lachen und Weinen. Wenn wir nicht mehr im Sinne einer bestimmten Rolle auf Situationen antworten können, dann bleibt die Situation fraglich. Wenn auf diese Frage auch keine Rollenmodifikation die Antwort gibt, versuchen wir zu antworten, indem wir Lachen oder Weinen spielen. Und wenn auch der Rollenwechsel nicht weiterhilft sowie Gewalt in der Situation fehlt, dann geraten wir ins ungespielte Lachen und Weinen, d. h. in die Grenzen menschlichen Verhaltens. In ihnen kann nicht mehr die Person, wohl aber ihr Leib noch antworten, wenngleich dadurch die Kompetenz, die Rolle spielen zu können, zusammenbricht. Im ungespielten Lachen bricht der Leib aus dem Habitus und seiner Sprache heraus in die Welt. Für die Person gewann die Situation zu viele Bedeutungsmöglichkeiten, die sich widersprachen. Sie fliegt gleichsam aus dem Organismus heraus. Im ungespielten Weinen bricht die Person zusammen. Sie fällt in ihren Leib hinein. Ihr war die ganze Situation sinnlos geworden. Sie hat ihre Beantwortung aufgegeben und gibt daher an ihren Leib ab, der gleichsam zusammenschrumpft.[23] – Unschwer erkennt man in Plessners Analysen des *Lachens und Weinen* (1941) die Struktur der Personalität aus den „Stufen des Organischen und der Mensch" wieder. In beiden Grenzfällen geht der personale Standort außerhalb der Interaktionen des Organismus mit seiner Umwelt verloren. Entweder fliegt die Person nach außen ihrem Leibe weg, weil sie zu viele Möglichkeiten von Welt sah, die sich alle widersprachen und sie paralysierten. Oder die Person fällt – ohne Distanz zur Situation – in die Interaktionen und schließlich in ihren Leib hinein, weil sich kein Sinnhorizont mehr einstellte. Wer seine Verhaltensgrenzen so erfahren hat und nun mit ihnen leben kann, vermag im Lächeln seiner Souveränität Ausdruck zu verleihen (oben Mitte, Plessner 1950).

---

23 H. Plessner, Lachen und Weinen. Eine Untersuchung der Grenzen menschlichen Verhaltens (1941), in: Ders., Gesammelte Schriften VII (S. 201-387), Frankfurt a. M. 1982, S. 359-384.

Man kann nun das ganze Spektrum zwischen Lachen und Weinen erneut durchlaufen, indem man sich von diesen Grenzerfahrungen ausgehend fragt, wie die soziokulturellen Rollen geändert werden, damit Personen besser oder schlechter leben können, oder man könnte auch sagen, damit Lebewesen auf personale Art und Weise existieren können. In dieser Hinsicht besteht Plessners große Leistung sicher seit den „Grenzen der Gemeinschaft" (1924) darin, dass er die anthropologisch nötige Doppelstruktur von Personenrollen aufzeigt. Eine Rolle ist in dem Sinne Maske, dass sie öffentlich enthüllen und privat verhüllen kann. Wenn die Person sowohl innerhalb ihres Leibes als auch außerhalb ihres Leibes leben muss, dann braucht sie strukturell für sich und für andere die Unterscheidung zwischen Privatem und Öffentlichem. In dieser Doppelstruktur besteht eine große zivilisatorische Lehre, die man keiner Gemeinschaftsideologie opfern darf. Jede lebende Person braucht Spielfreiheit. Sie muss zwischen ihr, d. h. dem Träger der Rolle, und ihr, d. h. dem Spieler der Rolle, unterscheiden können.[24] Es gibt kein „Ich" ohne dieses „Mir" und „Mich", wie es auch G. H. Mead nennt. Daher spricht Plessner in den *Stufen* von der „Wirform des eigenen Ichs".[25]

Drittens: Das Emanzipationspotential der Ontogenese gegenüber der Phylogenese:
Extrauterines Jahr, Plastizität zur Domestikation, Fötalisierung und Kortikalisierung

Im 19. Jahrhundert wurde biologisch oft angenommen, dass die Ontogenese (Individualentwicklung) nur eine verkürzte Wiederholung der Phylogenese (Artentwicklung) darstellt. Spätestens seit den 1920er Jahren trat die Frage in den Vordergrund, inwiefern umgekehrt eine begrenzte Emanzipation der Ontogenese von der Phylogenese zu neuen Evolutionspotentialen führt, die man insbesondere als Spezifika in der Menschwerdung auffassen kann. Ich komme daher auf den wachsenden Abstand der humanen Ontogenese von der Phylogenese des *homo sapiens* zu sprechen, vergleicht man diese Art mit anderen Spezies. Für diesen Abstand sind folgende Phänomene schon *innerbiologisch* betrachtet charakteristisch: Das extrauterine Jahr, Nesthocker und Nestflüchter, Plastizität, vor allem in den Prägungsphasen, zur Domestikation. Diese Phänomene hängen mit weiteren zusammen, nämlich dem Frühgeburtscharakter, der Fötalisierung und der Zerebralisierung (relatives Gehirnwachstum im Vergleich zum Gesamtorganismus) bzw. Kortikalisierung (relatives Wachstum der Großhirnrinde im Vergleich zum Gesamthirn) unter Menschen. In all diesen Hinsichten ist Plessner grundsätzlich mit Louis Bolk, Adolf Portmann und Frederick Jakob Buytendijk einverstanden.[26]

---

24 H. Plessner, Die Frage nach der Conditio humana, a. a. O., S. 195-204.
25 Ders., Die Stufen des Organischen und der Mensch, a. a. O., S. 303.
26 Siehe hierzu: Ders., Ein Newton des Grashalms? (1964), in: Ders., Gesammelte Schriften VIII (S. 247-266), Frankfurt a. M. 1983. Ders., Der Mensch als Naturereignis (1965), in: Ebd.(S. 267-283). Ders., Zur Frage der Vergleichbarkeit tierischen und menschlichen Verhaltens (1965), in: Ebd., (S. 284-293). Ders., Der Mensch im Spiel (1967), in: Ebd. (S. 307-313). Ders., Der Mensch als Lebewesen. Adolf Portmann zum 70. Geburtstag (1967), in: Ebd. (S. 314-327).

Unter den Primaten wachsen die Zeiten der Kindheit und Jugend zum Menschen hin an, von ca. 6 oder 7 Jahren bis zur Spanne zwischen 14 und 20 Jahren. Das erwachsene Verhalten muss erst im Spielen erlernt werden. Es ist nicht bald nach der Geburt da und nicht nur eine Frage des Auswachsens des Organismus. Beim Menschen ist schon das erste Lebensjahr außerhalb des Uterus sehr auffällig. Erst am Ende dieses Jahres wächst die Schädeldecke zu, was sonst zur Embryonalentwicklung im Uterus gehört. Erst dann stellt sich auch ein, was man heute die sog. Revolution des Säuglings (zwischen dem 9. und 12. Monat) nennt. Erst dann geht er zum aufrechten Gang über, erlernt schnell geteilte Intentionen (*shared intentions*) in geteilter Aufmerksamkeit (*shared attentions*) mit Erwachsenen und beginnt mit dem Spracherwerb. Ab dem 3. Lebensjahr wird die Sprachverwendung rekursiv, d. h. sie emanzipiert sich von Situationen der Wahrnehmung und der Erinnerung an wahrgenommene Situationen und vertraut ab dem 4. Lebensjahr immer stärker der Narration und eigenständigen Reparatur unverständlicher Diskurse ohne Rückgang in die Wahrnehmung.[27] Selbst enkulturierte Menschenaffen, d. h. solche, die bereits unter Menschen aufgezogen worden sind, steigen aus dem Spracherwerb bei einem Niveau aus, das bei Menschenkindern im 3. Lebensjahr erreicht wird. Sie meistern nicht die Rekursion triadischer Symbole auf triadische Symbole.

Beschränken wir uns ruhig auf das erste Lebensjahr von Menschensäuglingen, um das biologische Grundproblem zu verstehen. Es ist insofern sinnvoll von einem extrauterinen Jahr zu sprechen, als in ihm noch eine Embryonalentwicklung stattfindet, die sich bei anderen Tieren im Uterus ereignet. So kann, anatomisch gesehen, der Säugling, der in Relation zu seinem Gesamtkörper einen vergleichsweise großen Kopf mit großem Gehirn hat, aus dem Mutterbecken heraus geboren werden. Komparatistisch gesehen ist hier die Frühgeburt der Normalfall, der einer besonderen Fürsorge in einer Nische bedarf. Die Hirnentwicklung im extra-uterinen Jahr steigert sich so exponentiell, dass bis in die Pubertät hinein zwei kritische Phasen folgen, in denen „überschüssige", d. h. im Verhalten zu selten verwendete neuronale Verschaltungen vernichtet werden. Es findet aber nicht nur eine Externalisierung der Embryonalentwicklung in die soziokulturellen Beziehungen mit erwachsenen Bezugspersonen hinein statt.

Umgekehrt bleibt diese soziokulturelle Externalisierung des Organismus auch mit Aufgaben beschäftigt, die nach biologischen Maßstäben zur Embryonalentwicklung gehören, mindestens zu einem großen Teil. Der Uterus ist nun in gewisser Weise der kulturelle Sozialverband, insbesondere die Mutter-Kind-Beziehung, bis in der Pubertät die Ablösung von den Eltern beginnt. Die soziokulturelle Nische muss der Fötalisierung, der Zerebralisierung und darunter der Kortikalisierung einer immer länger werdenden Ontogenese Rechnung tragen, d. h. insbesondere dafür Ressourcen und Fürsorgekapazitäten ausbilden. Dies ist nicht nur eine Frage der Ernährung, sondern auch emotional langlebiger Bindungen zwischen den Geschlechtern und Generationen, darunter nicht zuletzt Spielmöglichkeiten für die Kinder. Das Soziokulturelle braucht biologisch gesehen organismische Plastizität, also möglichst keine genetisch und im Verhalten fest-

---

27 Vgl. M. Tomasello, Constructing a Language, a. a. O., S. 266-281.

gelegte Organismen. Und wenn sich das Soziale und Kulturelle rekursiv auf sich selbst zurückwenden, wenn sie Selbstreferenz ausbilden, brauchen sie dafür umso mehr eine – im biologischen Vergleich der Arten gesehen – relative Fötalisierung und eine Verlängerung der Spielphasen in Kindheit und Jugend. Hier entsteht das Potential sich selbst steigernder Feedback-Schleifen, die spezifisch kulturelle Entwicklung ermöglichen.

Man kann das gleiche Grundproblem unter einem anderen Aspekt auch in der Terminologie der Domestikation beschreiben. Menschen machen sich seit vielen Jahrtausenden einen biologischen Mechanismus zunutze, den der Prägung, der bei Säugern, aber auch vielen Vögeln hervortritt. Schon bei ihnen gibt es eine relativ lange Phase der Brutpflege. In diesen sozialen Mitverhältnissen wird das Artverhalten erlernt. Ändert man die sozialen Mitverhältnisse, indem man die Jungtiere nach der Stillzeit bzw. nach der Nestzeit menschlicher Fürsorge aussetzt, so können sie zu Haustieren werden. Bekanntlich sind unsere Haustierarten so entstanden. Man versetzt sie in eine andere soziale Nische, was über Jahrtausende nicht nur Verhaltensänderungen, sondern sogar genetische Veränderungen zeitigt. Man kann also auch aus dem Modell der Domestikation lernen, das nur künstlich beschleunigt, was sich als die Bildung sozialer Nischen bzw. biosozialer Umwelten beschreiben lässt. Natürlich unterstellt dieses Modell bereits Menschen, führt also phylogenetisch in den Zirkel einer Selbstdomestikation einer bestimmten Primatenspezies hinein. Aber es hilft insofern weiter, als es verdeutlicht, was passieren kann, wenn man die Ontogenese von der Phylogenese durch Nischenbildung ein Stück weit emanzipiert.

Nehmen wir noch eine andere terminologische Unterscheidung aus der Zeit der Biologie von Plessner, um das anthropologische Problem in komparativer Perspektive zu umschreiben. Man differenzierte zwischen *Nesthockern* und *Nestflüchtern*. Der Gradmesser für diese Unterscheidung ist die Frage, ab wann sich die Nachkommen selbstständig fortbewegen können. Nesthocker sind solche, die lange im Nest verweilen. Sie kommen unfertig zur Welt. Nestflüchter verlassen früh ihr Nest, z. B. Gänsevögel und Feldhasen. Dies heißt aber nur, dass sie organismisch so weit „fertig" sind, dass sie sich selbstständig fortbewegen können. Es bedeutet nicht, dass sie bereits das erwachsene Verhaltensrepertoire ihrer Art beherrschen. Dieses erlernen sie nun, indem sie demjenigen erwachsenen Tier folgen, an das sie in ihrer Prägungsphase gewöhnt wurden. Es muss sich also nicht um das Muttertier handeln, wie die Domestikation zeigt, aber es handelt sich in der „wilden Natur" meist darum. H. Schneider hat deshalb (1975) die Nestflüchter besser die „Mutterfolger" und den Menschen den „Tragling" genannt. Wendet man gleichwohl die Ausgangsunterscheidung auf den Menschen an, aber natürlich nur indirekt, dann müsste man für das extrauterine Jahr sagen, er sei ein sekundärer Nesthocker, und danach ein sekundärer Nestflüchter. Er kombiniert beide Varianten von Ontogenese, die es bereits im Säuger- und Vögelreich gibt, nur phylogenetisch auf einem anderen Ausgangsniveau, dem von Primaten.

Alle diese innerbiologischen Vergleiche lösen letztlich nicht das Problem der Menschwerdung. Aber sie zeigen doch, was es alles schon an Evolutionsmöglichkeiten im Tierreich gibt. Die Menschwerdung in der natürlichen Evolution ist nicht so unmöglich, wie es die Dualisten immer wieder behaupten, wenn man den Gedanken ernst nimmt, dass es zu einer biosozialen Umwelt kommt, die Fötalisierung und Zerebralisierung, darunter insbesondere die Entwicklung der Großhirnrinde, d. h. Kortikalisierung, befördern. Aber dies bedeutet auch, dass man die Biologie nicht reduktionistisch anlegen darf. Sie schließt schon Soziales und Kulturelles ein, wenn man unter „Kultur" ein Lernverhalten versteht, das je nach Umwelt verschieden in einer Population weitergegeben wird. So ist es heute in der Primatologie üblich. Populationen derselben Art haben in verschiedenen Umwelten teilweise verschiedenes Verhalten aufzuweisen. Damals scheute man sich, von Tierkulturen zu sprechen, weil der Kulturbegriff, zumindest für Plessner, die Selbstreferenz von triadischen Symbolen auf triadische Symbole bedeutete.

Viertens: Symbolische Transformation des Trieblebens und Organausschaltung

In dem interdisziplinären Diskurs der Philosophischen Anthropologie spielte eine hervorragende Rolle die Frage nach der symbolischen Transformation von Trieben. Die Spezifikation des Menschen durch Geist konnte, evolutionsgeschichtlich und ontogenetisch betrachtet, nicht von oben, aus reiner Vernunft, erfolgen, sondern von unten. Mit dieser Frage, die durch Sigmund Freuds Psychoanalyse eine spezielle Lösungsrichtung eingeschlagen hatte, waren Grundfiguren wie die der Kompensation, der Unterdrückung, der Verdrängung und der Übertragung verbunden. Sie lenkten die Aufmerksamkeit nicht nur auf die *inter*-personalen, sondern auch *intra*-personalen Beziehungen, wenngleich in einer psychologischen Verengung auf einzelne Fallgruppen, die ein gesellschaftliches Beurteilungsproblem aufwarfen. In den Fallgruppen, die als pathologisch erschienen, war nicht nur der überhistorische Geltungsanspruch auf Grund der kulturgeschichtlichen Forschungen zweifelhaft. In ihnen tauchten auch Beziehungen zu Dingen auf, etwa in Fetischen, oder es erschien Persönliches als dinghaft. Die Frage der Symbolisierung von Trieben erforderte gleichzeitig eine Berücksichtigung der Gegenfrage, wie die Symbolisierung mit den Verhältnissen zu Dingen zusammenhängen könnte. In dieser Hinsicht kam man nicht an Paul Alsbergs Hypothese von der technologischen Ausschaltung von Organen im Verhalten von Menschen vorbei. Aber wie ließ sich dann der Zusammenhang zwischen der Symbolisierung von persönlichen Beziehungen und von Dingen denken?

Bereits für Scheler war klar, dass man Instinkte und Triebe unterscheiden muss.[28] Instinkte legen genetisch das Verhalten als ein starres fest. Genau diese starre Festlegung fehlt bei Trieben. Es gibt zwischen ihrer Stimulierung und ihrer Erfüllung Spielraum und Spielzeit. Ihre Erfüllung wird insoweit erlernt. Scheler erkannte auch, dass das Lernen durch Assoziation Dissoziation voraussetzt. Er vermutete – auf eine heute wieder aktuelle Weise –, dass der Kortex das Organ der Dissoziation instinktiver und assoziativer Verbindungen zwischen der Sensorik und der Motorik ist. Die Kortikalisierung wirkt den instinktiven Verschaltungen, die aus der Phylogenese stammen, und den asso-

---

28 M. Scheler, Die Stellung des Menschen im Kosmos, a. a. O., S. 22-27.

ziativen Verbindungen, die aus der Ontogenese herrühren, entgegen. Darin bestehe das neurophysiologische Korrelat für die psychischen Phänomene, die wir im Verhalten als die intelligente und die symbolische Triebbefriedigung erfahren. Es muss also in Richtung Menschwerdung, physiologisch und funktional betrachtet, nicht nur zu einer wachsenden Rolle des Gehirnes, d. h. Zerebralisierung, sondern vor allem auch der Großhirnrinde (Kortikalisierung) gekommen sein. Plessner nennt das Großhirn das Organ der Pausen, welche die Kopplung zwischen Sensorik und Motorik unterbrechen.[29] Auf Stimuli wird nicht unmittelbar und direkt geantwortet, sondern auf Umwegen durch Dissoziation, erneute Assoziation, intelligente Rekonstruktion und emotionale Bindung, die symbolisch aufgeladen werden kann.

Scheler und Plessner gingen bei Primaten von einem energetischen Triebüberschuss aus, der im Falle der Nichterfüllung im Verhalten symbolisch besetzt und in Leibesphantasien ausgelebt werden kann. Hier kommt also die symbolische Bindung, Erfüllung und Übertragung von Trieben ins Spiel.[30] Diesen Grundgedanken teilen Scheler und Plessner mit Freud, aber es ist auffallend, dass beide keine speziellen Deutungen von ihm, z. B. den Ödipus-Komplex, übernehmen, weil es sich hierbei nur um eine kulturhistorisch spezielle Semantik handelt. Für anthropologische Vergleiche ist nur der allgemeine Mechanismus interessant, dass es zu symbolischen Übertragungen, Kompensationen, Unterdrückungen und Verdrängungen kommen kann. Was diese Formen bedeuten und wie ihr Verhältnis beurteilt werden kann, dafür entwickelte Scheler seine eigene Grammatik des Gefühlslebens[31] und Plessner sein eigenes Spektrum menschlicher Phänomene.[32] Die Symbolisierung des Trieblebens stellt einen Schlüssel für den Übergang von der biosozialen zu einer soziokulturellen Umwelt dar. Geist wird von unten durch die Dynamik der Mitgefühle bzw. der Nachahmung aufgebaut, nicht von oben durch die reine Vernunft oder Kalküle.

Schließlich kann aber die Symbolisierung des Trieblebens in dem Übergang von einer biosozialen zu einer soziokulturellen Umwelt nicht alles gewesen sein. Dadurch entsteht zwar ein sehr wichtiger Filter zwischen Organismus und Umwelt, durch den der Anpassungsdruck von Seiten des einzelnen Organismus aus gesehen und der Selektionsdruck von Seiten der Umwelt aus betrachtet abnimmt. Damit ist aber noch nicht klar, wie die Distanz gegenüber der Umwelt im biologischen Ausgangssinne entstehen kann. Der Ansatz hierfür war der Werkzeuggebrauch und teilweise sogar die Herstellung von Werkzeugen unter Menschenaffen. Paul Alsberg (1922) hat diesen Aspekt für die Anthropogenese pointiert zum Ausdruck gebracht, indem er von dem Prinzip der „Körperausschaltung" sprach. Gemeint ist der Rückzug des menschlichen Organismus aus der direkten und unmittelbaren Berührung mit der Umwelt. Es werden Instrumente dazwischen

---

29 H. Plessner, Elemente der Metaphysik. Eine Vorlesung aus dem Wintersemester 1931/32, hrsg. v. H.-U. Lessing, Berlin 2002, S. 174-177.

30 Siehe hierzu: Ders., Der imitatorische Akt, a. a. O., u. ders., Die Frage nach der Conditio humana, a. a. O.

31 Vgl. H.-P. Krüger, Philosophische Anthropologie als Lebenspolitik, a. a. O., II. Teil, 7.

32 Ders., Zwischen Lachen und Weinen, Bd. I: Das Spektrum menschlicher Phänomene. Berlin 1999.

geschaltet, die menschliche Organe vermitteln, schützen, verlängern, effektiver in der Auseinandersetzung mit Dingen in der Umwelt machen. Dies betrifft vor allem die frei-werdende Hand als Kontaktorgan mit Hebelwirkungen, die man verlängern und ver-stärken kann, und den neuen Wahrnehmungsraum, der durch den aufrechten Gang ent-steht und zum, wie Plessner sagt, „Fern-Sehen" führt, das weiter als nur nah sieht, eben Hintergründe von Vordergründen auch des Gesehenwerdens durch andere zu unterschei-den lernt.[33]

Die Originalität von Plessner besteht darin, dass er das Problem, wie sich beim Men-schen die Verhaltensketten verändert haben, durch ein integratives Modell zu lösen ver-sucht. Dafür werden in meiner Interpretation[34] drei Fragen mit drei hypothetischen Antworten entwickelt. A) Wie wird habituelles Verhalten fraglich? B) Wie wird auf diese Fragestellung geantwortet? Und C) Wie wird die Beantwortung erneut habitualisiert? In der Beantwortung dieser drei Fragen kommt es zu keiner Trennung zwischen den ver-schiedenen Sinnesmodi und der Sprache des Menschen. Vielmehr wird ihre spezifische Aufgabe im Rahmen einer symbolischen Funktion der Sinne verstanden. Plessners Sym-bolfunktion integriert drei verschiedene Aspekte des menschlichen Verhaltens:[35] Zu A): In der Aisthesis der Sinne, sowohl in der Wahrnehmung als auch in der Vorstellung, wird das habituelle Verhalten *thematisch* unterbrochen. Zu B): Die Beantwortung des thematisch Neuen erfolgt dadurch, dass es im Diskurs *präzisiert* und paradigmatisiert wird. Zu C): Die paradigmatisch präzisierte Antwort auf das Thema, welches vom Ge-wöhnlichen abweicht, wird durch *Schematisierung* reproduzierbar gemacht. Sie wird dadurch selbst wieder habitualisiert. Technologie und Wissenschaft werden grund-sätzlich als solche Schematisierungen begriffen. Dieses Modell lebt also nicht von dem üblichen Dualismus zwischen Gewöhnlichem und Innovativem, sondern von einem ge-schichtlich prozessierenden Zusammenhang zwischen Phasen des Fragens, Antwortens und erneuter Habitualisierung. Der Dualismus entsteht – vom Standpunkt des neuen Modells – wie ein Spezialfall dadurch, dass erlischt, zu welcher Antwort eine Schemati-sierung gehört, dass vergessen wird, auf welche Frage eine Antwort respondieren soll, ja, worin überhaupt die Frage bestand.

Dazu passt schließlich Plessners anderes Sprachverständnis, das den Dualismus zwi-schen sprachlichem und nicht-sprachlichem Verhalten zu überwinden gestattet: Die Ent-faltung der Selbstreferenz von Sprache in der Schrift muss für Lebewesen an deren Sinne im Verhaltenskreis zurück gekoppelt werden, wenn diese Verselbstständigung der Sprache lebbar bleiben soll. Dies heißt auch umgekehrt, dass schon die Sinne von Men-schen symbolisch anders funktionieren als bei Tieren, die auf keine rekursive Dynamik von Symbolen auf Symbole in ihrem Verhaltensaufbau vertrauen können. Sprache wird

---

33 H. Plessner, Anthropologie der Sinne (1970), in: Ders., Gesammelte Schriften III (S. 317-394), Frankfurt a. M. 1980, 3. Kapitel.

34 In: H.-P. Krüger, Zwischen Lachen und Weinen, Bd. II: Der dritte Weg Philosophischer Anthro-pologie und die Geschlechterfrage, Berlin 2001, S. 118-128.

35 Vgl. hierzu: H. Plessner, Die Einheit der Sinne. Grundlinien einer Ästhesiologie des Geistes (1923), in: Ders., Gesammelte Schriften III (S. 7-315), Frankfurt a. M. 1980.

bei Plessner als die Kopplung von Expressionen und Handlungen verstanden, in der späteren Terminologie von Austin gesagt: als die Verbindung von Konstativem und Performativem.[36] Die Handlungen (Konstative) werden nach dem Modell der Integration des Fernsinnes Sehen und der taktilen Nahsinne (Haut, Hand) begriffen. Die Expression (Performative) wird anhand der Stimmen, der eigenen und der anderer, sowie der Propriozeption (Wahrnehmung des eigenen Körpers) aufgefasst.[37] Die folgende Abbildung verschafft einen Überblick über den Zusammenhang der Sinneskreise mit der Sprache, der vor allem die Metaphern in der Sprache verständlich werden lässt, weil sie symbolisch durch die Übertragung und Kopplung zwischen verschiedenen Sinneskreisen zustande kommen.

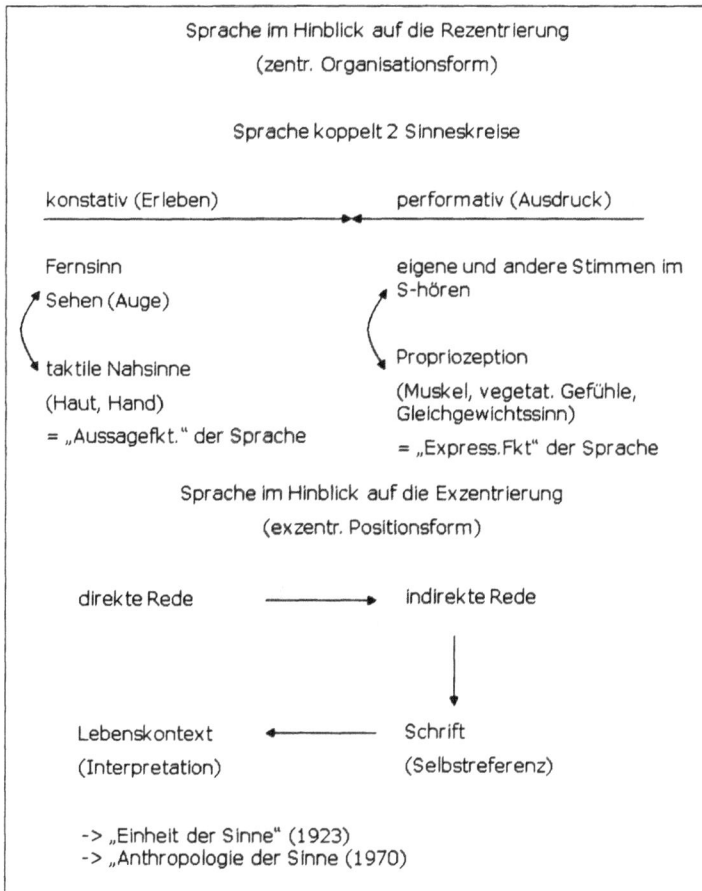

Sprache im Hinblick auf die Rezentrierung
(zentr. Organisationsform)

Sprache koppelt 2 Sinneskreise

konstativ (Erleben)   performativ (Ausdruck)

Fernsinn   eigene und andere Stimmen im
Sehen (Auge)   S-hören

taktile Nahsinne   Propriozeption
(Haut, Hand)   (Muskel, vegetat. Gefühle,
                             Gleichgewichtssinn)
= „Aussagefkt." der Sprache = „Express.Fkt" der Sprache

Sprache im Hinblick auf die Exzentrierung
(exzentr. Positionsform)

direkte Rede ⟶ indirekte Rede

Lebenskontext ⟵ Schrift
(Interpretation)   (Selbstreferenz)

-> „Einheit der Sinne" (1923)
-> „Anthropologie der Sinne (1970)

Abb. 2: Sprache im Hinblick auf Rezentrierung und Exzentrierung.

---

36 Vgl. H.-P. Krüger, Zwischen Lachen und Weinen, Bd. II, a.a.O., Kap. 1.2.
37 H. Plessner, Die Stufen des Organischen, a.a.O., S. 339f u.: Ders, Anthropologie der Sinne, a.a.O.

Fünftens: Generalisten und Spezialisten in der Verhaltensbildung

Schließlich kann man unter den Primaten zwischen *Generalisten* und *Spezialisten* unterscheiden, allerdings nicht im Sinne einer exklusiven Alternative, sondern in dem Sinne einer Differenz, deren Seiten sich auf verschiedene Weise ergänzen können.[38] Eine Population erscheint umso spezialisierter, als ihre Anpassung an die Umwelt nur eine spezielle Umwelt betrifft, z. B. nur ein tropisches Wald-Habitat oder ein Savannenhabitat, oder bezieht man Meeressäuger ein, allein ein bestimmtes Meereshabitat angeht. Auch unter dem Aspekt der positiven Selektion bedeutet dies, dass derart spezielle Anpassungen nur in dieser und keiner anderen speziellen Umwelt durch Auswahl gefördert werden. Demgegenüber fallen generalisierende Anpassungen dadurch auf, dass sie sich in vielen Umwelten bewähren, also etwa der Verbreitung der Spezies durch positive Selektion dienen. Man kann die praktische Intelligenz und das Symbolisierungsvermögen im Verhalten von Primaten unter dem Gesichtspunkt ihres generellen und ihres speziellen Anpassungs- und/oder Selektionsvorteils für bestimmte Umwelten durchgehen. So kandidieren Intelligenz und Symbolisierung für adaptive und selektive Vorteile, die durch Generalisierung der Verhaltensbildung entstehen. Demgegenüber würde die praktische Bindung solcher Intelligenz und Symbolisierung an individuelle Organismen mit einer besonderen Sensorik und Motorik, die nur in einer besonderen Umwelt von Vorteil ist, dafür sprechen, dass es sich um einen adaptativen und selektiven Vorteil durch Spezialisierung der Verhaltensbildung handelt. Die Geschichte der Menschwerdung ist ein Durchlaufen verschieden spezialisierter Habitate mit dem Effekt, dass es am Ende nur dieser Spezies gelungen ist, auf der ganzen Erde überleben zu können. Durch alle ihre speziellen Vor- und Übergangsformen hindurch, sind anscheinend die generalisierenden Tendenzen in der Verhaltensbildung von Vorteil gewesen. Demgegenüber scheinen die Menschenaffen, unsere nächsten Verwandten, im Ganzen gesehen noch vorwiegend die Spezialisten zu sein.

Indessen muss man diese erste Fassung des Gedankens, wie die Differenz zwischen generalisierenden und spezialisierenden Verhaltenstendenzen evolutionstheoretisch greifen könnte, genauer durcharbeiten, vor allem für alle Levels und deren Kombinationsmöglichkeiten innerhalb des Lernverhaltens. Letztlich muss, wovon wir ausgegangen waren, diese Unterscheidung im Sinne der Differenz zwischen biosozialen und soziokulturellen Umwelten durchgeführt werden. In den biosozialen Umwelten gibt es bereits eine Aufteilung der verschiedenen biologischen Verhaltensfunktionen auf verschiedene Geschlechter und Generationen in verschiedenen Kooperations- und Kampfformen. Hier scheinen generalisierende Verhaltensmerkmale wie Intelligenz und Symbolisation nur zu krönen, was an Verhaltensrepertoire biologisch vorgegeben ist. Die Logik der Ausbildung soziokultureller Umwelten geht jedoch anders herum, weil sie durch eine personal und symbolisch geteilte Welt, insbesondere Mitwelt, ermöglicht wird. Der Ausgangspunkt ist hier schon ein Allgemeines, das symbolisch und intelligent geteilt wer-

---

38 Vgl. H. Plessner, Die Frage nach der Conditio humana, a. a. O., S. 166f.

den kann, nun aber je nach Umwelt spezialisiert werden muss, eben bereits in einer soziokulturellen Umwelt. Die Frage wäre falsch gestellt, glaubte man, die Evolutionsgeschichte und dann Kulturgeschichte wären nichts weiter als der Siegeszug der Generalisierung über die Spezialisierung in der Verhaltensbildung. Vielmehr gibt es in jedem Zwischenschritt das Problem der Neuverteilung und Rekombination von generalisierenden und spezialisierenden Verhaltenstendenzen[39] und dies sowohl für die biosozialen als auch die soziokulturellen Umwelten. Auch das Verhältnis dieser beiden Umweltarten wird nicht so gewesen sein, dass letztere erstere mit einem Schlag ersetzt hätten, sondern ergänzt haben dürften. Wie schwer und wie unwahrscheinlich dies war, erkennt man daran, dass die meisten, eben alle anderen *homo*-Arten, deren es viele in den beiden letzten Jahrmillionen gab, ausgestorben sind.

1.3. Gegen den ideologischen Missbrauch der Philosophischen Anthropologie und Evolutionstheorie in mereologischen Fehlschlüssen: Der kategorische Konjunktiv

Plessners Philosophische Anthropologie bewahrt uns davor, in einen anthropologischen Zirkel zu geraten und darin zu bleiben, als ob es nicht anders ginge. Oft wird diese Bequemlichkeit noch dadurch zelebriert, als ob es nicht möglich wäre, ohne einen hermeneutischen Zirkel überhaupt zu denken, und der bestehe eben in der Moderne in der Anthropologie. Hinter dieser Naivität versteckt sich oft ideologischer Missbrauch letzter Theoreme. Sei es aus Naivität und Bequemlichkeit, sei es aus Kalkül, der Stolperstein ins falsche Denken besteht in den mereolgischen Fehlschlüssen. Solche Fehlschlüsse stellen ungültige Übertragungen dar, nämlich von endlichen und bedingten Bestimmungen auf *un*endliche und *un*bedingte Bestimmungen des *Ganzen*.[40] Erfahrungswissenschaftliche Bestimmungen gelingen gerade dadurch, dass man sie an bestimmte Aspekte (Verursachungsprinzip), an bestimmte wiederholbare Bedingungen und an bestimmte Perspektiven (die Standardbeobachter der dritten Personperspektive) bindet. Nur so lässt sich ihre Reproduzierbarkeit herstellen: *factum est*. In ihrer fehlerhaften Übertragung auf das Ganze hingegen gehen alle diese Voraussetzungen ihrer Geltung verloren: die Aspekte, die Bedingungen und die Perspektiven. Es entsteht der Anschein einer absoluten, eben unbedingten Wahrheit, die höchstens Gott haben könnte, der sich von allen irdischen Endlichkeiten, Aspekten, Perspektiven und Bedingtheiten emanzipiert hat. Einen derart absoluten Wahrheitsanspruch kann sich keine Menschengemeinschaft anmaßen, auch nicht die der Biologen oder der Philosophischen Anthropologen. Daher beansprucht Plessner ausdrücklich nicht, dass die von ihm freigelegte exzentrische Positionalität das Wesen des Menschen abschließend, d. h. im Ganzen, determinieren kann.[41]

---

39 Vgl. den paläoanthropologischen Vorschlag von Mithen in: S. Mithen, The Prehistory of the Mind, a. a. O., S. 64f., 115f., 151f., 185f.
40 Vgl. A. Ros, Mentale Verursachung und mereologische Erklärungen. Eine einfache Lösung für ein komplexes Problem, in: *Deutsche Zeitschrift für Philosophie*, Jg. 56, H. 2, Berlin 2008, S. 167ff.
41 Vgl. H.-P. Krüger/G. Lindemann (Hrsg.), Philosophische Anthropologie im 21. Jahrhundert, a. a. O., S. 26-29.

Vielmehr werden in ihr diejenigen praktischen Präsuppositionen rekonstruiert, welche die anthropologischen Forschungen selbst erst ermöglichen. Wer in seiner Anthropologie glaubt, das Wesen des Menschen im Ganzen spezifizieren zu können, nimmt dafür in seinem eigenen praktischen Tun Voraussetzungen in Anspruch, die nicht gleichzeitig unter seine eigene Erklärung fallen.

Um welche praktischen Präsuppositionen geht es? Anthropologische Forschungen werden durch drei miteinander in Zusammenhang stehende Strukturen ermöglicht: erstens die einer *Personalität*, welche selbst in der Differenz zwischen ihrem Leibsein und ihrem Körperhaben lebt; zweitens die einer *Weltlichkeit*, die aus triadischen Strukturen besteht, welche sich aus der frontalen Interaktion mit einer bestimmten Umwelt heraussetzen, also in einer Außenwelt, Innenwelt und Mitwelt einen Hintergrund erzeugen, von dem ausgehend selbstreferentiell ein neuer Vordergrund entsteht; und drittens den sog. anthropologischen *Grundgesetzen*, welche die Aufgabe stellen, in irreduziblen Verhaltens*ambivalenzen* das eigene Leben zu führen (*natürliche Künstlichkeit, vermittelte Unmittelbarkeit* und *utopischer Standort*). Diese *conditio humana* resultiert aus dem *vertikalen* Vergleich mit non-humanen Lebewesen und Dingen im Rahmen der Naturphilosophie. Sie wird in dem *horizontalen* Vergleich unter den Kulturen und Gesellschaften des *homo sapiens* geschichtsphilosophisch ausgeführt. Das Faktum geschichtlicher Veränderungen wirft das Problem auf, inwiefern sie den Menschen selber zugerechnet werden können, und inwiefern diese Zurechnung nicht möglich ist. In dieser Differenz wird spezifisch menschliches Leben geführt. Sie würde aufgelöst, wenn personalen Lebewesen entweder überhaupt nichts von ihren geschichtlichen Erfahrungen zugerechnet werden könnte oder eben gleich alles. Für dieses totale Entweder-oder würde erneut Gottes Standpunkt reklamiert, der dann so vorgestellt wird, als stünde er frei und ihm zurechenbar über allen Bedingungen der geschichtlichen Lebensführung. Personale Lebewesen können demgegenüber keinen derart transzendenten, jeder Weltlichkeit enthobenen Standort einnehmen. Sie leben – ihrem Wesen im Ganzen nach – gerade dadurch, dass sie dieses Wesen im Ganzen für *unergründlich* nehmen. Sie gelten sich, sofern sie *in* der geschichtlichen Lebensführung stehen und nicht selbst Gottes Standpunkt *über* dem geschichtlichen Leben einzunehmen vermögen, als *homo absconditus*. Insofern sie sich als in ihrem ganzen Wesen unergründlich nehmen, leben sie unter der Bedingung, für eine Zukunft offen zu sein. Sie leben dann dazwischen, im Medium der Geschichte gemacht zu werden und selbst Geschichte machen zu können. Die Eröffnung von Zukunft bindet Plessner an den Prozess einer öffentlichen Zivilisation im Plural der Kulturen, Gesellschaften und Individualentwicklungen.[42] Dieser Ausblick schließt eine scharfe Kritik an der bisherigen westlichen Moderne ein, sofern sie sich nach dem Muster der Kopernikanischen Revolution versteht. Sie hält sich dann selbst für eine Permanenz

---

42 Vgl. H. Plessner, Grenzen der Gemeinschaft. Eine Kritik des sozialen Radikalismus (1924), in: Ders., Gesammelte Schriften V (S. 7-133), Frankfurt a. M. 1981.

solcher Revolutionen, von denen eine jede den ideologischen Anspruch erhoben hat, die finale Determination des menschlichen Wesens im Ganzen leisten zu können.[43]

Die zweite philosophische Aufgabe der Philosophischen Anthropologie, die über ihre interdisziplinäre Integrationsaufgabe hinausführt, kann man in Plessners „Stufen" gut daran studieren, wie seine Naturphilosophie mit den Grundannahmen in der Theorie der natürlichen Evolution umgeht. Es handelt sich um die Stichworte von der Anpassung und der Selektion. Plessner respektiert stets die empirische und analytische Aufgabe, welche „Begriffe" in der Biologie zu erfüllen haben. Er unterscheidet davon die Aufgabe, welche den „Kategorien" in der Philosophie zukommt.[44] Sie zielen nicht auf empirische Analyse ab, sondern auf den Zusammenhang der Unterscheidungen im Ganzen des Lebens.

Auf den ersten Blick kann man empirisch-analytisch die Aufgabe des Anpassungs- und des Selektionsbegriffs wie folgt verstehen: Man unterscheidet aus der Sicht des Organismus zwischen seiner aktiven und passiven Anpassung.[45] Und man differenziert von seiner Umwelt her zwischen deren Selektionen von ihm oder seinen Eigenschaften bzw. Genen. Die Selektion kann positiv erfolgen, d. h. den Organismus bzw. bestimmte seiner Eigenschaften in dieser Umwelt begünstigen, z. B. seine Vermehrung, oder negativ, d. h. ihn bzw. die Ausbreitung seiner Eigenschaften behindern bis hin zu vereiteln. Es ergeben sich so zwei Mal zwei Grundmöglichkeiten der Erklärung, eben durch aktive oder passive Anpassung, positive oder negative Selektion. Versteht man die beiden begrifflichen Grunderwartungen Anpassung und Selektion indessen als eine sich ausschließende Alternative des Entweder Oder, geschieht Folgendes: Dann geht der Zusammenhang zwischen Anpassung und Selektion verloren in Wahrscheinlichkeiten entweder der Anpassung oder der Selektion, also in einem neuen Dualismus. Dieser Dualismus muss dann, man kennt dies aus der Geschichte der Philosophie, wenigstens bei Gelegenheit, d. h. okkasionell, integriert werden. Was man früher Gott zutraute, okkasionell einzugreifen, wird so zum absoluten Zufall der Evolution. Aber, was auf absolute Weise zufällig sein soll, kann nicht mehr erklärt werden. Gegeben bestimmte irdische Bedingungen, ist Evolution so zufällig nun auch wieder nicht. Die Evolutionstheorie wollte und sollte nicht zum gelegentlichen Gottersatz werden.

Besinnt man sich aber hermeneutisch auf die Erklärungsaufgabe der Evolutionstheorie, so setzen aktuale *Anpassungen* hier und jetzt voraus, dass es bereits funktional eine *Angepasstheit* des Organismus an seine Umwelt gibt.[46] So kann man die struktur-funktionale Korrelation zwischen dem Aufbau eines Organismus und seiner Umwelt begreifen. Man müsse sie als Möglichkeit, lebendig zu sein, apriorisch präsupponieren. Sie ergibt sich für Plessner kategorial aus seiner Grenzhypothese. Wenn Körper nicht nur im physikalischen Sinne anfangen und aufhören, sondern auch als lebendige Körper

43 Vgl. H. Plessner, Die verspätete Nation (1935/59), Frankfurt a. M. 1995. Siehe hierzu auch: H.-P. Krüger, Philosophische Anthropologie als Lebenspolitik, a. a. O., I. Teil, 3.

44 H. Plessner, Die Stufen des Organischen und der Mensch, a. a. O., S. 116.

45 Ebd., S. 206.

46 Ders., Die Stufen des Organischen und der Mensch, a. a. O., S. 202f. u. 207.

ihre eigene Grenze haben, dann müsse ihre Grenze nicht nur *physikalisch* gesehen den
Organismus gegenüber seiner Umwelt öffnen und schließen. Auch *biologisch* betrachtet
braucht das Lebewesen eine Organisationsform, welche diesen lebendigen Körper über
sich hinaus treibt und von dort auf sich zurückholt. Anderenfalls könnte er sich nicht
verhalten. Diese Ermöglichung müsse sich nicht nur räumlich, sondern auch zeitlich
ereignen können. Insofern er sich vorweg und hinterher ist, lebt er ihm gegenwärtig.[47]

Für Plessner lassen sich die Prozesse der Assimilation und der Dissimilation so verstehen, dass sie innerhalb des Organismus ermöglichen, sich für den Stoff- und Ener-
gieaustausch mit der Umwelt zu öffnen und zu schließen. Darüber hinaus setzt jedoch
seine aktuale Anpassung hier und heute an die Umwelt voraus, dass er bereits funktional an die Umwelt angepasst ist. Anderenfalls wäre er nichts anderes als eine Monade
ohne Fenster, die in ihrem Verhalten reinen Zufällen ausgesetzt wäre. Seine Organisationsform ermöglicht ihm eine Art und Weise, sich in der Umwelt und zu sich zu
verhalten. So kann er sich mit der Umwelt gleichsinnig und zu ihr gegensinnig positionieren.[48] Diese elementare *Eingespieltheit* lebendiger Körper auf ihre Umwelt nennt
Plessner ihre *Angepasstheit*, die man seinen Anpassungen präsupponieren muss. Anderenfalls denkt man falsch, nämlich, dass die aktualen Anpassungen erst die Angepasstheit herstellen müssen. Aber damit wären aktuale Anpassungen im Verhalten des Organismus überfordert. Der Organismus kann sich nicht ständig hier und jetzt selber schaffen.
Elementarer Weise müsse er sich bereits positionieren können, und dies kann er, insofern er seine eigene Grenze hat, nach innen zur Abschließung von der Umwelt und nach
außen zur Öffnung gegenüber der Umwelt im Verhalten.

Ähnlich argumentiert Plessner, wenn es um die Selektion einzelner Organismen vom
Standpunkt einer bestimmten Umwelt kommt. Den aktualen Selektionen müsse man
präsupponieren, dass es bereits *Selektivität* gibt. Und auch sie stellt nun, wie im Falle
der Angepasstheit, etwas Übergreifendes dar, d. h. eine Möglichkeit, lebendig zu sein,
welche Organismus und Umwelt einschließt. Der selektive Zusammenhang zwischen
Umwelt und Organismus kann nicht in *physikalische* Wirkungen aufgelöst werden, obwohl er sie umfasst. Es geht um die *biologische* Spezifik lebendiger Möglichkeiten zu
sein. Gewiss kann ein Organismus physikalisch an seiner Umwelt scheitern, aber dies
erklärt nicht, warum er bereits hat leben können und warum er dann unter – für ihn
zufälliger Weise unglücklichen Umständen – biologisch gescheitert ist. Es erklärt auch
nicht, warum er unter dem Zufall nach physikalisch anderen Bedingungen hätte am Leben
bleiben können. Die *biologische* Erklärung müsse für ihre spezifische Aufgabe Modal-
kategorien voraussetzen, nämlich, dass Leben ein Prozess des Werdens und der Entwicklung ist, indem sich systemhafte Organismen selbst regulieren können. Aber nicht
genug damit. Der Sinn der Redeweise von Selektion sei vor allem ein zeitlicher. Die
biologische Zeit ist nicht reversibel, sondern *irreversibel für einen bestimmten Organis-*
mus. Der biologische Raum ist nicht reversibel, sondern *irreversibel für den bestimmten*

---

47 H. Plessner, Die Stufen des Organischen und der Mensch, S. 208.
48 Ebd., S. 204f.

Organismus. Der Organismus ist kein kleiner Gott, wie es sich die Lamarckisten dachten, und die Umwelt ist auch kein kleiner Gott, wie es sich die Kämpfer ums Dasein denken. Wen die Umwelt auswählen kann, der muss als ein solcher präsupponiert werden, der *selektierbar* ist. Denn: was kann an ihm biologisch selektiert werden, ohne seine eigene Selektivität zu präsupponieren?

Um diese Frage nach der Selektivität beantworten zu können, müsse man, so Plessner, ausführen, was man an *Unumkehrbarkeit (Irreversibilität)* vorausgesetzt hat. Man hat – im Sinne einer Modalkategorie – unterstellt, dass ein lebender Körper sich entwickelt, fortpflanzt und stirbt. Aber warum tut er das? Er ist als ganzes System mehr als die Summe seiner Teile, und er ist dies dank seiner Grenze nach innen und nach außen, d. h. in seiner Organisationsform und in seiner Positionsform. Darin bestehe seine *Potentialität*. Aber warum ist dann seine Existenz nicht – wie die von Substanzen – vollkommen und ewig, wenigstens in Abstufungen? Weil seine eigenen Räume und Zeiten *für ihn* irreversibel sind. Darin bestehe die Kehrseite des Lebens, das man eben nicht physikalisch in Reversibilität auflösen kann, obwohl diese Reduktion in diesem Fall angenehm wäre. Man missverstehe die Selektivität, wenn man nur Folgendes unterstellt: Da sei eine Ganzheit von Möglichkeiten, aus der bestimmte Möglichkeiten zur Realisierung ausgewählt würden, vom Organismus oder der Umwelt. Die Kehrseite der so gedachten Selektionen bestehe darin, dass sie, was die biologische Eigenzeit und den biologischen Eigenraum betrifft, auf *für das jeweilige Lebewesen irreversible Art und Weise* erfolgen. Indem die eine Möglichkeit realisiert wird, und zwar unter irreversiblen Bedingungen, werden andere Möglichkeiten nicht mehr realisiert. Dies nennt man heute das Problem der „Zeitfenster". Es ist nicht nur so, dass, indem die eine bestimmte Möglichkeit realisiert wird, gerade hier und jetzt nicht die andere Möglichkeit verwirklicht wird. Dann könnte man sich damit trösten, dass die Potentialität unverändert erhalten bleibt und nur bei späterer Gelegenheit die andere Möglichkeit ausgewählt werden kann. Aber biologische Möglichkeiten, leben zu können, sind nicht einfach reversibel. Wenn nicht bestimmte Verhaltensmöglichkeiten in einer bestimmten Prägungsphase verwirklicht werden, dann werden sie von diesem Lebewesen auch nicht mehr verwirklicht werden, wenn es ausgewachsen ist. Es folgt dann längst verfestigen Gewohnheiten. In diesem zeitlichen Sinne ist dieses Lebewesen selegierbar. Da es sich nicht mehr anpassen kann und es nicht mehr angepasst ist, kann es für diese neue Verhaltensmöglichkeit nicht mehr ausgewählt werden, und es selbst kann diese auch nicht mehr auswählen.

Wir erreichen jetzt also einen wichtigen Kipppunkt in Plessners Argumentation: Die biologische Redeweise von Anpassungen unterstellt, dass es Angepasstheit gibt. Die biologische Redeweise von Selektionen setzt voraus, dass es Selektivität gibt. Der Unterschied zwischen Angepasstheit und Selektivität ist nur sinnvoll, wenn sich beide Präsuppositionen gegenseitig begrenzen. Was nicht mehr angepasst ist, kann selegiert werden. Und was nicht mehr selegiert werden kann, zählt als angepasst. In jedem Fall muss man kategorial Lebensmöglichkeiten im Konjunktiv voraussetzen. Anderenfalls wäre die Redeweise sinnlos, dass hier und jetzt eine Anpassung oder eine Selektion erfolgt. Man kann also die Logik der Präsuppositionen wie folgt zum Ausdruck bringen: „es ginge zwar, aber es geht nicht". Um hier und jetzt empirisch Anpassungen und Selek-

tionen analysieren zu können, werden bestimmte Lebensmöglichkeiten kategorisch, d. h.
als unbedingt gültige, präsupponiert. Expliziert man diese Präsupposition, lässt sie sich
angemessen nur im Konjunktiv artikulieren. Dies nennt Plessner das „Gesetz des kategorischen Konjunktivs", das Menschen bewusst werden kann.[49] Ohne diesen apriorischen Modus, wie es die Wirklichkeit lebendiger Körper zu denken gilt, kann im biologischen Sine keine empirische Analyse stattfinden. Anerkennt die Biologie dies nicht,
entstehen Mythen wie die, dass man wieder in eine alte substantialistische und dualistische Denkweise zurückfällt. Dies widerspricht aber dem Anspruch der Evolutionstheorie, ohne Substanzen in einem göttlichen Kosmos und ohne die dualistische Trennung
des Geistes von der lebendigen Natur auszukommen. Plessners Naturphilosophie emanzipiert die Theorie der natürlichen Evolution von ihren ständigen Rückfällen in Denk-
weisen, welche diese Theorie überwinden wollte, ohne es philosophisch zu können.

2. Einführung in die Philosophische Anthropologie
   für Lebenswissenschaftler

Bei aller Kooperation der Philosophischen Anthropologie mit der Biologie, die Philosophische Anthropologie (im Sinne ihrer Begründer Max Scheler und Helmuth Plessner) ist doch eine sich selbst tragende Forschungsunternehmung, die problemgeschicht-
lich und systematisch in nicht weniger bedeutsamen Beziehungen zu den historischen,
Sozial- und Kulturwissenschaften und vor allem der Philosophie steht. Um hier kurz in
sie einzuführen, habe ich zunächst fünf Fragen ausgewählt, die einen schnellen Überblick über dieses Gesamtprojekt gestatten und den geläufigsten Missverständnissen vorbeugen. Nach diesem allgemeiner gehaltenen Überblick folgen aus ihr weitere fünf
Hypothesen, die m. E. eine besondere Relevanz für die heutigen Lebenswissenschaften
haben. Deren Hauptlegitimation ist medizinischer Art und Weise, d. h. sie besteht in
neuen therapeutischen Potentialen, Menschen von Krankheiten zu heilen oder letztere
zumindest zu lindern. Dies wirft Fragen der Gesundheit und nach dem Gesamtproblem
der Bewertung der menschlichen Lebensführung auf. Wenn man diese, wie im Vorwort
angekündigt, nicht naiv innerhalb des eigenen hermeneutischen Zirkels beantworten
möchte, empfehlen sich einige Umwege, um überhaupt in das Forschungsverfahren
einer Philosophischen Anthropologie hineingelangen zu können.

---

49 H. Plessner, Die Stufen des Organischen und der Mensch, a. a. O., S. 216.

2.1. Allgemeine Einführung

Erstens: Was ist Philosophische Anthropologie im Unterschied zu philosophischer Anthropologie und anthropologischer Philosophie?

Unter „Anthropologie" wird die Lehre (aus griech.: logos) vom Menschen (griech.: anthropos) verstanden.[50] Sie hat insbesondere seit dem 18. Jahrhundert bis ins 20. Jahrhundert zu einer Vielfalt von erfahrungswissenschaftlichen Anthropologien (biologische, medizinische, geschichtliche, politische, Sozial- und Kultur-Anthropologien bzw. Ethnologien) geführt. Im Unterschied zu diesen Anthropologien beschäftigt sich die *philosophische* Anthropologie mit dem Wesen des Menschen, das – alle anthropologischen Teilaspekte strukturell integrierend – in der Lebensführung als ganzer *vollzogen* wird. Seit den 1920er Jahren ist umstritten, ob die philosophische Anthropologie nur eine besondere Disziplin innerhalb der Philosophie darstellt, welche die erfahrungswissenschaftlichen Anthropologien generalisierend integriert, oder ob sie darüber hinaus die Fundierungs- und Begründungsaufgaben der Philosophie selbst übernehmen kann. Der letztere Anspruch wird „Philosophische" Anthropologie genannt, also „Philosophisch" großgeschrieben statt kleingeschrieben. Diese terminologische Unterscheidung hat Plessner in seiner Groninger Antrittsvorlesung 1936 eingeführt. Man ist ihm darin bis heute gefolgt,[51] hat aber den dritten Ausdruck von der „anthropologischen Philosophie" weggelassen, der jedoch relational ausschlaggebend ist. Man könnte den Übergang von der innerphilosophischen Subdisziplin „philosophische Anthropologie" in die Philosophie „Philosophische Anthropologie" so verstehen, dass man die allgemeine Integration der erfahrungswissenschaftlichen Anthropologien zum Fundament der Philosophie macht. Genau dies nennt Plessner „anthropologische Philosophie".[52] Sie nutzt eine allgemein integrierende Anthropologie zur Kritik der Philosophie, und dies heißt vor allem zur Kritik an dem dualistischen Hauptstrom moderner Philosophie (seit Descartes und Kant) und dessen Folgen, etwa neuen Einheitsmythen. Bleibt man aber bei dieser anthropologischen Kritik der Philosophie stehen, schafft man die Philosophie zugunsten des anthropologischen Zirkels ab. Viel wichtiger ist der zweite Schritt, nun umgekehrt die Frage zu stellen, was die Anthropologien praktisch im Leben und in ihrer Forschung voraussetzen, das sie selbst nicht verstehen und erklären können. Indessen dürften diese praktischen Voraussetzungen der Anthropologien, die in ihnen in Anspruch genommen werden, nicht aber in ihnen erklärt und verstanden werden können, selbst zur Spezifi-

---

50 Vgl. zur Geschichte der philosophischen Anthropologie: M. Landmann, Philosophische Anthropologie, Berlin/New York 1982.

51 Vgl. u. a. H. Schnädelbach, Philosophie in Deutschland 1831–1933, Frankfurt/M. 1983, S. 269-272. J. Fischer, Philosophische Anthropologie. Eine Denkrichtung des 20. Jahrhunderts, Freiburg/ München 2008, S. 14f.

52 H. Plessner, Die Aufgabe der Philosophischen Anthropologie (1937), in: Ders., Gesammelte Schriften VIII (S. 33-51), Frankfurt/M. 1983, S. 36-39. Ders., Immer noch Philosophische Anthropologie? (1963), in: Ebd. (S. 235-246), S. 242-245.

kation des Menschseins gehören. Diese Präsuppositionen ermöglichen Anthropologie als eine menschliche Leistung. Dadurch werden die Anthropologien rückwirkend in ihren kognitiven und praktischen Geltungsansprüchen wieder einer philosophischen Grenzbestimmung unterzogen. Heute würde man von einer Analyse und Rekonstruktion der lebens- und forschungspraktischen Päsuppositionen anthropologischer Forschungen sprechen.

Es ist diese Doppelbewegung von der anthropologischen Kritik der Philosophie zu einer erneut philosophischen Kritik der Anthropologie, die in dem Ausdruck „Philosophische Anthropologie" gefordert und zumeist verkannt wird. Diese Doppelkritik ist die Lücke in der Gegenwartsphilosophie.[53] Die Philosophische Anthropologie behandelt als Philosophie die Grenzfragen der menschlichen Lebensführung, aber als Anthropologie auf die Themen und Methoden zweier Vergleichsreihen bezogen, die für die europäische Moderne konstitutiv sind. Es geht um die „horizontale" und „vertikale" Vergleichsreihe:[54] In der vertikalen Richtung wird die Gattung bzw. Spezies menschlicher Lebewesen mit anderen organischen (pflanzlichen und tierischen) Lebensformen im Hinblick auf die Frage verglichen, ob die Spezifikation des Menschen im Rahmen der lebendigen Natur hinreichend erfolgen kann oder darüber hinaus durch einen „Wesensunterschied"[55] fundiert und begründet werden muss. In horizontaler Richtung werden Soziokulturen des *homo sapiens sapiens* untereinander im Hinblick auf das für die Spezifikation menschlichen Daseins wesensnötige Minimum an Möglichkeiten verglichen. Dies erfolgt sowohl historisch unter Einschluss ausgestorbener als auch in der Unterscheidung gegenwärtig lebender Soziokulturen. In der englischen und französischen Literatur wird das zuletzt genannte Vergleichsproblem oft unter dem Namen der *Ethnologie* als dem der Anthropologie diskutiert. Der Zusammenhang der vertikalen und horizontalen Spezifikationsrichtungen des Menschen als Individuum und Gattung wird selbst geschichtlich herausproduziert und bedarf daher einer „politischen Anthropologie" der „geschichtlichen Weltansicht".[56]

Zweitens: Worin besteht die theoretische Spezifik der Philosophischen Anthropologie?

Beide anthropologischen Vergleichsreihen werden unabhängig von einander fundiert, wodurch sie sich gegenseitig in Frage stellen, gegebenenfalls korrigieren können, um Spezisismen (vertikal) und Ethnozentrismen oder Anthropozentrismen (horizontal) vorbeugen zu können. Aus dem gleichen Grunde werden beide einem indirekten Frageverfahren unterworfen. Der Philosophische Anthropologe ist nicht direkt der bessere

---

53 Siehe hierzu: H.-P. Krüger, Zwischen Lachen und Weinen. Band II, a. a. O. Ders., Philosophische Anthropologie als Lebenspolitik, a. a. O.

54 H. Plessner, Die Stufen des Organischen und der Mensch, a. a. O., S. 32.

55 M. Scheler, Die Stellung des Menschen im Kosmos, a. a. O. S. 36.

56 H. Plessner, Macht und menschliche Natur. Ein Versuch zur Anthropologie der geschichtlichen Weltansicht (1931), in: Ders., Gesammelte Schriften V (S. 135-234), Frankfurt/M. 1981, S. 139-144.

erfahrungswissenschaftliche Anthropologe, sondern untersucht indirekt, was letzterer lebens- und forschungspraktisch in Anspruch nimmt, ohne es selbst erklären und verstehen zu können. Die lebenspraktischen Präsuppositionen kommen aus der Praxis des Commonsense, die forschungspraktischen aus der Zukunft, also Fortsetzung der Forschung selbst.

Für die *naturphilosophische Fundierung* der anthropologisch *vertikalen Vergleiche* besteht die *Hypothese* der Philosophischen Anthropologie darin, dass für diese Vergleiche in der lebendigen Natur eine *exzentrische Positionalität* in Anspruch genommen wird. Im Unterschied zu den „Organisationsformen", welche die Binnendifferenzierung von Organismen betreffen, sind die Formen der *Positionalität Verhaltensweisen* von Organismen in ihrer *Umwelt*. *Exzentrische* Positionierungen sind *nicht nur* an eine *zentrische* Organisationsform, sondern auch an eine *zentrische* Positionalitätsform gebunden. Es gibt also die Möglichkeit, zwischen dem Zentrum des Organismus und dem Zentrum in den Interaktionen des Organismus mit seiner Umwelt eine funktionale Korrelation herzustellen. Aber über diese zentrische Korrelation hinausgehend können personale Lebewesen außerhalb dieses organischen Zentrums und jenes Verhaltenszentrums in der Umwelt Verhalten bilden. Könnten sie dies nicht, könnten sie auch keine Korrelationen feststellen, sondern säßen in diesen fest. Personen können sich aber aus einer *Welt*, insbesondere *Mitwelt*,[57] heraus symbolisch perspektivieren und positionieren. Personale Lebewesen stehen mithin vor dem Problem, die Exzentrierung und die Rezentrierung ihres Verhaltens ausbalancieren zu müssen. Ihr Verhalten unterliegt grundgesetzlichen Ambivalenzen, die strukturell aus dem Bruch zwischen physischen, psychischen und mentalen Verhaltensdimensionen hervorgehen, wobei aber dieser *Bruch* im *Vollzug* des Verhaltens verschränkt werden muss.[58] Die drei wichtigsten Verhaltensambivalenzen, in denen exzentriert und rezentriert werden muss, bestehen in einer „natürlichen Künstlichkeit", einer „vermittelten Unmittelbarkeit" und einem „utopischen Standort" (zwischen Nichtigkeit und Transzendenz).[59] Diese Ermöglichungsstruktur personalen Lebens werde im Ganzen und als wesentlich unterstellt, wenn die Spezifik der menschlichen im Unterschied zu nonhumanen Lebensformen *bestimmt* wird, z. B. von Bioanthropologen, medizinischen Anthropologen, Hirnforschern.

Für die *geschichtsphilosophische* Fundierung[60] der anthropologisch *horizontalen* Vergleiche besteht die Hypothese der Philosophischen Anthropologie in Folgendem: Das Wesen des Menschen im *Ganzen seiner Lebensführung* liegt in seiner „Unergründlichkeit",[61] d. h. im *homo absconditus*. Damit kann dieses Wesen im Ganzen nicht abschließend bestimmt werden. Dies schließt ein, dass es unter Aspekten und Perspektiven sehr wohl bestimmt und bedingt werden kann, sofern es endlich ist, z. B. durch

---

57 H. Plessner, Die Stufen des Organischen und der Mensch, a. a. O., S. 302-308.

58 Ebd., S. 292f.

59 Vgl. ebd., S. 309f., 321f., 341f.

60 Vgl. zur natur- und geschichtsphilosophischen Fundierung: O. Mitscherlich, Natur *und* Geschichte. Helmuth Plessners in sich gebrochene Lebensphilosophie, Berlin 2007.

61 H. Plessner, Macht und menschliche Natur, a. a. O., S. 160f., 181, 202, 222f.

Geisteswissenschaften bzw. Humanwissenschaften. Für diese Bestimmbarkeit hat Plessner eine Theorie des Spielens in und mit soziokulturellen Rollen entworfen, das vom ungespielten Lachen und Weinen begrenzt wird.[62] Lebte dieses Wesen praktisch nicht in einer Relation der Unbestimmtheit von Zukunft auf sich hin, hätte es keine Bestimmungsaufgabe mehr vor sich. Es wäre bereits vollständig determiniert. Es würde vielleicht durch Geschichte bedingt, würde aber keine Geschichte mehr machen können. Es hätte mithin keine Zukunft, aus der her es im Unterschied zu seiner Vergangenheit lebt, vergegenwärtigt, vollzieht. Die geistige Zurechenbarkeit geschichtlicher Prozesse auf menschliche Lebewesen bleibt von den Naturkörpern, den soziokulturellen Rollenkörpern und der leiblichen Performativität der Rollenträger begrenzt.[63]

Drittens: Wie verfährt die Philosophische Anthropologie methodisch?

Sie modifiziert vier *philosophische* Methoden, glaubt also nicht, dass schon allein eine Methode bereits eine überprüfbare Philosophie ergibt. Sie übernimmt auch nicht aus der Erfahrungswissenschaft Methoden. Vielmehr reformuliert sie die phänomenologische Methode (von E. Husserl und M. Scheler herkommend), die hermeneutische Methode (von W. Dilthey in der systematischen Interpretation durch G. Misch genommen), die verhaltenskritische (dialektische Krisen im personalen Verhaltensaufbau rekonstruierende) und die transzendentale (den Ermöglichungsgrund einer Leistung rekonstruierende) Methode. Zudem werden diese vier Methoden reintegriert, um die o. g. Grundhypothesen und weitere Zwischenhypothesen überprüfen oder widerlegen zu können.

a) Es bleibt das methodische Verdienst von M. Scheler, Husserls phänomenologische Methode von der Rückkehr in die transzendentale Bewusstseinsphilosophie befreit zu haben. Um die Begegnung mit und Beschreibung von *spezifisch lebendigen* Phänomenen zu ermöglichen, *neutralisiert* Scheler das phänomenologische Verfahren *gegen die dualistische Vorentscheidung*, das Phänomen müsse entweder *physisch* oder *psychisch bestimmt* werden. Dadurch kann das Phänomen sich *von sich aus als* gerade und nur *in* dem Doppelaspekt *zwischen* Physischem und Psychischem *Lebendiges zeigen*.[64] Auf dem Verhaltensniveau von personalen Lebewesen greift phänomenologisch die bereits oben erwähnte Körper-Leib-Differenz.

b) Spätestens in der Beschreibung des begegnenden Phänomens wird es interpretiert, den habitualisierten und aufmerkenden Erwartungen entsprechend. Wie es bedingt, bestimmt und verendlicht wird, hängt davon ab, in welchen Relationen und anhand welcher Horizonte von Unbedingtem, Unbestimmtem und Unendlichem es aufgefasst wird. Die Interpretation des Anwesenden hängt von Abwesendem ab. Es gibt nicht nur ein unmittelbares Verstehen der Oberfläche von lebendigem Ausdruck in der Verhaltensreaktion, sondern auch ein variables Ausdrucksverstehen und symbolische Verständnis-

---

62 Vgl. H.-P. Krüger, Zwischen Lachen und Weinen, Bd. I, a. a. O.
63 Siehe H. Plessner, Macht und menschliche Natur, a. a. O., S. 226f.
64 M. Scheler, Die Stellung des Menschen im Kosmos, a. a. O., S. 18f., 39, 42.

möglichkeiten, die sich von der Verhaltensreaktion hier und jetzt abkoppeln (in Präzisierung Diltheys).[65]

c) Durchläuft man Spektren von Phänomenen und Spektren ihrer Interpretation kommt man zu der Frage, wann und wo, unter welchen Umständen, Verhaltenskrisen eintreten. In solchen Krisen ist die Zuordnung zwischen Phänomenbegegnung und seiner im Verhalten angemessenen Interpretation grundsätzlich in Frage gestellt. Es treten Zusammenbrüche des personalen Verhaltens auf. Ein Musterbeispiel für die dialektisch-kritische Methode hat Plessner in seinem Buch über gespieltes und ungespieltes „Lachen und Weinen" (1941) vorgelegt. Semiotisch-strukturell hat er sich mit dieser Frage auch in den Fällen beschäftigt, in denen keine personal funktionale Einheit der symbolischen Integration von Sinnesmodalitäten zustande kommt, so in seinen Büchern „Einheit der Sinne" (1923) und „Anthropologie der Sinne" (1970).

d) Ist man im Untersuchungsverfahren die Verhaltensspektren phänomenologisch, hermeneutisch und im Hinblick auf Verhaltenskrisen durchlaufen, fragt sich, welche Ermöglichungsstrukturen im Ganzen wesentlich sind. Dies zeigt sich daran, ob die Verhaltenskrisen in neuen Leistungen personalen Lebens überwunden werden können. Souveränität liegt nicht in absoluter Selbstbestimmung und Selbstverwirklichung vor, sondern hebt darin an, sich zu den Grenzen derselben doch lebensbejahend verhalten zu können. Natürlich kann man die methodische Schrittfolge erneut für Korrekturen durchlaufen. Zu der Beurteilung der Untersuchung gehört die selbstkritische Analyse des semiotischen Organons, das man verwendet und durch das man womöglich nicht angemessen die Verhaltensspektren erfasst hat. Gleichwohl, jetzt ist die theoretische Ebene der Beurteilung erreicht. Worin bestanden Defizite in physischer, psychischer und/oder mentaler Hinsicht der Verhaltensverschränkung? Unter welchen Aspekten und in welchen Perspektiven tritt die Verunmöglichung personalen Verhaltens ein? Welche Über- oder Unterdeterminierungen gab es? Welcher Bezug ergibt sich zu den beiden o. g. Haupthypothesen über welche Vermittlungen?

Viertens: Wie thematisiert die Philosophische Anthropologie das Politische?

Diese Thematisierung geschieht auf zweierlei Weisen, nämlich durch eine gesellschaftliche Öffentlichkeit zivilisatorischen Verhaltens, das im Gegensatz zu Gemeinschaftsformen der Pluralität Rechnung trägt und die Individuen in ihrer Privatheit freihält. Die gesellschaftliche Öffentlichkeit wird jedoch *de facto* durch radikale Einschränkungen, die für die europäische Moderne charakteristisch sind, reduziert, marginalisiert, womöglich aufgelöst.

Zunächst wird das Politische neu ermöglicht durch das *Öffentliche* der *Gesellschaft* im Unterschied zu den familienähnlichen Gemeinschaftsformen oder den Gemeinschaftsformen einer geistigen Leistungsart. *Gemeinschaftsformen* beruhen darauf, dass ihre Mit-

---

65 Siehe H. Plessner, Die Stufen des Organischen und der Mensch, a. a. O., S. 28–37.

glieder dieselben Werte teilen, sei es gefühlt in familienähnlicher Form der Generationenfolge, sei es durch Beitrag zu geistig geteilten Wertorientierungen (z. B. in einer
scientific community). Gemessen an den gemeinschaftlich geteilten Werten gibt es eine
klare Bestimmbarkeit des individuellen Verhaltens, in familienähnlicher Form durch
personale Hierarchien, in sachlicher Form durch die Beurteilung bestimmter Leistungen
seitens unabhängiger dritter Personen.[66] Gemeinschaftsformen sind untereinander *in-
kommensurabel*. Die grundgesetzlichen Ambivalenzen[67] in der personalen Verhaltensbildung bedürfen beider Vergemeinschaftungsformen. Diese Ambivalenzen (z. B. das
Oszillieren zwischen Verhaltenheit und Scham einerseits, Geltungsdrang und Exponiert-
heit andererseits) wenden sich aber zugleich gegen ihre Auflösung in diese eine und
keine andere Vergemeinschaftungsform. Stattdessen bedürfen die Individuen auch der
Wertferne in der Interaktion mit *Anderen* und *Fremden*, gemessen an bestimmten Ge-
meinschaftswerten. *Gesellschaftsformen* bilden gegenüber den Gemeinschaftsformen die
Interaktion mit Anderem und Fremdem aus. Dafür braucht man eine Öffentlichkeit, die
diplomatisch den Umgang von Rollenträgern ermöglicht, welche privat für einen takt-
vollen Umgang frei bleiben. Die Politik steht damit vor der Aufgabe, durch das Recht
die Ansprüche auf Gemeinschaftlichkeit und Gesellschaftlichkeit auszugleichen, um die
Vielfalt individuellen Lebens zu ermöglichen.[68] Sie verfehlt ihre Aufgabe, wenn sie in
den Dualismus von entweder Kommunitarismus oder Liberalismus führt.

Die gesellschaftlich öffentliche Ermöglichung neuer Politikformen entspricht der le-
bensphilosophischen Orientierung an dem o. g. *homo absconditus*. Sie gehört zu einer
wertepluralen Gesellschaft, die ihre unvermeidlichen Konflikte zivilisiert auszutragen
sucht.[69] Sie kann aber auf zwei Weisen eingeschränkt werden, die in der europäischen
Moderne üblich geworden sind. Dann wird entweder die Politik einer anthropologischen
Wesensdefinition des Menschen unterstellt, wie dies nicht nur in den nationalsozialistischen und bolschewistischen Gemeinschaftsideologien der Fall war (der Mensch als
Rassen- oder Klassenwesen). Es gab schon seit Hobbes pessimistische und seit Rousseau
optimistische Anthropologien, auf deren Basis entsprechende Verfassungen gefordert
und erlassen wurden. Wie immer erfahrungsgesättigt diese Anthropologien zuvor bereits
gewesen sein mochten, sie wurden soziokulturell durch Konstitution zu einem funktional historischen Apriori künftiger Erfahrungen des sozialen Zusammenlebens in der
europäischen Moderne, heute z. B. auch als *homo oeconomicus*. Oder das Politische als
die Ermöglichung von empirischer Politik wird seiner eigenen Autonomie überlassen.
Dann wird es weder einer – gegenüber positiven Absolutismen – skeptischen Lebensphilosophie noch einer (material oder formal) bestimmten Anthropologie unterworfen.
Stattdessen wird es an der Intensivierung von Freund-Feind-Verhältnissen ausgerichtet,
welche die Unheimlichkeit in der *conditio humana* interessenbedingt für die Durchsetzung

---

66 Vgl. H. Pessner, Grenzen der Gemeinschaft, a. a. O. S. 45-57.
67 Siehe ebd., S. 63-76.
68 Vgl. ebd., S. 115ff., 131ff.
69 Siehe ders., Macht und menschliche Natur, a. a. O., S. 161-164, 185f., 201-204.

klarer Entweder-Oder-Alternativen ausnutzt.[70] Der Kampf um das Primat in der Menschenfrage, ob sie nämlich anthropologisch definitiv beantwortet wird oder der Politik in ihrer Autonomie überlassen wird oder philosophisch begründet in gesellschaftlicher Öffentlichkeit offen gehalten wird, ist selbst die in der Moderne entscheidende Strukturpolitik, in der Lebensmacht gewonnen und verloren, Lebenspolitik entgrenzt und begrenzt wird.

Fünftens: Wie kritisiert die Philosophische Anthropologie die europäische Moderne?

Das Selbstverständnis der europäischen Moderne gefällt sich in seiner Deutung als kopernikanische Revolution. Man könne aus dem Universum wahr ermitteln, wie falsch die ptolemäisch-lebensweltliche Annahme sei, Sonne und Mond kreisten um die Erde als dem Zentrum. Als modern gilt mithin, was in das Universum hinaus exzentriert, also dahin, wo Gott war. Es handelt sich um die Übernahme der Rolle Gottes, wenigstens eines archimedischen Punktes und perspektivisch. Sie nimmt keine Rücksicht auf die leiblich nötigen Rezentrierungen in der personalen Verhaltensbildung auf Erden. Philosophisch war indessen mit der „kopernikanischen Wendung" (Kant) die vom Objekt weg zum Subjekt hin als dem Ermöglichungsgrund der Leistung gemeint.[71] Aber dieses transzendentale Gattungssubjekt zerfiel soziokulturell in die Konflikte zwischen Religionen, Kulturen, Gemeinschaften, Individuen, Klassen. Aus der einen „vernünftigen" Revolution wurden viele, die ihre Autoritäten (Kierkegaard, Marx, Nietzsche, Freud etc.) gegenseitig in Frage stellten, bis es keine verbindliche Autorität mehr gab. Man gab ab, geriet in oder initiierte den Bürgerkrieg. Ein *animal ideologicum* enthüllte das andere *animal ideologicum*. Deutschland galt aus historischen Gründen als der Extremfall, an dem die europäische Moderne als eine Serie unfreiwilliger anthropologischer Experimente studiert werden konnte, weil in ihm eine frühe Habitualisierung von zivilem Umgang mit Pluralität nicht wie in Westeuropa erfolgt war.

Deutschland litt aber nicht nur an dem Ungleichgewicht zwischen Exzentrierungen und Rezentrierungen, die sich anderenorts unter den heutigen Bedingungen der Globalisierung wiederholen könnten. An dem deutschen Fall ließ sich auch studieren, zu welchen Verkehrungen die Säkularisierung als Verweltlichung führen kann, wenn sie mit Profanierung in eins gesetzt wird. Dann entsteht ein anthropologisch gefährliches Paradox: Einerseits folgt dann der „Entgötterung" auch die „Entmenschung"[72] auf Erden in dem Sinne, dass personales Leben auf bloßes Leben abgebaut wird. Andererseits erfolgt die „Selbstermächtigung" zur „Selbstvergötterung"[73] der kollektiv in nationalstaatlicher Souveränität Herrschenden. Es wird also nicht nur die kardinale Unterscheidung zwischen Öffentlichem und Privatem abgeschafft, sondern die alte Unterscheidung von

70 Vgl. H. Plessner, Macht und menschliche Natur, a. a. O., S. 192-200.
71 Ders., Die verspätete Nation, a. a. O., S. 120f., 131f., 137.
72 Ders., Die verspätete Nation, a. a. O., S. 101, 147, 149.
73 Ders., Die Aufgabe der Philosophischen Anthropologie, a. a. O., S. 50.

Sakralem und Profanem künstlich gegen die Feinde gekehrt. Man selbst gehört zum Sakralen, das alles von ihm ausgeschlossene profanieren darf. In den „Achsenverlagerungen"[74] der Moderne kommt unbewältigt zum Vorschein, was dieser Moderne vorausgesetzt war und nicht einfach aus ihr ausgeschlossen werden kann, sondern der Gestaltung in ihr bedarf. „Der düster-gewalttätige Zug zur Bejahung des bloßen Lebens, ein Heroismus der reinen Aktion hat gerade die aufgeklärteste Intelligenzschicht Europas ergriffen."[75]

2.2. Spezielle Einführung

Wer Menschen von Krankheiten heilen oder zumindest die durch Krankheit bleibenden Leiden lindern will, unterstellt ein Minimum des Kontrastbegriffes der Gesundheit, um Prozesse der Genesung und der Linderung beurteilen zu können.[76] Auch das hohe Gut der Gesundheit versteht sich nicht allein aus sich selbst, sondern gehört zu den vielen Gütern einer sinnvollen Lebensführung, deren Wertereihung individuell, soziokulturell und geschichtlich stark variieren kann. Daher achtet die Philosophische Anthropologie darauf, dass sie in ihren beiden anthropologischen Vergleichsreihen (horizontal: der Menschen aus verschiedenen Soziokulturen untereinander und vertikal: der Menschen mit anderen Lebewesen) keine Ethnozentrismen und keine Anthropozentrismen zum Maßstab erhebt. Stattdessen versucht sie, Minima zu formulieren, die einen fairen Vergleich in horizontaler und vertikaler Richtung ermöglichen. Ihre begrifflichen Verfremdungen dienen der Abstandnahme von hermeneutischen Vorurteilen und einem methodischen Kontrollverfahren.[77] In der Erforschung von Menschen tritt früher oder später die Phase ein, in der sich auch die Forscher selbst in ihrem Menschsein fraglich werden.

2.2.1. Die Körper-Leib-Differenz von Personen

Ich beginne mit einer phänomenologischen Hypothese zur Lebensführung von Menschen. In dieser Hypothese soll der Gewinn, Aspekte differenzieren zu können, nicht um den Preis zustande kommen, von der Unbestimmtheit in der Lebensführung im Ganzen zu abstrahieren. Man kann niemandem die Lebensführung abnehmen, wohl aber dabei helfen, sie erneut anzunehmen. Wer nicht *über* dem Leben steht, sondern sich *in* ihm bewegt, verhält sich immer auch zu seinem/ ihrem Körperleib. Der eigene Körper begegnet in einem differentiellen Spektrum von Modi. In der einen Aspektrichtung gehe ich mit meinem Körper ebenso um wie mit anderen Körpern auch, was man „Körper-

74 H. Plessner, Die verspätete Nation, a. a. O., S. 83, 88, 120f., 131.

75 Ders., Die Aufgabe der Philosophischen Anthropologie, a. a. O., S. 45.

76 Vgl. G. Canguilhem, Das Normale und das Pathologische, München 1974

77 Vgl. H.-P. Krüger/G. Lindemann (Hrsg.), Philosophische Anthropologie im 21. Jahrhundert, a.a.O.

haben"[78] nennen kann. Ich habe ihn, insofern ich auf dem Umweg der Reflexion, durch Vermittlung (seitens Medien oder seitens anderer) und durch Teilnahme an soziokulturellen Verfahren, darunter einer medizinischen Praktik, mit ihm umgehe. Er wird darin mit anderen Körpern vergleichbar, durch sie vertretbar und austauschbar. Im Falle von Krankheiten, deren Vorbeugung und Linderung, kann man froh sein, wenn sich der eigene Körper wie andere Körper auch unter einem bestimmten Aspekt erneut haben lässt. In der anderen Aspektrichtung bin ich aber schon immer und wieder Leib, was man „Leibsein"[79] heißen kann. Ich bin dies auf spontane, unmittelbare und willkürliche Weise hier und jetzt, d. h. *ohne* reflexive, vermittelnde und prozedurale Umwege. Im Leibsein bin ich – *nolens volens* – mir nicht mit anderen Körpern vergleichbar, nicht durch sie austauschbar oder vertretbar. Es mag sogar sein, dass Körpertechniken verfügbar sind, die aus mir doch noch einen Weltrekordhalter durch jahrelanges Training und eine besondere Ernährung machen könnten. Aber das Körperhaben hat im Ganzen seine Grenze am Leibsein, selbst wenn ich mich über die genaue Grenzziehung hier und heute irre, was mir spätere Lebenserfahrung zeigen kann.

Der phänomenologische Einstieg behauptet zunächst nur, dass menschliches Leben *in* der Differenz zwischen Leibsein und Körperhaben zur Aufgabe wird und daher der Annahme bedarf. Eine *totale Ent*leiblichung oder eine *totale Ent*körperung würde die Differenz und damit den Aufgabencharakter dieses Lebendigen zum Erlöschen bringen. Bewegt man sich hingegen innerhalb dieser Differenz, verschiebt sie sich fortwährend. Was auf unproblematische Weise Leib war, kann es bleiben. Was auf problematische Weise Leib ist, etwa eine schlechte Verhaltensgewohnheit, muss womöglich verkörpert werden. Was Verkörperung war, d. h. umwegig erlernt wurde, sedimentiert im Habitualisierungsprozess in den Leib hinein. Die Aufführung der Meisterpianistin zehrt noch heute von dem, was sie vor dreißig Jahren als fünfjähriges Kind erlernt hat. Vielleicht hat sie seinerzeit noch frühreif einen Aspekt *ver*körpert, den sie inzwischen aus Lebenserfahrung zu *ver*leiblichen vermag. Für einen reinen Erfahrungswissenschaftler könnte die medizinische Therapie nur als eine Technik der Verkörperung problematischer Leiblichkeit erscheinen, was sie als Mittel zum Zweck auch sein muss. Aber medizinische Therapien als Heilkunst helfen erst, wenn sie das ganze Verhältnis zwischen Leibsein und Körperhaben für die Betroffenen lebensgeschichtlich verbessern.

Wichtig ist am Ende der Einführung dieser Hypothese die Hervorhebung ihres Fragecharakters, der die Vielfalt der Antworten in den beiden erwähnten Vergleichsreihen ermöglicht, statt die Antwort schon vorwegzunehmen. Was nehmen wir als Drittes dafür in Anspruch, die Differenz zwischen Leib und Körper bilden, wahrnehmen und beurteilen zu können? Wer in dieser Differenz lebt, braucht Personalität, um den Leib am Körper und den Körper am Leib begrenzen zu können. Nennen wir „Personalität",[80] was die wechselseitige Verschränkung beider in den Phasen eines lebensgeschichtlichen Pro-

---

78 H. Plessner, Lachen und Weinen, a. a. O., S.238.
79 Ebd., S. 241.
80 Vgl. ders., Die Stufen des Organischen und der Mensch, a. a. O., S. 300-304.

zesses ermöglicht. Ohne die Inanspruchnahme von Personalität als dem Dritten, das die Differenz ermöglicht, liefe die Körper-Leib-Unterscheidung in eine Tautologie oder in ein Paradox zurück. Eine Tautologie käme zustande, wenn man entweder den Leib (wie z. B. die Leibesphänomenologie) oder den Körper (wie z. B. der erfahrungswissenschaftliche Naturalismus) für primär halten würde. Die Differenz erscheint dann nur als eine Ableitung des Sekundären aus einer primären Identität, einmal der des Leibes, das andere Mal der des Körpers. Ein Paradox erhielten wir, wenn die Körper-Leib-Differenz zugleich die Identität von Körper und Leib ausdrücken sollte. Tautologie und Paradox beenden üblicher Weise die Untersuchung, ehe sie begonnen hat. Daher hält man in Plessners Philosophischer Anthropologie die Frage offen, indem man sie auf dasjenige Dritte an Personalität hin öffnet, das die Differenzbildung ermöglicht, also auf spezifische Weise am Leben hält. Mit der Personalität steht und fällt eine Szenerie von Welt, vor deren Hintergrund etwas und jemand auftreten können. Die Körper-Leib-Differenz, von der wir ausgegangen sind, bewegt sich in dem Vordergrund eines solchen szenischen Hintergrundes, aus dem noch künftige Überraschungen möglich sind. Abstrahieren wir nicht voreilig von diesem Hintergrund, ohne den es den Vordergrund an positiven Bestimmungsleistungen und dessen künftige Verbesserung nicht geben kann. Nicht die statische Schließung der Frage nach dem Menschen, als hätten wir bereits von ihm Abschied genommen, sondern ihre dynamische Eröffnung in seiner Lebensführung ist unser Ausgangspunkt.

Eine erste Antwort auf die Frage nach der Personalität gibt die Sozial- und Kulturanthropologie an jener Stelle, an welcher die Bioanthropologie von der Plastizität der spezifisch menschlichen Verhaltensbildung spricht. Wofür ist dieses Verhalten formbar, und wofür wird es geformt? Für die individuelle Ausübung von Personenrollen, die nicht genetisch vererbt, sondern soziokulturell tradiert werden. Ehe ich darauf im 3. Punkt eingehe, möchte ich im Hinblick auf den philosophischen Zusammenhang zwischen der Bioanthropologie mit der Sozial- und Kulturanthropologie die Unterscheidung zwischen Welt und Umwelt einführen.

2.2.2. Die Unterscheidung von Welt (exzentrische Positionalität) und Umwelt (zentrische Positionalität)

In der menschlichen Verhaltensbildung laufen gewiss die Säuger- und Primatennatur auf notwendige Weise mit, aber sie reichen nicht für die Spezifikation menschlichen Verhaltens aus. Verglichen mit anderen Säugern und darunter insbesondere mit anderen Primaten, welche bereits Populationskulturen sozial tradieren und individuell verschieden Intelligenz zeigen, die rein assoziatives Lernen nach dem Modell von „Versuch und Irrtum" übersteigt, fällt doch an menschlichen Nachkommen eine besondere und lange Hilfsbedürftigkeit auf. Sie betrifft nicht nur, wie Plessner im Anschluss an Adolf Portmann erwähnt, das erste Lebensjahr des Menschen, „eine im Hinblick auf Sinnesleistung, Motorik und Sprache nach außen ins Freie verlegte Endphase der Embryonalentwicklung".[81] Menschliche Lebewesen gelten inzwischen erst nach ca. zwei Jahrzehnten als erwachsene Mitglieder ihrer Spezies, wofür Schimpansen, unsere nächsten Verwandten, nur ca. ein Drittel dieser Entwicklungszeit benötigen. Verglichen mit der Voranpassung anderer Primaten an spezifische Umwelten (Habitate), erscheinen menschliche Lebewesen in ihrer Verhaltensbildung als besonders unspezifische Generalisten.[82] Sie benötigen als ihre Umwelt eine soziale Kulturnische, in der von Anfang an in der sozialen Interaktion Intentionalität gefördert und in sprachlicher Kommunikation Mentalität gebildet wird.[83]

Die Philosophische Anthropologie arbeitet daher mit dem Unterschied zwischen *Umwelt* und *Welt*. In tierischen Lebensformen gibt es – struktur-funktional gesehen – eine *Ent*sprechung zwischen der *zentrischen Organisationsform* (Binnendifferenzierung des Organismus mit einem zentralen Nervensystem) und der *zentrischen Positionalitätsform* (Verhaltensweisen) in der Umwelt. Beide, Organismus und Umwelt, sind – evolutionär betrachtet – durch Prozesse der Variation und der Selektion aufeinander eingespielt. Schon im Spielverhalten der nachwachsenden Säuger gibt es populationsspezifisch eine Vermittlung dieser Einspielung von Verhaltensbewegungen aufeinander durch soziales Lernen. Aber erst in der Primatenevolution zum Menschen hin scheint es auch zu einem Bruch in und mit der zentrischen Vorangepasstheit zwischen Organismus und Umwelt gekommen zu sein. Was immer evolutionsgeschichtlich sich dahinter verbirgt, dies wäre ein gesondertes Thema (vgl. im vorliegenden Band Kap. 1.1.): Wir Heutige müssen, um über diesen Hiatus aus der bislang bekannten Menschheitsgeschichte heraus reden zu können, dafür eine personale Welt unterstellen. Von ihr, der Kulturgeschichte der Personalität in der Welt, her, werden künstlich soziale Umwelten für die nachwachsenden Menschen als Lebewesen eingerichtet. Menschen bleiben als zentrische Lebewesen einer spezifisch bestimmten Umwelt bedürftig. Aber sie müssen diese Umwelt in ihrer spezifischen Bestimmtheit erst von woanders, nämlich von einer Welt für Personen her, durch Kultur und Institutionen errichten. Ohne diesen Abstand von einer Welt her zu einer Umwelt hin fiele die Bestimmtheit einer Umwelt im Unterschied zu anders möglichen Umwelten überhaupt nicht auf. Das Tier ist *bios*, lebt in seiner Umwelt, hat aber dafür keine Biologie. Insofern Biologen personale Wesen von Welt sind, haben sie die Distanz, die zur Erkenntnis bestimmter Umwelten im Unterschied zu anders möglichen Umwelten nötig ist.

Menschliche Lebewesen stehen auch frontal den Dingen in der ihrem Verhalten angemessenen Umwelt gegenüber. Sie gehen ebenfalls in den Interaktionen in ihrer Umwelt auf. Insofern sie all dies tun, bewegen sie sich auch in einer zentrischen Positionalitätsform, die zu ihrer zentrischen Organisationsform passt. Aber sie leben so zentrisch in einer bereits künstlich geschaffenen Umwelt, der des Alltags. Gleichwohl geraten sie dem Sinne nach auch zu dieser schon künstlich zentrischen Positionalität

---

81 H. Plessner, Die Frage nach der Conditio humana, a. a. O., S. 166.

82 Vgl. D. J. Povinelli, Folk Physics for Apes. The Chimpanzee's Theory of How the World Works, Oxford 2000.

83 Vgl. M. Tomasello, Constructing a Language, a. a. O., 2003.

nochmals auf Abstand, insofern sie nicht nur gewohnheitsmäßig agieren. Sie verhalten sich personal *wie von nebenher* zu ihren Interaktionen, als bewegten sie sich auch von hinter sich und über sich stehend zu ihrem gewöhnlichen Tun. Sie fühlen, hören, sehen sich bewegt und beobachtet zusätzlich von *außerhalb* ihres zentrischen Verhaltens. Wie *von der Seite her* erleben sie, in einer Gegenüberstellung zu Dingen zu hantieren oder in einem Tun aufzugehen. Dadurch können sie dieses Hantieren oder jenes Aufgehen modifizieren, sich ihm überlassen oder es kontrollieren und verändern. Sie stehen nicht nur darinnen wie in einem Mittelpunkt, sondern auch aus demselben heraus: in einer *exzentrischen Positionalität.* Von daher kann, was Mittelpunkt war, in die Peripherie wandern, wie in einer kopernikanischen Wendung des ptolemäischen Weltbildes. Das Zentrum der Verhaltensbildung steht nicht in sich fest, sondern wechselt zeitlich. Es bewegt sich dazwischen, eher im Mittelpunkt einer Umwelt oder eher außerhalb desselben in einer Welt zu stehen zu kommen. Aber es steht nicht. Ein Schub der Exzentrierung des Verhaltens vom Körperleib weg bringt aus dem Gleichgewicht und fordert einen Schub der Rezentrierung des Verhaltens auf den Körperleib zurück. Dieses Oszillieren im Sich-Bewegen durchzieht alle charakteristisch menschlichen Verhaltensrhythmen: Ob beim Erlernen des aufrechten Ganges, des Fahrradfahrens, des Seiltanzes, des Windsurfens, oder ob in der expressionistischen Gegenbewegung zur impressionistischen Herausforderung der modernen Malerei.

Wer sich wie Menschen im Vergleich zu anderen Lebewesen exzentrisch positioniert, unterliegt einer konstitutiven Ambivalenz in der Verhaltensbildung. Diese Lebewesen brauchen einen Ausgleich für den Hiatus zwischen der Exzentrierung ihres Verhaltens vom Körperleib weg und der Rezentrierung ihres Verhaltens zum Körperleib hin. Plessner hat diese Verhaltensambivalenz unter verschiedenen Aspekten als „natürliche Künstlichkeit", „vermittelte Unmittelbarkeit" und „immanente Transzendenz" beschrieben, im Hinblick auf die vertikale und horizontale Vergleichsreihe.[84] Noch heute erkennen wir, z. B. archäologisch, die Funde menschlicher Überreste im Unterschied zu anderen Primatengruppen an empirischen Kriterien für solche Verhaltensambivalenzen. Passen etwa die Resultate der DNA-Analysen (für die zentrische Organisationsform des homo sapiens) zusammen mit den technischen Artefakten (natürliche Künstlichkeit), den kulturellen Zeichen für eine exzentrische Expressivität in z. B. Höhlenmalereien (vermittelte Unmittelbarkeit) und den religiösen Symbolen für einen personalen Abstand, der die immanente Welt utopisch in ein Nirgendwo und Nirgendwann überschreitet (immanente Transzendenz)? – Durch solche Fragen nach dem Zusammenhang zwischen der Bio- mit der Sozial- und Kulturanthropologie an der Nahtstelle spezifisch menschlicher Plastizität wird die kurzschlüssige Reduktion von Welt auf Umwelt (und darin auf eine Organismusart oder gar nur eine Genomart) abgewehrt, um redlich die Voraussetzungen der Untersuchung kenntlich zu halten.

---

84 Vgl. H. Plessner, Die Stufen des Organischen und der Mensch, a. a. O., S. 309-342.

2.2.3. Die Individualisierung des Spielens *in* und des Schauspielens *mit* soziokulturellen Personenrollen

Setzen wir die Körper-Leib-Differenz für personale Welt voraus, fragt sich, wie dieser Zusammenhang wenigstens ansatzweise fassbar gemacht werden kann. Der Begriff der Personalität wird durch den der Personenrollen präzisiert, die der menschliche Nachwuchs in allen möglichen Kulturen und Gesellschaften übernehmen soll und in ihrer Ausübung geschichtlich modifiziert. Elementar betrachtet, verknüpft eine derartige *Rolle* eine bestimmte Sprache, in der man mental bestimmte Perspektiven (im Unterschied zu anderen Perspektiven möglichen Verhaltens) beziehen kann, mit einem Habitusfilm an Bildern, nach denen Körper und Leib zu Verhaltenseinheiten verschränkt werden. Diese Verknüpfung einer bestimmten Sprache mit den bewegten Bildern eines bestimmten Habitus erfolgt unter drei Aspekten:

A) In den Formen des *Handelns* dominiert die Verkörperung den Leib, dessen Propriozeption (vegetative, Muskel-, Knochen- und Gleichgewichtssinne) möglichst unauffällig mitlaufen soll. Für Handeln ist exemplarisch das raumgreifende Stehen, aus dem heraus im Auge-Hand-Feld agiert werden kann, indem der Fernsinn des Sehens mit den taktilen Nahsinnen, insbesondere der multifunktionalen Hand, koordiniert wird. B) In den Proportionen der *Expression* überwiegt die Verleiblichung das Körperhaben. Die Propriozeption des eigenen Körpers als Leib läuft fortwährend, mal aufwendiger, mal unaufwendiger in der Koordination der Interaktionen mit, aus deren Rücklauf auf den eigenen Leib Body schemas/ Body images entstehen.[85] Im Interaktionsfeld bringen sich die Körperleiber zueinander zum Ausdruck durch gestische Überformung der Gesichtsmimik für die Blicke anderer und in der Entfaltung des Stimmenkreises, d. h. in der Artikulation und dem Hören eigener und fremder Stimmen. C) Das *Sprechen* koppelt Ausdruck und Handlung zu funktionablen Verhaltenseinheiten zusammen. Es setzt im Sprecherwechsel von Ausdruck in Handlung und von Handlung in Ausdruck über, bis die Verhaltensrelativität der einzelnen Sinnesmodi nicht nur in der äußeren, sondern auch in der inneren Rede habitualisiert wird. Das Sprechen integriert die verschiedenen Sinnesmodi nach Themata, in deren Horizont gedeutet wird, nach Syntagmata, um was und wen es perspektivisch geht, und nach Schemata, warum etwas zu tun ist.[86] Die narrative Grundform des Sprechens zwischen personalen Wesen lässt sich an den Personalpronomina im Singular und Plural entfalten und in der Schrift stabil über den Kreis der Anwesenden hinaus verdichten. Die Schriftsprache wieder kann je nach soziokulturellen Zwecksetzungen institutionell spezialisiert und auf bestimmte Diskursarten eingeschränkt werden, darunter die der Literatur oder der Erfahrungswissenschaft.

Im Unterschied zum Spielverhalten der Säuger, das auf die Kindheitsphase beschränkt bleibt und wesentlich im Mitmachen besteht, aber auch noch anderer Primaten, die diese und jene Verhaltenseinheit nachzumachen vermögen, allerdings ohne ganze Rollen von ihrem aktualen Inhaber (z. B. Alpha-Männchen) ablösen zu können, braucht man für die

---

85 H. Plessner, Anthropologie der Sinne, a. a. O., S. 369
86 Vgl. ders., Die Einheit der Sinne, a. a. O., S. 187-192.

Spezifikation der menschlichen Verhaltensbildung ein Schauspielmodell.[87] Das Modell des zur Schau stellenden Spielens bezieht sich auf die lebenslange Nachahmung und Variation ganzer Personenrollen im perspektivischen Unterschied zu anderen Personenrollen und ihren jeweiligen individuellen Trägern.

Menschenkinder spielen sich aus ihrem Körperleib heraus durch Identifikation mit konkreten Bezugspersonen in deren Rollen des Interagierens hinein. Sie proportionieren von diesen Personenrollen her, ihren ersten Exzentrierungen, auf sich, d. h. auf ihren Körper zurückkommend, ihre Verschränkung der körperlichen und leiblichen Verhaltensaspekte. Der Vollzug ihres Verhaltens weicht – im Guten wie im Schlechten – von den Rollenerwartungen ab. Die Abweichungen kumulieren sich zu einer individuellen Variation der Rolle oder zu deren kontinuierlicher Unterschreitung bzw. Überschreitung, die in Konflikte führt. Andere Bezugspersonen und deren Rollen mögen passender sein. Aber selbst im Fall einer gelungenen individuellen Variation der Rolle in Identifikation mit ihrer Bezugsperson verlangt die Verstetigung des Erfolges schauspielerische Vorkehrungen gegen den gelegentlichen oder längeren Misserfolg in ihrem Vollzug künftiger Hiers und Jetzt. Auch wer sich mit der Rolle identifiziert, muss eben deswegen früher oder später nicht nur *in*, sondern *mit* ihr spielen, umso mehr, wenn Distanz zur Rolle an die Stelle der Identifikation mit ihr tritt. Ob vor anderen im Unterschied zum eigenen Selbst oder vor anderen Selbst in Identifikation mit ihnen als dem eigenen Selbst: Die Bewertung muss vor anderen *und* dem eigenen Selbst aufgeführt werden. Die Unterscheidung zwischen eigenem und anderem Selbst erfordert eine Verdoppelung der Person vor anderen und für sich selbst: Sie verdoppelt sich in die *privat* zu haltende und in die sich *öffentlich* darbietende Person. Sie oszilliert dabei zwischen Geltungsdrang (Übermut) und Scham (Verhaltenheit), die sich zu Leidenschaften in der Überschreitung und zu Süchten in der Unterschreitung der etablierten Rollen ausweiten können.[88]

Das öffentlich-private „Doppelgängertum"[89] ermöglicht die Individualisierung der Person, d. h. ihre Selbstunterscheidung in den Träger, der leiblich verwachsen ist mit der Rolle, und in den Spieler von Personenrollen, als wären diese nur Masken. Die Individualisierung ermöglicht rückwirkend die Veränderung der Rollen. Es gibt kein Schauspiel zwischen mindestens zwei Personen, die ihre Rollen wechseln können, ohne die Verdoppelung jeder Person in den Verkörperer der Rolle und ihren leibhaftigen Träger. Man kann diesen angedeuteten Schauspielansatz anhand der Personalpronomina (Ich, Du, Er/Sie/Es, Wir, Ihr, Sie) elaborieren. Darin kommen die dritten Personen singularis und pluralis in Schiedsrichterrollen. Das Schauspielmodell lässt sich auch mit Meads Unterscheidung entfalten: Im *Play* werden die Perspektiven konkreter und partikulärer Anderer während der Kindheit erworben, woran sich in der Jugendzeit die *Games* in und mit den Personenrollen generalisierter Anderer je nach Gemeinschaft anschließen,

---

87 H. Plessner, Anthropologie der Sinne, a. a. O., S. 391.
88 Vgl. H.-P. Krüger, Zwischen Lachen und Weinen. Bd. I, a. a. O., 4. Kapitel.
89 H. Plessner, Die Frage nach der Conditio humana, a. a. O., S. 201.

bis ab der frühen Erwachsenenzeit die *Games* in und mit den gesellschaftlichen Funktionsrollen vor der Appellationsinstanz der Diskursuniversen beginnen."[90]

2.2.4. Die Grenzen der menschlichen Verhaltensbildung im ungespielten Lachen und Weinen

Die menschliche Verhaltensplastizität hat Grenzen, die im ungespielten Lachen und Weinen erfahren werden. Wer ihren Ernst im Schauspielen nicht achtet, läuft nicht nur Gefahr, die Würde der Beteiligten zu verletzen, sondern womöglich die Verkehrung ins Unmenschliche in Gang zu setzen. Gewöhnlich liegen in den Menschenkulturen vor diesen Grenzen die noch spielbaren Formen des Lachens und Weinens. Sie markieren appellativ die Grenze. Und ins Spielbare sollen nach Möglichkeit die ungespielten Formen der aus dem selbstbeherrschten Verhaltenskreis Herausgefallenen zurückgeholt werden.

Im ungespielten Lachen und Weinen geht die personale Verschränkung zwischen dem Leibsein und dem Körperhaben verloren. Der Hiatus der exzentrischen Positionalität, ihr Bruch zwischen der Exzentrierung und der Rezentrierung, tritt im Verlust der Selbstbeherrschung phänomenal hervor. Diese Phänomene „treten als unbeherrschte und als ungeformte Eruptionen des gleichsam verselbständigten Körpers in Erscheinung. Der Mensch verfällt ihnen, er fällt – ins Lachen, er lässt sich fallen – ins Weinen. Er antwortet mit seinem Körper als Körper wie aus der Unmöglichkeit heraus, noch selber eine Antwort finden zu können. Und in der verlorenen Beherrschung über sich und seinen Leib erweist er sich als ein Wesen zugleich außerleiblicher Art, das in Spannung zu seiner physischen Existenz lebt, ganz und gar an sie gebunden."[91] Im ungespielten Lachen fliegen zu viele, sich durchkreuzende Verkörperungsmöglichkeiten dem Leib nach außen davon, der so gleichsam auf sich sitzen bleibt. Im ungespielten Weinen sacken die Verkörperungspotentiale nach innen in nichts als Leiblichkeit zu einem Sinnverlust im Ganzen zusammen. Springt in der exzentrierenden Richtung des Lachens der Körper in mehrsinnige Welten hinaus, ohne dass der Leib ihm noch nachkommen könnte, lösen sich in der rezentrierenden Richtung des Weinens die Welthorizonte auf in eine diffuse, sich schließlich nicht mehr von ihrer Umwelt unterscheiden könnende Leiblichkeit. Beide Phänomenreihen kehren die normalen Verhältnisse der Bewandtnis von Sinn um, aber in verschiedener Richtung: „Geöffnetheit, Unvermitteltheit, Eruptivität charakterisieren das Lachen, Verschlossenheit, Vermitteltheit, Allmählichkeit das Weinen. Der Lachende ist zur Welt geöffnet. Im Bewusstsein der Abgehobenheit und Entbundenheit sucht sich der Mensch mit anderen eins zu wissen. Volle Entfaltung des Lachens gedeiht nur in Gemeinschaft mit Mitlachenden."[92] Demgegenüber das Weinen: „In dem Akt der inneren Kapitulation, der für das Weinen von zugleich auslösender und

---

90 Vgl. G. H. Mead, Mind, Self and Society from the Standpoint of a Social Behaviourist, Chicago 1934.

91 H. Plessner, Lachen und Weinen, a. a. O., S. 234f.

92 Ebd., S. 368.

konstitutiver Bedeutung ist, vollzieht sich die Ablösung des Menschen aus der Situation normalen Verhaltens im Sinne seiner Vereinsamung. Ergriffen bezieht er sich mit diesem Akt in die anonyme ‚Antwort‘ seine Körpers mit ein. So schließt sich der Weinende gegen die Welt ab.“[93]

Was existenziell bedeutsam für die Individualität eines Menschen ist, geht aus solchen Grenzerfahrungen für die Lebensführung im Ganzen hervor. In vermittelter, auf die Generationenfolge bezogener Weise lässt sich dies sogar für Kulturen und Gemeinschaften im Hinblick auf ihre kollektive Geschichte sagen, in der sie die Grenzen ihrer Selbstbestimmung und Selbstverwirklichung erfahren haben. Im Kulturenvergleich betrachtet, leidet die westliche Modernisierung an einem Fehlverständnis menschlicher Souveränität. Souveränität wird zumeist fehlidentifiziert mit absoluter Selbstbestimmung und Selbstverwirklichung, sowohl individualistisch als auch kollektivistisch. Das Gegenteil solcher Ideologien der grenzenlosen Selbstermächtigung ist richtig: Menschliche Souveränität beginnt in der Bejahung der für Menschen unverfügbaren Grenzen ihrer Selbstbestimmung in kognitiver und ihrer Selbstverwirklichung in volitiver Hinsicht. Diese Einsicht ist gewiss in allen Religionen enthalten, muss aber nicht allein religiös sein. Sie entspringt auch Lebenserfahrung, Literatur und Kunst, gehört medizinischen und philosophischen Praktiken an, soweit sie sich diesen Grenzerfahrungen und Grenzfragen widmen. Diese Einsicht schließt ein, hier und heute alles Menschenmögliche für eine verbessernde Grenzverschiebung zu unternehmen. Aber sie schließt alle Ideologien aus, dass Menschen sich des Absoluten ohne Verkehrung ins Unmenschliche bemächtigen können. Endliche Bestimmungen und Bedingungen lassen sich reproduzierbar verändern, wie uns allen voran die Erfahrungswissenschaften für ihre Standardkontexte an Beobachtung und Experiment erfolgreich lehren. Aber es wäre ein schwerer Kategorienfehler, diese willkommene Verbesserung bedingter und bestimmter Körperaspekte auf das Absolute, d. h. auf das *Un*bedingte, *Un*bestimmte und *Un*endliche, einfach übertragen zu wollen. Wir werden nie die Unergründlichkeit der menschlichen Lebensführung im Ganzen in einen einzigen reproduzierbaren Laborkontext auflösen können, es sei denn, um den Preis seiner, des Menschen Freiheit, auch der des Laborwissenschaftlers. Nicht nur Gott, auch der Mensch ist im Absoluten unergründlich. Was der *deus absconditus* in religiösen Welten an Orientierung für die Lebensführung im Ganzen gewährt, ermöglicht der *homo absconditus* in säkularen Welten.

Die letztliche Offenheit der Frage nach der Personalität menschlicher Lebewesen ermutigt dazu, alle Forschung zur Erleichterung und Verbesserung der Lebensführung fortzusetzen. Diese Forschungen haben gerade deswegen Zukunft, weil ihre Frage wohl in Aspekten, nicht aber abschließend für das Ganze dieser Lebensform in ihr selbst beantwortbar ist. Für die Hilfe bei der Lösung problematischer Leibesaspekte ist die Eruierung der ihnen entsprechenden Körperkorrelate unabdingbar von hohem Wert. Nur wird man diese Hilfe nicht leisten können, wenn man die Körperkorrelate aus ihrer gelebten Differenz zu den Leibesaspekten herauslöst und von der für die Betroffenen

---

93 H. Plessner, Lachen und Weinen, a. a. O., S. 371.

personalen Aufgabe ihrer Lebensführung abtrennt. Dazu führt aber in der Konsequenz die heute immer stärker werdende Ausbreitung des reduktiven Naturalismus und des Ökonomismus. Beide könnten in der Fixierung der Individuen auf bestimmte Personenrollen durchschlagen, statt mit der Individualisierung der Personen eine angemessene Veränderung der Rollen anzugehen. In dem personalen Rahmen der Körper-Leib-Differenz bleibt hingegen die „wahre Crux der Leiblichkeit ihre Verschränkung in den Körper".[94] Darin besteht die gemeinsame Aufgabe aller lebenswissenschaftlichen Forschungen.[95]

2.2.5. Naturphilosophie: Dezentrierung in der Natur als dem Dritten

Die gemeinsamen Forschungen brauchen auch eine neue Naturphilosophie, an deren Defizit die Gegenwartsphilosophie Mangel leidet. Gerade in der Auseinandersetzung mit den Lebenswissenschaften darf man die innerphilosophischen Probleme nicht verschweigen. Ich verstehe unter Naturphilosophie nicht ein abgetrenntes und überspezialisiertes Gebiet, das den Anschein erwecken könnte, als ob seine Methoden und Gegenstände schon vor dem Philosophieren feststünden. Damit meine ich insbesondere nicht eine Theorie der Naturwissenschaften, sofern sich diese – aus Vorentscheidung für den Dualismus entweder Natur oder Geist – der therapeutischen Spezifik lebenswissenschaftlicher Praktiken verschließt. Vielmehr verstehe ich unter Naturphilosophie die Frage danach, wie die sogenannt erste, erfahrungswissenschaftlich-technisch bestimmbare Natur mit der soziokulturellen, der sogenannten Zweitnatur, an der wir menschliche Lebewesen schon immer habituell teilnehmen, geschichtlich-mental zusammenhängt. Es geht mir also um eine Differenzierung im Philosophieren, das sich erneut den Grenzfragen im Gesamtzusammenhang der menschlichen Lebensführung stellt, statt sich in akademisch-arbeitsteiligen Industrien, etwa auch für Sozial- und Kulturphilosophie, Moral und Ethik oder Traditionspflege, aufzulösen.

Die erfahrungswissenschaftlich-technischen Praktiken sind selbst soziokultureller Natur. Dies tritt in den Medizinwissenschaften nur besonders anspruchsvoll zu Tage, im Ethos der Mediziner und in der politisch umkämpften juristischen Verfassung der medizinischen Praktiken. Übersieht man die soziokulturelle Natur der erfahrungswissenschaftlich-technischen Praktiken, werden viele hermeneutische Vorprojektionen aus ihnen auf die Naturgegenstände, als ob diese nicht von den Methoden abhingen, auch noch zu naturalistischen Fehlschlüssen deklariert. Eine Kultur, die sich ihre hermeneutischen Vorurteile zugleich als einen unabänderlichen Naturalismus von Positivitäten vorstellt, fällt ihrer gefährlichsten Lernblockade zum Opfer. Die hermeneutische Konfusion zum natu-

---

94 H. Plessner, Lachen und Weinen, a. a. O., S. 368.
95 Vgl. G. Lindemann, Die Grenzen des Sozialen. Zur sozio-technischen Konstruktion von Leben und Tod in der Intensivmedizin, München 2002. H.-P. Krüger, Das Hirn im Kontext exzentrischer Positionierungen. Zur philosophischen Herausforderung der neurobiologischen Hirnforschung, in: *Deutsche Zeitschrift für Philosophie*, Berlin, Jg. 52, H. 2, Berlin 2004, S. 257-293. Ders. (Hrsg.), Hirn als Subjekt? Philosophische Grenzfragen der Neurobiologie, Berlin 2007.

ralistischen Vorurteil kann in bestimmten, politisch und ökonomisch deformierten Verwertungsstrukturen auftreten, behindert aber die erfahrungswissenschaftlich-technischen Praktiken selbst. Deren Forschungscharakter wird auf die Methodenabhängigkeit der erzeugten Erkenntnisse und Artefakte rückverwiesen. In dem Maße, in dem deren Reproduktion unter Standardbedingungen gelingt, wird nicht nur ein Überschuss an Erstnatur über die bisher eingespielte Zweitnatur hinausgehend produziert. Es zieht auch der Forschungshorizont aus dieser positiven Bestimmung heraus weiter in die nächste Unbestimmtheit hinein. Die Differenz zwischen Verstehen und Erklären öffnet sich im Forschungstun von Neuem und bleibt geschichtlich umstritten.[96] Forschung führt so auf philosophische Grenzfragen wie der nach dem der Erklärung Bedürftigen, dem die Erklärung Leistenden und dem überhaupt Erklärbaren zurück, statt von der Philosophie fort. Sie kommt nicht nur im Hinblick auf ihre Unbestimmtheitsrelation, sondern auch hinsichtlich der Reproduzierbarkeit ihrer positiven Bestimmungen einer Einladung zum Philosophieren gleich. Wie war der Reproduktionserfolg der Erstnatur zu ermöglichen, ohne zum Opfer einer Fehlübertragung dieser positiven Bestimmung auf das Absolute, mithin lernunfähig, zu werden?

Ein Kant würde angesichts des Erfolges erfahrungswissenschaftlicher Großparadigmen (wie dem umstrittenen der natürlichen und soziokulturellen Evolution) die Ermöglichungsfrage neu („quasi-transzendental") stellen und damit das Philosophieren umstellen, es also am Leben erhalten. Wenn heute gegen erfahrungswissenschaftliche Forschungen Stellvertreterkriege, in denen das Problem der öffentlichen oder privaten Verwertungsstrukturen dieser Forschungen verschwindet, auch von philosophischer Seite geführt werden, ist das eine Bankrotterklärung der beteiligten Philosophien. Erfahrungswissenschaftlichen Forschungspraktiken ist Normativität inhärent. An ihre therapeutischen, Verstehens- und Erklärungs-Aufgaben kann philosophisch angeschlossen werden, auch an das Problembewusstsein der in ihr vertretenen Personen und insbesondere Citoyen. Insoweit muss die von außen aus der Philosophie kommende Einklage des Normativen als trivial oder als strategisch in einem allzu bekannten Kulturkampf unter Experten wirken. Was wäre unter Menschen nicht normativ? Hinter dieser Trivialität beginnt der Konflikt zwischen verschiedenen Normativitäten und ihren Facta. Oder ist doch nur die Konservierung einer bestimmten Normativität, die der jeweiligen Philosophie, gemeint? – Für die Moral, nimmt man ihr Erfordernis ernst, wäre die Konservierung ein schlechtes Spiel. Der Moral ist durch keine kognitive Blindheit geholfen, die sie in die Ohnmacht der Gesinnungsethik zurücktreibt, statt Verantwortbarkeit für die künftigen Konsequenzen des heutigen Tuns und Nichttuns in einer puralen Gesellschaft herstellen zu können. Dafür braucht man Experimente in öffentlichen Lernprozessen und nicht die Privatisierung von deren Verwertung vorab.

Ich glaube, historisch nachvollziehen zu können, dass es nach dem 2. Weltkrieg und rassistischem Völkermord zu den großen Strategien der „Denaturalisierung" in Philoso-

---

96 Forschungen sind genuin geschichtliche Unternehmungen, die das Verhältnis von Fragen und Antworten ändern. Vgl. zur Kritik am geographischen Modell der Erforschung: N. Rescher, Rationalität, Wissenschaft und Praxis, Würzburg 2002, S. 67ff.

phien wie denen von Derrida oder Habermas auf verschiedene, aber doch vergleichbare Weise hat kommen können angesichts der verheerenden politischen Konsequenzen der vorangegangenen Fehlnaturalisierungen. Ich verstehe auch – systematisch gesehen – die Unhintergehbarkeit nicht irgendeiner, sondern der selbstreferenziellen Sprache. Aber dank dieser (illokutionär-propositionalen) Selbstreferenz wird eben kein Sprachgefängnis, sondern deren Fremdreferenz von Welt eröffnet, umso mehr durch (Ur-)Schrift. Die Sprache hätte vom Gefängnis des Selbstbewusstseins befreien können, ohne das Philosophieren in ein neues zu verlegen, hätte nur in ihr nicht erneut die urchristliche Angst vorm Leben Unterschlupf gefunden: Insoweit wir in der Sprache sagen können, was wir in ihr tun, gibt sie uns davon Verschiedenes frei und auf, als wollte sie (von mir aus: in der Wiederholung Des-selben im Anderen) erneuert werden. An dem einen ihrer Enden entgleitet sie fraglos in die sedimentierte Zweitnatur der von Vergangenheit vollendeten Gegenwart. An dem anderen Ende stellt sie gegenwärtig in Frage, was sich in einer künftig vollendeten Gegenwart durch Handeln beantworten lassen möge. Zwischen diesen, von der argumentativen Sprachverwendung selbst frei- und aufgegebenen Sprachgrenzen, der habitualisierten Zweit- und der problematisierten Erstnatur, taucht Sprache doppelt als quasi-tanszendentale Ermöglichung inmitten einer evolutionsgeschichtlichen Mitgift von Verhaltungen auf. Aus dem berechtigten Kampf gegen Fehlnaturalisierungen folgt nicht, dass es keine das menschliche Bewusstsein überschreitende Natur gäbe, in die sprachlich anhand von Phänomenen vorgegriffen und auf die in der Rekonstruktion der Phänomene sprachlich zurückgegriffen wird. An der Bewusstsein überschreitenden Natur nehmen menschliche Lebewesen teil, insofern diese Teilnahme (nolens volens und im Guten wie im Schlechten) zum Problem wird. Und aus ihr fallen sie derart heraus, dass sie auf diese Fraglichkeit kulturell zu antworten haben, um sich *in der Fraglichkeit ihrer Natur halten zu können*. Natur lässt sich nicht in soziokulturelle und personale Zurechnungen („agency") auflösen, auch wenn man diese als die – durch Aporien hindurch womöglich gerechter zu verteilenden – im Kommen bleibenden Zuordnungen begreift.

Warum müsste der richtige und bewahrenswerte Gedanke der Dezentrierung nur außerhalb der lebendigen Natur (in argumentativen Diskursen, in einer als vorgängig rekonstruierten Schrift) statt in ihr angesiedelt werden, nämlich in ihrer Aussetzung? Menschliche Lebewesen gelten inzwischen als – in der Konsequenz der soziokulturellen Evolution von Primatengehirnen – *in das Sprachverhalten ausgesetzte Säuger*. Sie kümmern sich an der Peripherie einer Galaxie in den Darstellungsmethoden ihrer Schriftsprache um schwarze Löcher und Antimaterie anderen Ortes und anderer Zeit, während den ihnen nächsten Verwandten, den Schimpansen, dieser „Sinn fürs Negative"[97] fehlt, weshalb letztere schon wieder die „glücklicheren Menschen" heißen. Mich

---

97 H. Plessner, Die Stufen des Organischen und der Mensch, a. a. O., S. 270. Dieser Mangel ist auch durch die Sprachversuche mit Schimpansen während der letzten Jahrzehnte bestätigt worden. Sie überschreiten nicht das Niveau, das Menschenkinder im 3. Lebensjahr ihres Spracherwerbs erreichen. Vgl. H.-P. Krüger, Intentionalität und Mentalität als *explanans* und *explanandum*. Das komparative

überzeugt nicht die übliche dualistische Fehlalternative, in der Natur gedacht wird. Ja, sie kann der Kanonlegende nach entweder rousseauistisch oder hobbesianisch verstanden werden. Aber warum dürfte Natur aspektweise nicht beides, Leib und Körper, zugleich sein und im Ganzen weder in dem einen noch in dem anderen aufgehen? Reißt nicht jeder neue Technologieschub uns in die unaufhebbare Differenz der menschlichen Natur, ihre lebensweltlich unvertretbare Leibesdimension und ihre erfahrungswissenschaftlich-technisch vertretbare Körperdimension, hinein? Und nehmen wir nicht zur Beantwortung dieser Fraglichkeit Natur auch und vor allem als etwas Drittes in der Lebensführung in Anspruch? Dieses Dritte des Vollzuges lässt sich in seinen Un-Prädikaten an Absolutheit (an Unbedingtheit, Unbestimmtheit, Unendlichkeit, kurz: Unergründlichkeit) für die Betroffenen nicht mehr positiv, weder rational noch emotional positiv, bestimmen.[98] „Die Sprache, eine Expression in zweiter Potenz, ist deshalb der wahre Existentialbeweis für die in der Mitte ihrer eigenen Lebensform stehende und also über sie hinausliegende ortlose, zeitlose Position des Menschen. In der seltsamen Natur der Aussagebedeutungen ist die Grundstruktur vermittelter Unmittelbarkeit von allem Stofflichen gereinigt und erscheint in ihrem eigenen Element sublimiert."[99]

Mit Plessner lässt sich Performativität als die Verhaltung zur je eigenen Körper-Leib-Differenz verstehen, aber als eine personale Verhaltung von nirgendwo und nirgendwann, eben dem Dritten einer exzentrischen Positionalität, her, die sich in ihrem Vollzug in keine Leibes- oder Körperdimension auflöst. Warum dürfte die richtige transzendentale Frage nach den Ermöglichungsbedingungen von Erfahrung nicht umgestellt werden, nämlich in die Aufgabe von Menschen hinein, sich in ihrer Aussetzung der lebendigen Natur spezifizieren zu müssen? Diese Aussetzung lässt sich weder (gottgleich) überwinden noch (für Säugerprimaten) fortsetzen, wohl aber so ihrerseits kategorisch aussetzen, *als ob sie von selbst* im Konjunktiv (dem Phantasma) der Lebensführung gelebt werden könnte. Dieser Konjunktiv ist kategorisch für die Würde von Personen. Ich spreche von Aussetzung angesichts des modernistischen Wahns zur Selbstermächtigung durch Selbstsetzung (seit Fichte), in deren Antwort die Fraglichkeit des Gefragt-Werdens (im Unterschied zum Selber-Fragen) verschwindet. Und warum dürfte sie, die lebendige Natur, in ihrer Aussetzung nicht eine Restdimension behalten, die sich unserer Beurteilung nach „in ihr heimisch werden oder in ihr sich fremd bleiben" entzieht? „Mensch-Sein ist das Andere seiner selbst Sein. Erst seine Durchsichtigkeit in ein anderes Reich bezeugt ihn als offene Unergründlichkeit. [...] Keines von beiden ist

---

Forschungsprogramm von Michael Tomasello, in: *Deutsche Zeitschrift für Philosophie*, Jg. 55, H. 5, Berlin 2007, S. 789-814.

98 Vgl. näher zu diesem Problem: H.-P. Krüger, Die Antwortlichkeit in der exzentrischen Positionalität. Die Drittheit, das Dritte und die dritte Person als philosophische Minima, in: Krüger/Lindemann (Hrsg.), Philosophische Anthropologie im 21. Jahrhundert, a. a. O., S. 164-183.

99 H. Plessner, Die Stufen des Organischen und der Mensch, a. a. O., S. 340.

das Frühere. Sie setzen einander nicht mit und rufen einander nicht logisch hervor. Sie tragen einander nicht und gehen nicht ontisch auseinander hervor. Sie sind nicht ein- und dasselbe, nur von zwei Seiten aus gesehen. Zwischen ihnen klafft Leere. Ihre Verbindung ist Undverbindung und Auchverbindung."[100]

---

100 H. Plessner, Macht und menschliche Natur, a. a. O., S. 225.

2. Die selbstreferentielle Funktionsweise des Gehirns

oder: Die Entdeckung und das Missverständnis der neurobiologischen Hirnforschung

1. Zum Stand der Diskussion zwischen der Philosophie und der neurobiologischen Hirnforschung

Die philosophische Auseinandersetzung mit der neurobiologischen Hirnforschung erfolgt in verschiedenen Richtungen, die – groben Stichworten gemäß – analytische *Philosophy of Mind*, phänomenologische Kritik szientistischer Ansprüche vom Standpunkt der Lebenswelt, spätwittgensteinianische Auflösung szientistischer Scheinprobleme vom Standpunkt der Pluralität der Sprachspiele als Lebensformen und eben Philosophische Anthropologie genannt werden. Zwischen diesen vier Richtungen gibt es Überlappungen und Divergenzen. So verwendet die Philosophische Anthropologie auch eine phänomenologische *Methode*[1] als eine von vier Methoden. Sie teilt aber nicht mit der phänomenologischen Kritik den *theoretischen* Standpunkt, dass die Lebenswelt die letzte Instanz zur Beurteilung von Forschungsprogrammen sein kann. Die Philosophische Anthropologie weiß sich mit der spatwittgensteinianischen Auflösung von Scheinproblemen einig, sofern diese Scheinprobleme durch mereologische Fehlschlüsse von bestimmten und bedingten Teilaspekten der Erkenntnis auf das Ganze der Sprachspiele als Lebensform zustande kommen. Dies ändert aber nichts daran, dass es echte Forschungsprobleme gibt, deren Lösung nicht durch den Rückgang in den Kontext der bisherigen Sprachspiele als Lebensformen gelingen kann, sondern einer historisch innovativen Überschreitung dieses Kontextes bedarf.

Immerhin sind sich aber diese drei Richtungen inzwischen darin einig, dass es sich bei der analytischen Standardtheorie in der *philosophy of mind* um keine Philosophie des Geistes handelt, also diese Übersetzung ins Deutsche schlichtweg einen Bluff darstellt. Man muss selbst nicht Hegelianer sein, um den Sinn seiner Frage nach dem *Geist* zu verstehen. Seit Hegel wird unter der Kategorie des Geistes minimaler Weise die Aufgabe verstanden, anhand des Daseins von Geist in der Sprache den kollektiven und selbstreferentiellen Charakter solcher Lebensorientierungen zu untersuchen, die ohne eine soziale Institutionalisierung nicht stabilisiert werden können.[2] Die Individualisierung

---

1 Gemeint ist allerdings diejenige Methode von Scheler, nicht die von Husserl; vgl. hier Kap. 1.1.
2 H.-P. Krüger, Perspektivenwechsel. Autopoiese, Moderne und Postmoderne im kommunikationsorientierten Vergleich, Berlin 1993, I. Teil.

von Geist setzt diesen als gemeinschaftliche Teilhabe voraus und erfordert ein Niveau von Individualisierung, das erst lebenden Personen (nicht Individuen an sich oder auch nur individuellen Lebewesen, auch keinen Personen, die nicht leben) möglich ist. Demgegenüber hat die analytische Standardtheorie mit der Attribution oder Zuschreibung von Eigenschaften und Zuständen auf Individuen begonnen, ohne diese Voraussetzung und jenes Niveau zu klären. Zudem fiel sie in ein dualistisches Vokabular zurück, das Geistiges psychologisiert und vom Physischen getrennt hat. Insoweit stimme ich der immanent kenntnisreichen Kritik von John Searle zu, dass diese „Philosophie des Geistes unter den zur Zeit gängigen Philosophiethemen einzigartig darin ist, dass ihre berühmtesten und einflussreichsten Theorien alle falsch sind."[3] Zu diesen immanenten, d. h. analytischen Kritiken an der analytischen *philosophy of mind* gehört auch das Buch von Michael Quante über Personalität. Das Grunddilemma der jahrzehntelangen analytischen Diskussion habe darin bestanden, Personalität unter Abstraktion vom Leben fassen zu wollen. Wir kennen indessen nur lebende Personen oder personale Lebensformen, wenn wir uns nicht von vornherein durch einen dualistischen Hebel blind, taub und stumm stellen. Für die Überwindung dieses Defizits müsse man neu anfangen, nämlich mit dem Projekt einer „philosophischen Anthropologie" zur *conditio humana*.[4] Als ob es noch keine Philosophischen Anthropologien gäbe!

Diejenigen Autoren, die sich kritisch mit der neurobiologischen Hirnforschung philosophisch beschäftigt haben, gehören zumeist nicht ausschließlich einer der genannten Richtungen an, sondern kombinieren aus ihnen verschiedene Aspekte zum Thema. Aus der in den letzten Jahren einschlägig gewordenen Literatur möchte ich nur zwei Monographien hervorheben. Bahnbrechend waren die *Philosophical Foundations of Neuroscience* von M. R. Bennet und P. M. S. Hacker (Blackwell 2003). Sie haben, in einem vor allem spätwittgensteinianischem Sinne, die mereologischen Fehlschlüsse in der neurobiologischen Hirnforschung offengelegt. Die Mereologie beschäftigt sich mit dem Verhältnis zwischen den Teilen und dem Ganzen dieser Teile. In der neurobiologischen Hirnforschung werden einem Teil des Organismus, nämlich dem Organ Gehirn (bzw. dessen Arealen, neuronalen Aktivitäten), Aktivitäten zugesprochen, die nicht nur dem gesamten Organismus zugehören, sondern im Kontext der Sprachspiele als Lebensform lebenden Personen zugeordnet werden. Es findet also nicht nur innerbiologisch eine tendenzielle Ersetzung des Gesamtorganismus durch eines seiner Organe, wenngleich seines Zentralorgans statt. Darüber hinaus wird der neurobiologische Anspruch erhoben, die soziokulturellen Redeweisen von Personen oder Menschen im Ganzen als eine Illusion enthüllen zu können, da dahinter nur neuronale Aktivitäten stünden. Diese Kritik von Bennet und Hacker wird hier als im Großen und Ganzen stichhaltig in dem Sinne vorausgesetzt, dass in der Tat die Pluralität der Sprachspiele nicht derart aufgelöst werden kann, ohne dass die personale Lebensführung enormen Schaden nehmen müsste. Gleichwohl ringt sich diese Kritik zu keiner konstruktiven Würdigung einer richtig, also ohne mereo-

---

3 J. Searle, Geist. Eine Einführung, Frankfurt a. M. 2006, S. 9.
4 Siehe M. Quante, Person, Berlin 2007, S. 98, 141, 180, 211.

logische Fehlschlüsse verstandenen neurobiologischen Hirnforschung durch. Die bisherigen Sprachspiele als Lebensformen müssen und können nicht das letzte Wort der Philosophie zu Forschungsthemen sein, die von Hause aus nicht strukturkonservativ sein können. Man muss mindestens einen geschichtlichen Kreisprozess (Habermas) zwischen Lebenswelt und Kommunikation veranschlagen, in dem die Lebenswelt nicht nur Voraussetzung und Bedingung von Kommunikationsprozessen darstellt, sondern auch in deren Resultat habituell verändert wird.[5]

Thomas Fuchs hat in seinem bemerkenswerten Buch „Das Gehirn – ein Beziehungsorgan. Eine phänomenologisch-ökologische Konzeption" (2008) als Psychiater, Psychotherapeut und Phänomenologe zu einer konstruktiveren Kritik an den öffentlich erhobenen Ansprüchen der neurobiologischen Hirnforschung angesetzt. Dies verdient große Aufmerksamkeit, weil die politisch-massenmedial wichtigste Legitimation dieser Forschung in dem Versprechen besteht, grundsätzlich neue medizinische Praktiken der Zukunft zu ermöglichen. Vor allem hat Fuchs für die medizinische Praxis überzeugend den folgenden mereologischen Fehlschluss herausgearbeitet: Man stellt Krankheiten, Ausfälle oder Fehlfunktionen in dem Benehmen einer lebenden Person fest und findet dafür notwendige hirnphysiologische Bedingungen, die man sich therapeutisch zweifelsfrei zunutze machen kann. Daraus folgt aber nicht, dass diese notwendigen Bedingungen auch hinreichende wären. Vergleichbare Krankheitsphänomene können stofflich, strukturell und funktional anders verursacht sein. Vor allem aber folgt aus der Summierung notwendiger Bedingungen für Krankheitsphänomene nicht der Umkehrschluss: Würde man diese Summe notwendiger Bedingungen beseitigen, dann müssten sich die positiv bewerteten Phänomene des Gesunden, der Lebensbejahung, des Wohlseins und Glückes schon einstellen. Gegen die dualistische Auffassung von der physisch-psychischen Wechselwirkung innerhalb von Eins-zu-eins-Korrelationen, entwickelt Fuchs ein zirkuläres und integratives Kausalitätsmodell von Lebewesen, das man vertikal (von der Molekülebene bis zur Personenebene) und horizontal (in der Interaktion mit anderen lebenden Personen und der Umwelt) entfalten kann. Ich stimme diesem Ausbau einer – ursprünglich von Hegel stammenden – Idee, nämlich der zirkulären Kausalität des Lebendigen, und der strukturellen Kopplung solcher Zirkel (H. Maturana) grundsätzlich zu[6] und teile auch den von Fuchs aus der Philosophischen Anthropologie übernommenen Doppelaspekt in der Lebensführung von Personen. Gleichwohl überzeugen mich an diesem Buch *philosophisch* nicht das leibes- phänomenologische Primat der Lebenswelt, als ob man diese konservieren könnte, sie sich nicht selbst auch zivilisationsgeschichtlich änderte, Ab-

---

5   Vgl. H.-P. Krüger, Zwischen Lachen und Weinen, Bd. II: Der dritte Weg Philosophischer Anthropologie und die Geschlechterfrage, Berlin 2001, S. 35-43; vgl. auch: Ders., Philosophische Anthropologie als Lebenspolitik. Deutsch-jüdische und pragmatistische Moderne-Kritik, Berlin 2009, I. Teil, 1. Kap.

6   Vgl. ders., Perspektivenwechsel, a. a. O., 1. Teil.

weichungen von ihr nicht auch produktiv sein könnten,[7] noch abgesehen von gelegentlichen Fehleinschätzungen.[8]

Schaut man sich die jüngere Fortsetzung der philosophischen Diskussion zur neurobiologischen Hirnforschung an, so fallen in den USA unter den einschlägigen Autoren zwei Tendenzen auf.

Erstens: Es wird dem Vorwurf, diese Neurowissenschaft bringe nichts als mereologische Fehlschlüsse zustande, energisch widersprochen. Warum? Man muss m. E. zwischen zwei Fragen unterscheiden. Natürlich kann die verkürzende Redeweise, zuweilen reduktionistische Redeweise, der Neurobiologie nicht die Umgangssprache unter lebenden Personen ersetzen. Dafür ist sie nicht geschaffen worden. Insofern scheitert ihr übertriebener Anspruch, in einer Art von Kulturkampf eine Hegemonie über alle anderen Diskurse ausüben zu wollen, kläglich. Eine Aktie daran haben auch diejenigen Medienmacher, denen solches vorschwebte und die darüber auch im Nachhinein jede öffentliche Rechenschaftslegung schuldig geblieben sind. Aber es ist eine andere Frage, ob nicht in der neurobiologischen Hirnforschung selbst die Ausbildung einer eigenen Art und Weise, den Diskurs zu üben, sehr sinnvoll sein kann. Dies erfordert jedoch, sich der kognitiven Angelegenheit selbst, ihren Zielen und Motiven, ihrem Verstehen und Erklären, ihren theoretischen und methodischen Angeboten zu widmen. So verstehe ich die Einwände von u. a. John Searle und Daniel Dennett gegen Maxwell Bennett und Peter Hacker, ohne selbst den speziellen Vorschlägen der beiden folgen zu können.[9]

Zweitens: Wenn man sich der allgemeineren Bedeutung der neurobiolgischen Hirnforschung zuwendet, fällt auf, dass der Streit zwischen den Autoren explizit anthropologisch wird. Es ist grundsätzlich (kategorial) umstritten, wie vorbewusste, unbewusste, bewusste, sprachliche, selbstbewusste, symbolische Verhaltensdimensionen miteinander zusammenhängen in der Lebensführung von Personen, die sich für Menschen halten. So wirft Dennet z. B. Hacker vor, er übertrage seine Sprache in ein fremdes Territorium, was zu der schlechten Anthropologie eines Anfängers führe, um nur eine der gegenseitigen Nettigkeiten zu erwähnen. Dennett spielt das alte englische Spiel fort: die eigene Anthropologie ist gewiss empirisch, die der anderen apriorisch. In der zweiten Runde versucht man dann, aus der eigenen Naivität in eine Reflexivität von Anthropologie zu gelangen: So geht es wohl jedem.[10] Hacker hat damit begonnen, seine auf viele Bände angelegte „philosophical athropology"[11] zu publizieren, ohne allerdings die deutsche Diskussion zu kennen. Wir kommen also endlich, nach der deutschen und französischen (vgl. Rheinberger 2007) Diskussion, auch in der angelsächsischen Diskussion in eine Reflexionsspirale darüber hinein, wie Philosophie und Anthropologie miteinander zusammenhängen, was sie gegenseitig implizit und explizit voraussetzen, und dies ange-

---

7 H.-P. Krüger, Perspektivenwechsel, a. a. O., S. 48, 92, 248.

8 Z. B. zu Plessner: Ebd., S. 179.

9 Siehe D. Robinson (Ed.), Neuroscience and Philosophy. Brain, Mind, and Language, New York 2007, S. 78f., 103f.

10 D. Robinson (Ed.), Neuroscience and Philosophy , a. a. O., S. 80-85, 203.

11 P. M. S. Hacker, Human Nature: The Categorial Framework, Malden-Oxford 2007, S. 4ff.

sichts der Herausforderung durch die neurobiologische Hirnforschung. Ich hatte mir erlaubt, vor dieser englischen Diskussion auf jene Herausforderung aus der Sicht der Philosophischen Anthropologie in der *Deutschen Zeitschrift für Philosophie* einzugehen, worauf ich nunmehr zurückkomme.

Diese Herausforderung ist, durchdenkt man sie philosophisch, ganz anders gelagert, als es sich die Neurobiologen und medialen Meinungsmacher vorstellen, von den sogenannten Philosophen ganz zu schweigen, die nur ihre Schule kennen, also an einer freien Sachdiskussion nicht teilnehmen können. Arbeitet man mit der Philosophischen Anthropologie (im Sinne Plessners), fallen einem in der neurobiologischen Hirnforschung sofort drei Dinge auf:[12] Sie hat Schwierigkeiten, ihren kognitiven Fokus in dem allgemein-öffentlichen Menschendiskurs ausdifferenzieren zu können, der erst in der westlichen Moderne seit dem 18. Jahrhundert zur Vorherrschaft gelangt ist. Es war und ist ansonsten historisch selten, dass sich Menschen (aus heutiger Sicht) auch für Menschen gehalten haben, womöglich in Zukunft halten werden. Zweitens: Alle Provokation dieser Hirnforschung entstand daraus, dass sie das – typisch westlich-moderne – Primat der Innerlichkeit über die Äußerlichkeit voraussetzte und daraus Kapital schlug, indem sie ausgerechnet diesen hermeneutischen Zirkel zu naturalisieren, also – in den alten dualistischen Schemata – zu veräußern sucht. Drittens: Sie ist mit einer Entdeckung beschäftigt, die sie selbst nicht versteht und auch noch nicht erklären kann. Sie entdeckt die selbstreferentielle Funktionsweise des Gehirns. Das ist insofern nicht neu, als die westliche Moderne sich immer im Rahmen einer Selbstreferenz verstanden hat, zunächst der des Bewusstseins, sodann der der Sprache. Aber dass es nun im Zentralorgan des menschlichen Organismus, womöglich auch anderer Primatengehirne, eine selbstreferentielle Funktionsweise empirisch nachweisbar geben könnte, war doch erstaunlich, weil man nicht mehr im Bewusstsein oder der Sprache war, sondern in der inneren Physis. Folgte man nun dem klassisch-modernen Denkzwang nach *einer* überwältigenden Identität statt Differenz, nach dem *einen* Singular statt der Pluralität, musste man das Gehirn an der Stelle der anderen, längst anerkannten Selbstreferenzen zu platzieren versuchen: eine neue kopernikanische Revolution war auszurufen! Daher die enorme und vermeintliche Konkurrenz gegenüber dem Subjekt (Selbstbewusstsein) und der Intersubjektivität (Sprache) der Philosophen, obgleich man sich doch beider bedienen musste.

Es gab in der Auseinandersetzung über diese drei Punkte eine hermeneutische Logik, die sich voll aus dem anthropologischen Zirkel in der westlichen Moderne speist. Um ihn im Folgenden Schritt für Schritt unterbrechen zu können, schlage ich Umwege ein. Warum

---

12   Siehe H.-P. Krüger, Das Hirn im Kontext exzentrischer Positionierungen. Zur philosophischen Herausforderung der neurobiologischen Hirnforschung, in: *Deutsche Zeitschrift für Philosophie*, Jg. 52, H. 2, Berlin 2004, S. 257-293. Ders., Die neurobiologische Naturalisierung reflexiver Innerlichkeit, in: Christian Geyer (Hrsg.), Hirnforschung und Willensfreiheit, Frankfurt/M. (Suhrkamp) 2004, S. 183-193. Ders., (Hrsg.), Hirn als Subjekt? Philosophische Grenzfragen der Neurobiologie, Berlin 2007. Ders., Die Entdeckung und das Missverständnis der neurobiologischen Hirnforschung, in: T. Fuchs/K. Vogeley/M. Heinze (Hrsg.), Subjektivität und Gehirn, Berlin-Lengerich 2007, S. 73-90.

kann die neurobiologische Hirnforschung die Wellen hochschlagen lassen, so sehr, dass nicht über ihre Entdeckung diskutiert wird, sondern über ein altes Lieblingsstück? In welche Kontexte gerät sie, die sie nicht kennt? In welchem alten Stück über entweder Determinismus oder Freiheit, soll man mitspielen, statt auf neue Gedanken zu kommen?

Um diese Fragen zu beantworten, beginne ich mit Moral und Recht (2.): Unsere westliche Moral ist dünn und ihre Verwirklichung hängt von Rechts wegen daran, dass biomedizinisch die Kriterien für Menschenantlitze ermittelt werden. Daher kann (3.) die Hirnforschung im Kontext von Biomächten analysiert werden. Gleichwohl bleibt sie philosophisch, falls ihr Versprechen gelten sollte, als eine medizinisch-therapeutische Praxis mit anderen Potentialen interessant. Aber philosophisch (4.). ist ihre Subjekt-Kritik insofern nicht mehr aufregend, als sich die Gegenwartsphilosophie seit langem in den Dezentrierungen des Subjekts geübt hat. Gleichwohl entstehen Sprachlosigkeit und Missverständnisse, denn diese Dezentrierungen waren nicht von naturphilosophischer Art und Weise. Diese Dezentrierung des Subjekts steht nun endlich naturphilosophisch an. Man muss aber zwischen dem Subjekt (im Sinne des aktualen Selbstbewusstseins) und dem Geist (im Sinne einer soziokulturellen Institutionalisierung von sprachlicher Mentalität) unterscheiden (5.). Es handelt sich um Phänomene verschiedener Ordnung. Was will also diese Hirnforschung kritisieren, das Subjekt oder den Geist, statt beide miteinander zu verwechseln? Dieser Frage wird exemplarisch anhand der Subjekt-Kritik von Gerhard Roth nachgegangen. Ihre schwache Lesart ist problembewusst, ihre starke Lesart zerstört ihre eigene Voraussetzung, den geistigen Charakter der neurobiologischen Forschung.

Sodann (6.) wird Wolf Singers Vorprojektionen der ersten und dritten Person von außerhalb des Gehirnes in das Gehirn nachgegangen, um dort überhaupt etwas verstehen zu können. Diese Hermeneutik hält er fälschlicherweise für eine Erklärung, aber dadurch kann er seine Entdeckung von der selbstreferentiellen Funktionsweise des Gehirns durch Synchronisation formulieren. Auch vermag er den von ihm vertretenen Hirnprimat in eine Iteration zu fünf verschiedenen Phänomengruppen einzuordnen. Aber wie kommen wir nun (7.) aus dem Zirkel der neurobiologischen Naturalisierung der Hermeneutik wieder hinaus? Indem wir uns fragen, wieso es die Facta der individuellen Lebensalter und der Generationen in der Weltgeschichte gibt. Offenbar gibt es mehr an zeitlicher Veränderung, als es die von der Hirnforschung gesuchten Korrelationen zwischen Physis und Psyche erlauben würden. Man braucht also (8.) eine naturphilosophische Ausweitung des Denkrahmens an Potentialen für geschichtlich veränderliche Korrelationenbildung. Die von Plessner vorgeschlagene Naturphilosophie eröffnet einen kategorialen Differenzierungsreichtum, in dem man nicht nur mehr an Gegenständen als üblich unterbringen kann, sondern vor allem in keine Selbstwidersprüche geraten muss. Ein Willkommen an die Vielfalt von Selbstreferenzen und deren Kopplungsproblem! Zum Abschluss (9.) schlage ich vor, wie man im Rahmen der Philosophischen Anthropologie den Zusammenhang zwischen Verstehensprozessen und Erklärungsprozessen in der neurobiologischen Forschung konzipieren kann. Dafür braucht man keinen anthropozentrischen Dualismus aus der westlichen Moderne. Es reicht, sich aus der neurobiologischen Community heraus in die biosozialen und soziokulturellen Umwelten, d. h. in deren Forschungsgegenstände, hineinzudrehen, und von dort wieder herauszudrehen, bis man bei den praktischen Präsuppositionen und Resultaten dieser Community im Commonsense angekommen ist.

2. Zur kulturellen Ausgangslage der Privilegierung reflexiver Innerlichkeit: Das Institut der dünnen Moral und ihre Frage nach den biomedizinischen Kriterien für Menschenantlitze

Wir leben in der westlichen Tradition des Christentums, seiner Reformierung und Säkularisierung in einem merkwürdigen Schisma von kulturell habitualisierten Erwartungen. Einerseits suchen wir, in einer reflexiven Rückbeugung aus dem individuellen Bewusstsein heraus auf unser Inneres zu uns selbst zu kommen. Dort, in diesem Inneren, sei etwas Seelenhaftes. In anderen Kulturen kann das Seelenhafte im Sinne eines mental Belebten überhaupt nicht verortet oder auch im Äußeren verortet werden, weshalb ihnen die Anschauung des und Teilhabe am dort Lebendigen viel wichtiger als die Rückbeugung ins Innere ist. Wir indessen sind es gewohnt, unsere Individualität als Resultat der nach innen gerichteten Reflexion zu verstehen, mithin als eine Innerlichkeit auszuzeichnen, die entsprechend gerichteten Bewusstseinsaufwand erfordert. Andererseits verdanken wir den Aufstieg dieser – zunächst ohnmächtig gekehrten – Haltung zur global vorherrschenden Kultur einer – im Kulturenvergleich – auffälligen Entzauberung der äußeren Welt. In ihr mag es noch symbolisch Reste für Epiphanien des Göttlichen geben, aber diese Offenbarung erfordert – von den Kirchen bis zu den Künsten – einen institutionell gestützten Interpretationsaufwand, der im Gefolge der Säkularisierung immer weiter an die Peripherie geschoben wird. Die äußere Welt wird, durchaus passend zur Beseelung der inneren, einer fortschreitenden Entseelung ausgeliefert, die sie der Manipulation und Instrumentierung zum strategischen Gebrauch für die Zwecke aller Seelen freistellt. Dieser Rückzug ins Innere mit der Freigabe des Äußeren entbindet enorme Lebensenergien zu ihrer ökonomischen und wissenschaftlich-technischen Bewährung im Äußeren.

Nun herrscht aber nirgendwo größere Unsicherheit als in der Beantwortung der Frage, wo und wie die Grenze zwischen innerer und äußerer Welt verlaufe. Diese Frage fällt unter den gelebten Voraussetzungen zusammen mit dem Gegensatz zwischen dem seelenhaft Belebtem (Innerlichkeit) und dem möglichst nach Regeln oder Gesetzen Beherrschbarem (Äußerlichkeit). Hat man diese – keineswegs unproblematische – Identifikation zweier verschiedener Gegensatzpaare über nun viele Jahrhunderte habitualisiert, liegen noch immer die darin üblichen Fragen nahe: Wie kommt man aus dem Inneren des reflexiv erzeugten Individualbewusstseins heraus zu der Annahme anderer individueller Selbstbewusstseine, die einem doch offenbar äußerlich sind? Und wie kommt man aus der im Äußeren erfolgreichen oder erfolglosen Bewährung wieder zu sich ins Innere?[13]

---

13 Vgl. zur Überwindung dieser dualistisch-hermeneutischen Vorurteilsstruktur in der verschieden interpretierbaren Funktionsstruktur der Ausdrucksverhaltungen, die weder *behaviour* noch Handlun-

Derartige Fragen schienen noch halbwegs plausibel beantwortet werden zu können, solange dafür etwas Drittes, der gemeinschaftsstiftende Gottesglaube, als das Absolute in Anspruch genommen werden konnte. Er fungierte hinterrücks als eine gemeinschaftlich geteilte Substanz, von der her man ursprünglich alle Gegensätze ausbilden und künftig wieder zusammenführen könne. Die christliche Offenbarungsreligion formiert die Spannung zwischen der Gottebenbildlichkeit des Menschen und der Gleichheit aller individuellen Menschenantlitze vor einem unergründlichen Gott. Sie ist eine Art von kultureller Semantik, die das Dritte, die Mitwelt, belegt, von der her und zu der hin alle grundlegenden Unterscheidungen gebildet werden.[14] Aber diesen Gottesglauben ereilten die historisch-politisch bekannten Schismen, in denen jedes die Grenze zwischen beseeltem Innen und unbeseeltem Außen anders zog, je nach dem, wer darin nach welchen Kriterien tätiger Bewährung der Glaubensgemeinschaft zugehörig anerkannt wurde. Die substanzielle Deckung des in Anschlag gebrachten Dritten, hier: der christlich beanspruchten Mitwelt, wurde so von Spaltung zu Spaltung dünner. Sie war nicht mehr nur Begrenzung zur Selbstermächtigung im Kampfe, sondern wurde selbst zum Gegenstand von Kämpfen, in denen schon immer mit dem Gegensatz zwischen innen und außen gearbeitet wurde. Das Dritte, das Unterscheidungen ermöglicht, wurde gleichsam zum Opfer von deren gegensätzlicher Realisierung. Was Mitwelt war, hätte sein oder werden können, unterlag nun selber der Alternative, entweder befreundetes, da auch seelenhaftes Innen oder befeindetes, da seelenloses Außen zu sein. Die destruktiven Folgen – von den Religions- bis zu den Ideologiekriegen – wurden durch eine Universalisierung der christlichen Moral auf alle Menschenantlitze als die potentiell gläubigen Individuen der kommenden Gemeinschaft beantwortet.

Die Form dieser dünnen Moral schien umso universeller zu werden, je radikaler man für reine Vernunftwesen absah von dem substanziell gelebten und strittigen Inhalt der konkreten Ethiken für Naturwesen und Privatbürger. Kants (an Descartes anschließende) transzendentale Subjekt-Philosophie gilt bis heute als ein variierbares Orientierungsmuster für die rationale Begründung eines praktischen Primats der Moral. Aber diese Primatsetzung zugunsten des Vernunftwesens Mensch enthält den Preis, das Naturwesen Mensch dualistisch als nur etwas Empirisches abzuwerten. Die praktische Reichweite dieser dünn und formal universalisierten Moral[15] hängt indessen von ihrer Institutionalisierung als Menschenrechte ab, deren Einhaltung wiederum an der Imple-

gen von Bewusstseinssubjekten sind: F. J. J. Buytendijk/H. Plessner, Die Deutung des mimischen Ausdrucks. Ein Beitrag zur Lehre vom Bewusstsein des anderen Ichs (1925), in: H. Plessner, Gesammelte Schriften VII (S. 67-130), Frankfurt/M. 1982, S. 121-128.

14 Vgl. zur philosophisch-anthropologischen Unterscheidung zwischen Außen- und Innenwelt vom Standpunkt der Mitwelt: H. Plessner, Die Stufen des Organischen und der Mensch. Einleitung in die philosophische Anthropologie (1928), Berlin-New York 1975, S. 293-308.

15 Vgl. M. Walzer, Moralischer Minimalismus, in: *Deutsche Zeitschrift für Philosophie*, Jg. 42, H. 1, Berlin 1994, S. 3-13.

mentierung entsprechender Bürgerrechte hängt. Inzwischen wird – auf traditionelle und neue Weise – um die Teilhabe an den Weltbürgerrechten Krieg geführt.[16]

Man wird sich in der Philosophie noch fragen dürfen, ob diese säkulare Transformation der christlichen Ausgangssemantik in neue wehrhafte Teilungen hinein als die künftige Semantik der Mitwelt in einer kulturell pluralen Globalisierung wird tragen können. Die Frage, ob man diese Transformation als die letzte Instanz anderen Kulturen zumuten darf, berührt auch die Frage, ob es denn in der eigenen Kulturtradition keine Bedürfnisse und Potentiale zur Verbesserung dieser Transformation gibt, so auch in der Expertenkultur neurobiologischer Hirnforschung. Ist die Institutionalisierung einer dünnen Moral, die eine Vielzahl substanzieller Ethiken universalistisch integrieren soll, mehr als eine problemgeschichtliche Notlösung der kulturellen Ausgangslage? Erlaubt sie etwas Drittes, das nicht – der „*Furie* des Verschwindens"[17] gleichend – in dem untergeht, was es künftig fortlaufend kulturell ermöglichen soll? Oder läuft sie, die als Mitwelt überforderte Moral, noch immer Gefahr, in das Drama zurückzulaufen, welches die aus dem Westen stammende „Revolution frisst ihre eigenen Kinder" heißt und sich noch in der nationalstaatlichen Befreiung ehemaliger Kolonien wiederholt hat? Im letzteren Fall könnte die global hegemoniale Institutionalisierung der überforderten Moral das Gegenteil des Intendierten bewirken, was aus der eigenen Geschichte des Westens bekannt ist, nämlich einen Ressentiment geladenen Rücklauf in Rekonfessionalisierung und neue Grossideologien.[18]

Man muss diese beiden Fragen, die nach der bisherigen moralischen Notlösung, die besser als gar kein Lösungsvorschlag ist, und die nach ihrer praktischen Verkehrung, die nicht automatisch eintreten muss, mithin einer sehr genauen Bedingungsanalyse unterziehen. Insofern das in den 1990er Jahren verkündete „Ende der Geschichte" (F. Fukuyama), d. h. der endgültige globale Sieg westlicher Ordnungsmuster (für Wirtschaft, politische Demokratie und Kultur), auch einen „clash of zivilisations" (S. Huntington) provoziert oder diesen zumindest nicht bewältigt, wäre die kulturell schöpferische Aufgabe, vor der wir stehen, grundsätzlicher und von anderer Tragweite als das übliche Justieren des Bekannten. Die kulturelle Semantik, die ein globales Zusammenleben in einer Pluralität von Lebensformen langfristig ermöglichen könnte, ist dann nicht schon als fertiges Exportgut da, sondern eine wirklich weltkulturelle Aufgabe.

Bevor ich auf kategoriale Vorschläge in der Diskussion mit der Hirnforschung zur philosophischen Stellung dieser Aufgabe zurückkommen werde, ergeben sich auf dem Rechtswege, in dem die dünne Moral institutionalisiert wurde, Fragen: Woran erkennt man denn unter profan globalen Bedingungen, wer oder was Menschenantlitz trägt, um auch nur Rechtsgüter Trägern zuordnen zu können? Der Rechtsweg der Moral selbst, ihre anwendungsbezogene Durchsetzung, verweist auf Macht- und Wissensformen, die nicht in dem alten Modell einer staatszentrierten und demokratisch souveränen Gewal-

---

16 Vgl. H.-P. Krüger, Philosophische Anthropologie als Lebenspolitik, a. a. O., I. Teil, 3. Kap.

17 G. W. F. Hegel, Phänomenologie des Geistes (1807), hrsg. v. J. Hoffmeister, Berlin 1971, S. 418.

18 Vgl. noch immer bahnbrechend: M. Scheler, Das Ressentiment im Aufbau der Moralen (1912), Frankfurt/M. 1978.

tenteilung aufgehen. Vom Standpunkt der Grundrechte selbst sollte die Beantwortung der Frage, wer Person ist (lebt, bewusst lebt, sich seiner selbst bewusst lebt), keiner Mehrheitsregel unterstellt werden. Wir würden ansonsten leicht – im Durchlauf empirisch wechselnder Mehrheitsentscheidungen – an jenem Baum sägen, auf dessen Ästen bislang noch alle Personen sitzen dürfen. Die *von oben, von außerhalb der lebendigen Natur* begründete Moral ist spätestens in ihrem Rechtsmedium der Gegenfrage ausgesetzt, wer denn *von unten, aus der lebendigen und künstlich zu verändernden Natur* kommend, nach welchen Kriterien Menschenantlitz tragen darf. Wer, wie das in vielen Philosophien immer noch gang und gäbe ist, praktische Normativität als von außerhalb der Natur stammend und womöglich gegen sie begründet, braucht sich in dem dualistischen Rahmenwerk der westlichen Moderne nicht zu wundern, wenn dann den Lebenswissenschaften, darunter insbesondere der Verhaltens- und Hirnforschung, die Rolle zuwächst, die genannten Kriterien festzulegen. Wer letzteres aber kritisch aufzurollen für nötig hält, muss philosophisch anders ansetzen,[19] als nur das alte institutionalisierte Spiel von entweder Geist oder Natur fortzusetzen, das bekanntlich schon öfter, sowohl in der Geistes- als auch Weltgeschichte, *occasione* verlief.

3. Hirnforschung im Kontext von Biomacht und als medizinisch-therapeutische Praktik: Ihre soziokulturwissenschaftliche und philosophische Thematisierung

In der westlichen Kulturtradition stellte die Hirnforschung zunächst ein schreckliches Faszinosum dar, eine gleichsam teuflisch attraktive Inversion des Sakralen, des für heilig Gehaltenen. Sie bedurfte zunächst des Verborgenen und des Bündnisses mit Mächten, um doch institutionell betrieben werden zu können. Sie profitierte historisch von Kolonialisierten, Kriminalisierten, von Kriegsverwundeten und Unfallopfern, von bereits aus dem Menschenkreis anderweitig Ausgeschlossenen oder demnächst von ihr selber Auszuschließenden als ihren Gegenständen. Denn sie behandelt ausgerechnet das Innere als Äußeres und provoziert so in dieser Kultur die Gefahr, dass womöglich der letzte Rückzugsposten des Selbstseins im Inneren auch noch veräußert werde. Wer in ihr Fadenkreuz gerät, hat die profane Grenze seiner Zugehörigkeit zum Leben der Seelen bereits verlassen oder soeben wieder in Apparaturen erreicht. Von ihren Hirntodkriterien hängen längst die Zuschreibungen personaler Rechtsträgerschaft und des Rechtsgutes „Leben" ab.[20]

---

19 Vgl. zur Umstellung der transzendentalen Frage nach den Ermöglichungsstrukturen menschlicher Erfahrung in die dreifach differenzierte Natur hinein: H.-P. Krüger, Die Aussetzung der lebendigen Natur als geschichtliche Aufgabe in ihr, in: *Deutsche Zeitschrift für Philosophie*, Jg. 52, H. 1, Berlin 2004, S. 1-7.
20 Vgl. G. Lindemann, Unheimliche Sicherheiten. Zur Genese des Hirntodkonzepts, Konstanz 2003.

Noch heute vergeht kaum ein Interview eines Hirnforschers, in dem dieser nicht gefragt wird, ob er denn dort – im Inneren des Gehirnes – keinem Anhaltspunkt für Seelisches begegnet sei. Seine verneinende Antwort wird inzwischen öffentlich umso leichter tolerierbar sein, als er nicht alle Konsequenzen aus ihr zieht.[21] Wir werden später sehen, wie viel christliche Hermeneutik auch in der neuren Hirnforschung noch nachwirkt, wenn in ihr aus dem hermeneutischen Zirkel der privilegierten Innerlichkeit der hermeneutische Zirkel des Gehirnes wird.[22] Zunächst einmal können sich, aufgeklärt unter Aufgeklärten, die wissenschaftlichen und künstlerischen Weltzugänge in den gesicherten Zentren des Westens diskussionswürdig respektieren und wird die Hirnforschung in das Dispositiv der Humanität passend vertreten. Abgesehen von einem Rest nötiger Tierexperimente, insbesondere mit Makaken, scheint ihr jüngster Übergang von zumeist invasiven zu vorwiegend non-invasiven Methoden ein moralischer Fortschritt zu sein. Die kulturell brenzlige Auskunft, dieses Innere sei auch als Äußeres behandelbar, ist insoweit zu verkraften, als es aus einer medizinisch-therapeutischen Perspektive für die Gesundung und gegen die Erkrankung menschlichen Lebens vorgetragen wird.[23] Die medizinisch-therapeutischen Praktiken scheinen inzwischen – nach dem Zusammenbruch der Totalitarismen und dem siegreichen Reglement rechtsstaatlicher Demokratie – im demokratischen Rahmenwerk der Moral begrenzt gehalten und durch immer erneute Anpassung gesichert werden zu können.

Insoweit gehört die neuere Hirnforschung in den Kontext der humanisierenden Formen von „Biomacht" in einer „Normalisierungsgesellschaft". Foucault hatte den Versuch unternommen, aus der üblichen Fehlalternative entweder Macht oder Freiheit des Subjektes herauszutreten und in den modernen historischen Zusammenhang beider hineinzuführen. Er interessierte sich für solche Machtformen, die durch diskursive Wissensformen objektiviert verschiedene Subjektformen produzieren (hervorbringen, anstacheln, wachsen lassen und ordnen statt ausbeuten, hemmen und vernichten) können.[24] Mit den Ausdrücken „Biomacht" und „Biopolitik" wollte er in der Konsequenz der Säkularisierung „die ‚biologische' Modernitätsschwelle einer Gesellschaft" markieren, die da liege, „wo es in ihren politischen Strategien um die Existenz der Gattung geht. Jahrtausende ist der Mensch das geblieben, was er für Aristoteles war: ein lebendes Tier, das auch einer politischen Existenz fähig ist. Der moderne Mensch ist ein Tier, in dessen Politik sein Leben als Lebewesen auf dem Spiel steht."[25] Was Foucault eine „Normalisierungsgesellschaft" nennt, besagt nicht, „dass sich das Gesetz auflöst oder dass

21 Vgl. W. Singer, Ein neues Menschenbild? Gespräche über Hirnforschung, Frankfurt/M. 2003, S. 87f.
22 Vgl. ders., Über Bewusstsein und unsere Grenzen. Ein neurobiologischer Erklärungsversuch, in: A. Becker u. a. (Hrsg.), Gene, Meme und Gehirne. Geist und Gesellschaft als Natur, Frankfurt/M. 2003, S. 279.
23 Vgl. Ders., Ein neues Menschenbild?, a.a.O., S. 134 f.
24 Vgl. H. L. Dreyfus/P. Rabinow, Michel Foucault. Jenseits von Strukturalismus und Hermeneutik, Frankfurt/M. 1987, S. 243, 254-257, 275.
25 M. Foucault, Sexualität und Wahrheit. Bd. 1: Der Wille zum Wissen, Frankfurt/M. 1977, S. 170 f.

die Institutionen der Justiz verschwinden, sondern dass das Gesetz immer mehr als Norm funktioniert, und die Justiz sich immer mehr in ein Kontinuum von Apparaten (Gesundheits-, Verwaltungsapparaten), die hauptsächlich regulierend wirken, integriert."[26] Die Normalisierungsgesellschaft entwickele sich seit dem 17. und 18. Jahrhundert in der Verbindung zweier Pole, einerseits durch die Disziplinen der Körper einzelner und andererseits durch die Regulierung der Bevölkerungs- oder Gattungskörper.[27] Zu den ungelösten Fragen der Foucaultschen Konzeption gehört das Problem, worauf hauptsächlich die stalinistischen und nationalsozialistischen Machtformen zurückgeführt werden können. Rührten sie aus einem Mangel an produktiven Normalisierungen her, da die alten unproduktiven, grossidelogisch auf die alte Souveränität der Staaten setzenden Machtformen noch vorherrschten? Oder kann auch künftig, was Foucault bekanntlich nicht untersucht, nur persönlich vermutet hat, durch keine neue Kombination aus der Normalisierungsgesellschaft und repräsentativer Demokratie eine Verbesserung der Lage erreicht werden?

Man darf über diese ungelöste Frage, die auch niemand sonst für die künftige Globalisierung schon überzeugend beantwortet hat, nicht die Bedeutung vergessen, die der frühe Foucault dem ärztlichen Blick im anthropologischen Kreis moderner Wissensformen beimaß. Im anthropologischen, von göttlicher Transzendenz emanzipierten Kreis der Wissenserzeugung spielt der Mensch seit dem 18. Jahrhundert eine doppelte Rolle. Er wird empirisches Objekt positiver Wissenschaftsdisziplinen und normativer (transzendentaler) Ermöglichungs- und Begrenzungsgrund (Subjekt) seiner Selbstobjektivierungen in geschichtlich wechselnden (quasitranszendentalen) Schüben. In jeder Phase ist das anthropologische Wissen, das die Gattung Mensch endlich abschließend definieren zu können meint, das also das Ende des Menschen verkündet, der Anfang erneut kritischer Philosophie, und umgekehrt das historische Ende einer bestimmten kritischen Philosophie in der nächsten Runde anthropologischer Erkenntnisse eingeläutet.[28] Das anthropologische Ende des Menschen (in seiner vermeintlich abschließenden Definition) und der Anfang des Philosophierens (in der erneuten Wahrung seiner Würde) überholen sich seither von Wettlauf zu Wettlauf. *Der Kampf um das Primat in der Menschenfrage, ob sie anthropologisch definitiv beantwortet oder philosophisch begründet offen gehalten wird, ist selbst die in der Moderne entscheidende Strukturpolitik, in der Macht gewonnen und verloren, entgrenzt und begrenzt wird.*[29]

---

26 M. Foucault, Sexualität und Wahrheit, Bd. 1, a.a.O., S. 172.

27 Vgl. auch: Ders., In Verteidigung der Gesellschaft. Vorlesungen am Collège de France (1975–76), Frankfurt/M. 1999, S. 299.

28 Vgl. ders., Die Ordnung der Dinge. Eine Archäologie der Humanwissenschaften, Frankfurt/M. 1971, S. 301, 390, 412, 436. Vgl. zur Selbstkorrektur über die Hypothese vom „Tod des Menschen": Ders., Der Mensch ist ein Erfahrungstier, Gespräch mit D. Trombadori (1989), Frankfurt/M. 1996, S. 84 f.

29 Vgl. zu dieser Entdeckung die Pionierschrift von H. Plessner, Macht und menschliche Natur. Ein Versuch zur Anthropologie der geschichtlichen Weltansicht (1931), in: Ders., Gesammelte Schriften V (S. 135-234), Frankfurt/M. 1981, 5., 8.-11. Kapitel.

Wenn man nach einer praktisch-therapeutischen Verbindungsmöglichkeit beider Rollen des Menschen fragt, sowohl empirisches Objekt als auch transzendentales Subjekt von Praxen zu sein, arbeitet der frühe Foucault seitens des Objekt-Subjektes den Dichter und seitens des Subjekt-Objektes den Arzt heraus.[30] Beide Muster der praktisch-therapeutischen Verbindung zwischen dem Menschen als Subjekt und Objekt seiner Lebensführung entfalten auch in der philosophischen Tätigkeit ihre Wirksamkeit. Das therapeutische Philosophieverständnis[31] überwiegt – in der einen oder anderen Form – in denjenigen Philosophien des 20. Jahrhunderts, man denke nur an den sogenannt späten Wittgenstein, die nicht an der dualistischen Fehlalternative entweder Objektivität oder Subjektivität festgehalten haben. Sie haben daher auch nicht innerhalb des institutionalisierten Gegensatzes zwischen Natur- und Geisteswissenschaften Wellen schlagen können.[32]

Mir geht es im Folgenden nicht um eine Analyse der neueren Hirnforschung im Kontext produktiver Biomächte, obgleich der Hirnforschung diese soziokulturwissenschaftliche Thematisierung gewiss auch helfen könnte, auf ihre soziokulturellen Funktionsstrukturen aufmerksam zu werden, die zwischen den naturalistischen Fehlschlüssen und den hermeneutischen Zirkeln ihrer Forschungspraktiken liegen. Ich sehe hier auch von Mythenbildungen über vermeintliche Resultate der Hirnforschung in den Medien und von der Propaganda der Lobbyisten für ökonomisch verwertbare Innovationen aus der Hirnforschung ab. Stattdessen halte ich mich im Folgenden an zwei reflektierte Stellungnahmen aus der Hirnforschung selbst, sofern sie ihre strukturellen Zwänge zu erkennen gibt und ihre medizinisch-therapeutischen Forschungsperspektiven ernst nimmt. Ich nehme also an keinem der so beliebten Stellvertreter-Kriege teil, in denen den Hirnforschern die strukturellen Zwänge ihrer Forschungspraktik zugeschrieben werden, um sie dafür dann moralisch verantwortlich zu machen. Gewiss, es gibt Sekten und private Forschungslabors, andere (z. B. jüdische, asiatische) Kulturen mit anderen Kriterien für menschliche Körper, unregulierte Märkte, Diktaturen und terroristische Netzwerke, Überlappungen zwischen all dem Aufgezählten. Die Probleme liegen aber, noch über diese faktischen Unsicherheiten hinausgehend, schwerer, als dass sie sich durch moralische Umverteilungen auf die Schnelle meistern ließen. Die kulturelle Semantik, in der diese

---

30 Vgl. M. Foucault, Die Geburt der Klinik. Eine Archäologie des ärztlichen Blicks (1963), München 1973, S. 208 f. Vgl. zu Foucaults Gesamtkonzeption: H.-P. Krüger, Zwischen Lachen und Weinen. Bd. II, a.a.O., S. 43-61. Ders., Philosophische Anthropologie als Lebenspolitik, a.a.O., I. Teil, 1. Kap.

31 So haben sich z. B. Viktor von Weizsäcker und H. Plessner bereits 1922–23, also vor ihren Hauptschriften, darüber gestritten, wie das Philosophieren der Ärzte und die therapeutische Haltung im Philosophieren besser in einen Zusammenhang gebracht werden können. Vgl. H. Plessner, Über die Erkenntnisquellen des Arztes (1923), in: Ders., Gesammelte Schriften IX (S. 45-55), Frankfurt/M. 1985, S. 45-55.

32 Vgl. zur aktuellen Aufwertung klinisch-therapeutischer Perspektiven unter Rückgriff auf Plessners philosophische Anthropologie, die jedoch problematisch angewandt wird: J. Habermas, Die Zukunft der menschlichen Natur. Auf dem Weg zu einer liberalen Eugenik?, Frankfurt/M. 2001, S. 78, 85, 92, 121.

moralischen Umverteilungskämpfe als letzte Instanz zählen, kann selbst Teil und muss nicht Lösung der Problemlage sein (vgl. 1.). Die Implementierung der dünnen Moral ist nicht nur selbst ein geschichtlich-politisch umkämpftes Phänomen, sondern auch systematisch keine abschließende Antwort auf die Frage nach einem Dritten, dessen Inanspruchnahme sinnvollere Grenzziehungen als die eingewöhnten Dualismen des Entweder-Oder erlaubt. Die Philosophische Anthropologie ist (im 20. Jahrhundert von H. Plessner) als das die lebendigen Phänomene entdeckende und semiotisch spezifizierende Verfahren entwickelt worden, in dem der erwähnte historische Wettlauf zwischen erfahrungswissenschaftlichen Anthropologien und ihren philosophischen Grenzen systematisch formiert werden kann. Sie antwortet philosophisch auf den anthropologischen Kreis, indem sie die Fraglichkeit im geschichtlichen Wechsel der Inhalte der apriorischen (Erfahrung ermöglichenden) und aposteriorischen (Erfahrung auf positiv bestimmte Weise realisierenden) Funktion naturphilosophisch in eine Unbestimmtheitsrelation hinein öffnet.[33]

4. Die selbstreferentielle Funktionsweise des Gehirns als der Grund für die neurobiologische Kritik an der Subjekt-Philosophie und das naturphilosophische Defizit in den gegenwartsphilosophischen Dezentrierungen des Subjekts

Von den philosophischen Grenzfragen, die der Hirnforschung entstehen, konzentriere ich mich auf ihre Kritik an dem in unserer Kulturtradition vorherrschenden Menschenbild, d. h. an dem vernünftigen Subjekt. Ihre Kritik betrifft vor allem die *rational* verstandene Freiheit des Menschen, der traditionell der höchste Stellenwert beigemessen wird. Diese rational verstandene Freiheit ist phänomenologisch an ein Selbstbewusstsein (Ich-Bewusstsein; Erste-Person-Perspektive) gebunden, das auf diskursive Gründe (Vernunft) in der sprachlichen Interaktion anspricht. Diese Überkreuzung von bewusstem Erleben und sprachlicher Artikulation soll hier kurz „Subjekt" heißen. Es wird nun aber von der neueren neurobiologischen Hirnforschung anders als in der kulturellen Ausgangslage (siehe 1.), also nicht dualistisch und gleichsam „von oben" (als Vernunftwesen), sondern ohne dualistischen Sprung „von unten" (als Naturwesen) thematisiert. Von diesem diskursiven Selbstbewusstsein können aufmerkungs-bewusste (nicht ich-bewusste) und unbewusste Verhaltensdimensionen unterschieden werden, insbesondere dadurch, dass für alle drei Interaktionslevels (unbewusst, bewusst, selbstbewusst) neurophysiologische (z. B. Areale) bzw. neuronale (chemische Verbindungen, elektrische Aktivitätsmuster) Korrelate in ihrer räumlichen und zeitlichen Verteilung eruiert werden. Bei dem diskursiven (vernünftigen) Selbstbewusstsein (Ich-Bewusstsein) handele es sich, so bedeutende

---

33 Vgl. zum dritten, weder einen positiv bestimmten Monismus noch einen positiv bestimmten Dualismus, dafür aber geschichtliche Pluralisierung ermöglichenden Weg: H.-P. Krüger, Zwischen Lachen und Weinen. Bd. II, a. a. O., 2. Teil.

Hirnforscher, um ein soziokulturelles Konstrukt, das als Fiktion eine nötige und erklär-
bare, aber als Illusion eine auch problematische und kritisierbare Wirksamkeit entfalte
(Belege im Folgenden unter 2. 4. und 2. 5.).

Die Hirnforschung ist philosophisch vor allem dadurch relevant, dass sie die Subjekt-Philosophie kritisiert, natürlich nicht im Sinne eines philosophieinternen Streites,
sondern im Sinne einer erfahrungswissenschaftlichen Kritik an dem, was ihr wirkungsgeschichtlich an Sedimentierungen der Subjekt-Philosophie begegnet und in der ihr
naheliegenden neurophilosophischen Diskussion bekannt wird. Die verallgemeinernden
Urteile aus der Hirnforschung beruhen methodisch auf Korrelaten zwischen den – dank
vor allem non-invasiver Meßmethoden – am Gehirn gemessenen neuronalen Aktivitäten
einerseits und dem gleichzeitig von außen beobachteten Verhalten der Probanden andererseits. Die Beobachtung dieses Verhaltens von außen erfolgt oft unter Einschluss von
Daten aus der aktualen Selbstbeobachtung der Probanden (Patienten), deren ich-be-
wusstes Selbsterleben so (z. B. in aktual korrelierenden Wahrnehmungsexperimenten)
Eingang in die Verhaltensbeschreibung und darüber vermittelt in die Korrelatbestim-
mung findet.

Was ich seit langem als die kognitive Leistung der neurobiologischen Hirnforschung
anerkenne, sind ihre empirisch-methodischen Nachweise für das Paradigma der selbstreferenziellen Funktionsweise des Gehirnes. Im Unterschied zu den sogenannten „radikalen Konstruktivisten" (z. B. Maturana) geht es in der neueren Hirnforschung weder
vorwiegend *spekulativ* zu noch *ausschließlich* um eine bestimmte Art und Weise von
selbstreferenzieller Systembildung, hier: des einzelnen Gehirnes. Darüber hinausgehend
wird in ihr erstens die Kombination dieser Systembildung über strukturelle (z. B. epi-
genetische) Kopplung mit anderen Systemen zumindest gleicher (andere Gehirne), womöglich anderer Ordnung (*level*)[34] berücksichtigt. Und zweitens handelt es sich in ihr
um den über hypothetische Modelle vermittelten Anschluss an empirisch arbeitende
Methoden.[35] Da diese erfahrungswissenschaftliche, sowohl paradigmatische als auch
empirische Leistung vorliegt, müssen ihre philosophischen Grenzfragen und Kritiken
ernst genommen werden. Natürlich ist das Gehirn als Zentralorgan des Organismus relativ und aktual noch abhängiger als andere Organe vom Energie- und Stoffaustausch
des Organismus mit der Umwelt. Dies betrifft aber nicht den häufig angenommenen In-
formationsaustausch des Organismus mit der Umwelt. Ebenso wenig arbeitet laut der
neurobiologischen Hirnforschung das Gehirn wie ein Computer.[36] Dank des neuen Para-

---

34 Vgl. zu Maturanas Doppelparadigma der Autopoiesis und der strukturellen Kopplung sowie den
    Problemen seiner Übertragung (N. Luhmann) auf soziokulturelle Phänomene: H.-P. Krüger, Per-
    spektivenwechsel, a. a. O., I. Teil.

35 Vgl. G. Roth, Fühlen, Denken, Handeln. Wie das Gehirn unser Verhalten steuert, Frankfurt/M. 2001,
    S. 122ff. W. Singer, Der Beobachter im Gehirn. Essays zur Hirnforschung, Frankfurt/M. 2002, S. 15-33.

36 „Anders als in technischen Systemen ist im Gehirn keine Trennung zwischen Hard- und Software
    möglich. Im Gehirn wird das Programm für Funktionsabläufe ausschließlich durch die Verschal-
    tungsmuster der Nervenzellen festgelegt. Die Netzstruktur ist das Programm." W. Singer, Der Be-
    obachter im Gehirn, a. a. O., S. 64, vgl. auch S. 90.

digmas besteht m. E. empirisch inzwischen kein Zweifel mehr daran, *dass die neuronalen Aktivitäten der Großhirnrinde struktural und funktional auf einer „Selbstbeschäftigung" untereinander, unter den sogenannten „Meta-Repräsentationen" in ihrer räumlichen und zeitlichen Verteilung, beruhen,* statt nur „Repräsentationen" aus den sensorischen Organen auf die motorischen Organe gleichsam umzurechnen.[37] „So ließen sich im Prinzip durch Iteration der immer gleichen Repräsentationsprozesse Metarepräsentationen aufbauen – Repräsentationen von Repräsentationen –, die hirninterne Prozesse abbilden anstatt die Welt draußen. Solche Metarepräsentationen aufbauen zu können bringt Vorteile. Gehirne, die dies vermögen, können Reaktionen auf Reize zurückstellen und Handlungsentscheidungen abwägen, sie können interne Modelle aufbauen und den erwarteten Erfolg von Aktionen an diesen messen. Sie können mit den Inhalten der Metarepräsentationen spielen und prüfen, was die Konsequenzen bestimmter Reaktionen wären."[38] *Ohne die selbstreferenzielle Funktionsweise der Großhirnrinde, die bei Menschen relativ signifikant ist und Rückwirkungen auf die Funktionsweise des ganzen Gehirns zeitigt, gäbe es nicht die für menschliche Lebewesen charakteristische Plastizität in ihrer vergleichsweise problematischen (weder instinktsicheren noch einfach reflex-bedingten) Verhaltensbildung.* Letztere weist sowohl kulturgeschichtlich eine enorme Variabilität als auch aktual eine enorme Bandbreite an für „gesund" bzw. „pathologisch" gehaltenen Verhaltensformen auf. Die Problematik menschlicher Verhaltensbildung ist zwar soziokulturell bekannt, aber womöglich solange nicht hinreichend begriffen, als ihre naturale Ermöglichung, eben die selbstreferenzielle Funktionsweise des menschlichen Gehirnes, unberücksichtigt bleibt. Diese Frage kann in keinem schnell üblichen Reduktionismus-Vorwurf gegen die neurobiologische Hirnforschung übergangen werden.

Es liegt noch ein anderer schneller Einwand gegen die Hirnforschung nahe, der aber nicht so einfach zutrifft, wie er sich auf den ersten Blick anhört. Sie übertrage doch nur das, was man Subjekt geheißen habe, ins Gehirn und mache sich dann eines naturalistischen Fehlschlusses schuldig. Wir werden noch sehen, dass im Sinne des grammatischen Subjekts von Sätzen – tatsächlich und unvermeidlich in der Hirnforschung – das Gehirn (dessen Areale und Funktionen) als das Subjekt auftritt. Dies führt nur in einer *starken, nicht aber schwachen Lesart* zu einem naturalistischen Fehlschluss, an dem die im Folgenden besprochenen Autoren aus der Hirnforschung nicht leiden wollen und den sie auch nur stellenweise begehen. *Es gibt bei ihnen stärker die umgekehrt hermeneutische Vorprojektion von etwas, das – wie Beobachtung, Hypothesenbildung und Überprüfung von Modellen (vgl. letztes Singer-Zitat) – nur in der wissenschaftlichen Praktik selbst vorkommt, in die interne Funktionsweise des Gehirnes.* Sowohl naturalistische Fehlschlüsse als auch hermeneutische Projektionen, die zumeist gleichzeitig vorkommen und natürlich aufgedeckt werden müssen, sollten indessen die Philosophen nicht davon abhalten, den trotzdem neuen relevanten Inhalt zu bergen.

---

37 Vgl. zur plastischen Vorstellung der Selbstbeschäftigung cortikaler Neuronen: G. Roth, Fühlen, Denken, Handeln, a.a.O., S. 214.
38 W. Singer, Der Beobachter im Gehirn, a.a.O., S. 70 f.

Inhaltlich kann man auch als Philosoph, der die eigene Tradition geschichtlich schätzt, nicht leugnen, dass das wirkungsgeschichtlich von Descartes und Kant herrührende Subjekt i. S. von aktualem und diskursivem Selbstbewusstsein eine Konstruktion war, die mit hierarchischen Unterscheidungen (höher-niedriger) arbeitete und mehr Wert auf die Identität in der Selbstdifferenzierung als auf die Differenz in der Selbstidentifizierung (gegenüber Anderem und Fremden) gelegt hat. Bei Hegel, der bereits den Vernunftdualismus überwinden wollte, wird zwar schon die Erfahrung, im Anderen bei sich selbst bleiben zu können, erst durch den an Sprache und Institution gebundenen „Geist" reproduzierbar gemacht, im Unterschied zum nur aktualen und individuellen „Selbstbewusstsein".[39] Aber auch Hegel bleibt noch beim Primat der Selbst-Identifikation in Differenzierungen gegenüber dem Primat der Selbst-Differenzierung in Identifikationen, das erst im Verlaufe des 20. Jahrhunderts um sich greift.

Was die neuere Hirnforschung im Hirn entdeckt, ist letztlich gerade keine hierarchische und primär identitär operierende Funktionsweise des Gehirnes, obgleich es solche Momente in ihr gibt. Das Gehirn fungiert zwar als Zentrum des Organismus, nicht aber in sich wie ein hierarchisch-identitäres Gesamtzentrum von funktionsspezifischen Zentren. Es entspricht struktur-funktional keinem Bild, das man sich über Jahrhunderte von einem altsouveränen Herrscher (etwa auf Hobbes „Leviathan") gemacht hat. Es erinnert insbesondere auch nicht mehr an die monologischen Modelle der Selbstbeherrschung durch Selbstbewusstsein gegenüber dem Gegenstands- oder Aufmerkungsbewusstsein: „Areale im Frontallappen, die bei isolierter Betrachtung des visuellen Systems als mögliche Konvergenzzentren in Erscheinung treten, befassen sich lediglich mit der Kontrolle der Aufmerksamkeit und sorgen dafür, dass wir unsere Augen und unseren Kopf den interessanten Objekten zuwenden, nachdem die vielen anderen Areale in einem kompetitiven Abstimmungsprozess entschieden haben, was interessant ist. Wenn jedoch die anderen Sinnessysteme und motorischen Zentren in das Verbindungsdiagramm miteinbezogen werden, ergibt sich eine Netzwerkarchitektur, die jeden Hinweis auf eine pyramidale Organisation mit einem Konvergenzzentrum an der Spitze vermissen lässt. Man sieht sich vielmehr einem hoch distributiv und parallel organisierten System gegenüber, das auf außerordentlich komplexe Weise reziprok vernetzt ist. Und dies wirft die kritische Frage auf, wie diese vielen gleichzeitig ablaufenden Verarbeitungsprozesse so koordiniert werden können, dass kohärente Interpretationen der Welt erstellt, sinnvolle Entscheidungen getroffen und gezielte Handlungsentwürfe programmiert werden können. Es gibt hier keinen Agenten, der interpretiert, kontrolliert und befiehlt. Koordiniertes Verhalten und kohärente Wahrnehmung müssen als emergente Qualitäten oder Leistungen eines Selbstorganisationsprozesses verstanden werden, der alle diese eng vernetzten

---

39 Vgl. G. W. F. Hegel, Phänomenologie des Geistes, a. a. O., S. 140, 458 ff. In der Gegenwartsphilosophie versucht R. B. Brandom Hegels Einsichten nach dem „linguistic turn" zu reformulieren. Vgl. Ders., Making It Explicit. Reasoning, Representing, and Discursive Commitment, Cambridge-London 1994.

Zentren gleichermaßen einbezieht. [...] Wir bezeichnen dieses Problem als das Bindungs-problem."[40]

Singer u. a. versuchen, die Bindungsprobleme über topologische (räumliche) Feed-backs hinausgehend durch Synchronisation neuronaler Aktivitäten aus dem Grund-rauschen heraus und angesichts aktual eingehender Signale zu lösen: „Domänen der Großhirnrinde, die gruppierbare Merkmale repräsentieren und deshalb eng miteinander verbunden sind, scheinen auch ohne Reizung zu kohärentem Schwingen fähig. ... Falls die spontan auftretenden Kohärenzmuster die Architektur assoziativer Verbindungen widerspiegeln – was noch zu beweisen ist –, würde dies bedeuten, dass die Spontan-aktivität Ausdruck eines fortwährenden Generierens von .... Erwartungswerten ist, an denen einlaufende Signale gemessen und gegebenenfalls über Synchronisation mitein-ander verbunden werden."[41]

Roth spricht erhellend unter Anspielung auf Hegels „List der Vernunft" von der „List des limbischen Systems",[42] unter dem er (nicht unstrittig, da womöglich zu großzügig) die hirnphysiologischen und neuronalen Korrelate für aktual bestimmte Gefühle (Emo-tionen) und Grundstimmungen (starke Gefühle) zusammenfasst. In Hegels Listmetapher steckt der Gedanke, dass sich etwas nicht direkt, sondern indirekt durch sein Gegenteil verwirklicht. Hatte Hegel diesen Gedanken schon ironisch gegen die Vernunftphilo-sophie gekehrt, um sie gleichwohl so doch noch geistphilosophisch retten zu können, bezieht Roth diesen Gedanken auf das limbische System, das so Vernunft als Verhal-tenskorrelat gleichsam nebenher ermöglicht und einbezieht, wenn und insofern Vernunft in der Wirklichkeit der Erlebensgefühle berät. Hinter dieser nochmals ironischen Umkeh-rung im Inhalt der grammatikalisch unvermeidlichen Subjektposition tritt dann doch das komplizierte Netzwerk von mehrfach zu durchlaufenden Feedback-Schleifen hervor. So schreibt Roth in seiner zusammenfassenden Interpretation der berühmten Libet-Expe-rimente: „Das Gefühl der *Selbstveranlassung unserer Bewegungen im Willensakt* ... ist für das Gehirn ein Zeichen, dass vor dem Starten der Bewegung die dorsale und ven-trale cortical-limbische Schleife durchlaufen wurde und die exekutiven Zentren der Großhirnrinde zusammen mit dem limbischen System sich damit ‚ausreichend befasst' haben. In diesem Falle baut sich das symmetrische und dann das lateralisierte Bereit-schaftspotential auf, und letzteres gibt den ‚Startschuß' für die Ausführung der inten-dierten Bewegung. Das Gefühl des *fiat!*, des *ich will das jetzt* ist demnach die bewusste Meldung dieses neurophysiologischen Vorgangs. Da das Bewusstwerden corticaler Pro-zesse einige hundert Millisekunden benötigt, tritt dieses Gefühl mit dieser charakteristi-schen Verzögerung *nach* dem Beginn des Bereitschaftspotentials auf."[43]

---

40 W. Singer, Der Beobachter im Gehirn, a. a. O., S. 66 f.
41 Ebd., S. 109.
42 G. Roth, Fühlen, Denken, Handeln, a. a. O., S. 449.
43 Ebd., S. 446.

Aus dieser hirnphysiologisch-neuronalen „Realität" werde die „Wirklichkeit" von Er-
lebensgefühlen[44] generiert. Roth kritisiert, dass diese Wirklichkeit im dualistisch-ver-
nünftigen Menschenbild einem von außerhalb der Natur, eben aus einem ontologisch
unabhängigen Geist kommenden Primat der rationalen Freiheit unterworfen werde.

Wieder einmal auf den ersten Blick gesehen könnte doch diese Subjekt-Kritik aus
der Hirnforschung zu den vielen innerphilosophischen Kritiken passen, die der alten,
sich auf Descartes und Kant berufenden Philosophie des Subjektes als einem hierarchisch
zentrierten Selbstbewusstsein gegolten haben. Ich hatte bereits Foucaults quasitranszendentale Umkehrung der Erklärungsaufgabe erwähnt. Bei ihm wird aus dem transzendentalen Subjekt, das Empirie ermöglicht, das nun selbst Erklärungsbedürftige, weshalb
er nach den soziokulturellen Weisen der Produktion von Subjekten als empirischen Pro-
dukten fragt. Derrida und Habermas nehmen demgegenüber ihren Ausgangspunkt entweder bei der Urschrift, welche den Gegensatz von Rede und Schrift semiotisch-dekon-
struktiv unterläuft, oder bei der sprachlichen Intersubjektivität des in der Argumentation
fortgesetzten kommunikativen Handelns. Beiden gelingt in ihrem philosophischen Verfahren, wenngleich auf verschiedene Weise, eine Dezentrierung der subjektphilosophi-
schen Tradition, nebenbei gesagt: ohne das Subjekt-Paradigma ganz ersetzen zu können,
was noch ein anderes Thema wäre.

Auf den zweiten Blick fällt indessen auf, dass all diesen innerphilosophischen Begrenzungen des Subjekts durch seine diskursiv-praktischen Dezentrierungen hindurch
gerade eine Philosophie der lebendigen Natur fehlt, durch welche sie an die Hirnforschung und umgekehrt die Hirnforschungen an sie philosophisch anschlussfähig werden
könnten. Die Hirnforschung, recht verstanden, revoltiert also nicht gegen die Philosophie als solche, sondern gegen einen bestimmten klassischen *main stream* der Subjekt-Philosophie, der noch immer auf naturphilosophischem Gebiete weit verbreitet ist,
obgleich ihm inzwischen längst innerphilosophische Kritiken an der Subjekt-Philosophie
gegenüber stehen. Aber die Hirnforschung gerät auch unverschuldet in das naturphilosophische Vakuum, das die kulturalistisch-sprachzentrierten Gegenwartsphilosophien
erzeugt haben. *Die Herausforderung der Hirnforschung entsteht also auch dadurch, dass
die innerphilosophischen Kritiken am Subjekt-Paradigma in auffallender Weise eine anti-
naturalistische Stoßrichtung verfolgen, welche einen naturphilosophischen Brücken-
schlag von und zur Hirnforschung (und darüber hinausgehend überhaupt von und zu
den Naturwissenschaften) ausschließt.*

Man kann wohl verstehen, aus welchem Zivilisationsbruch im Namen der Naturalisierung im zweiten Drittel des 20. Jahrhunderts heraus die subjekt-kritischen Philosophien ihre Strategien der sprachlich-kulturalistischen „Denaturalisierung" in Anschlag
gebracht haben. Abgesehen von dieser zeitgeschichtlichen Motivationslage gab es für den
gegenwartsphilosophischen Kulturalismus und Sprachzentrismus auch sachliche Gründe,
eben eine nur mehr quasitranszendentale Transformation der alten Geistesmetaphysik

---

44 Vgl. zum Unterschied von und Zusammenhang zwischen Realität und Wirklichkeit schon: G. Roth,
    Das Gehirn und seine Wirklichkeit, a.a.O., 13. Kapitel.

anhand der Sprache in spezifisch soziokulturelle Phänomene zu leisten. Da dies aber systematisch gesehen in Fragen der dabei vollkommen vernachlässigten Naturphilosophie nicht weiter hilft, wird man m. E. in der systematischen Gegenwartsphilosophie der philosophischen Herausforderung seitens der Hirnforschung nur gerecht, wenn man auf weder monistische noch dualistische, sondern phänomenal plurale Philosophien der lebendigen Natur und deren semiotischer Rekonstruktion zurückgreift, die im ersten Drittel des 20. Jahrhundert insbesondere von J. Dewey und H. Plessner entwickelt worden sind und Fehlnaturalisierungen nicht erlauben.

5. Subjekt (aktuales Selbstbewusstsein) und Geist (soziokulturelle Institutionalisierung sprachlicher Mentalität) als Phänomene verschiedener Ordnung. Die schwache oder starke Lesart in der Subjekt-Kritik von Gerhard Roth

Um Verwechselungen mit alten Diskussionen vorzubeugen, hebt Roth hervor, dass sich seine starke Abweichung „von dem vorherrschenden, vernunft- und ichzentrierten Menschenbild"[45] auch vom Behaviorismus, von den Triebtheorien (der Psychoanalyse), den Instinkttheorien (Lorenz und Tinbergen) und vom sog. „Gen-Egoismus" (der Soziobiologie und Verhaltensökologie) klar unterscheide. Der erste Satz in dem folgenden Zitat scheint unproblematisch zu sein, der zweite Satz bringt das neue Argument, das den Vergleich messbarer neuronaler Aktivitäten als Verhaltenskorrelat kategorial zusammenfasst: „Vernunft und Verstand sind eingebettet in die affektive und emotionale Natur des Menschen. Die weitgehend unbewusst arbeitenden Zentren des limbischen Systems bilden sich nicht nur viel früher aus als die bewusst arbeitenden corticalen Zentren, sondern sie geben auch den Rahmen vor, innerhalb dessen diese arbeiten."[46] Es geht also sowohl um eine genetische Argumentation, die die zeitlich kausale Priorität in Entwicklungsphasen betrifft, als auch um eine Argumentation, die sich auf gleichzeitige (synchrone) Vorgänge und das darin enthaltene kausale Primat bezieht. Nach dem Wechsel von phänomenologisch beschreibbaren Verhaltensprädikaten (1. Satz des o. g. Zitats: affektiv und emotional; Vernunft und Verstand) in deren neuronale Korrelate (2. Satz: limbisches System, corticale Zentren) wird nun ein für die Neurobiologie im Ganzen charakteristischer Rückweg aus den Korrelaten in die Beobachtung und Selbstbeobachtung des Verhaltens eingeschlagen. *Dieser Rückweg wird nämlich für die Erklärung gehalten:* „Bewusstsein und Einsicht können nur mit ‚Zustimmung' des limbischen Systems in Handeln umgesetzt werden."[47]

---

45 G. Roth, Fühlen, Denken, Handeln, a. a. O. S. 453.
46 Ebd., S. 451.
47 Ebd., S. 452.

Aus der hier noch in Anführungszeichen gesetzten, also nicht wörtlich gemeinten „Zustimmung" des limbischen Systems wird dann im Untertitel und an vielen Stellen des ganzen Buches das Gehirn zu dem Subjekt der Verhaltenssteuerung ohne Anführungszeichen ernannt: „Wie das Gehirn unser Verhalten steuert". Dieses grammatische Subjekt ist zunächst in der Tat etwas anderes als bloße Instinkte, assoziativ gelernte Reflexe, bloße Gene oder symbolisch erschlossene Triebe. Der methodische Fortschritt ist deutlich in den vorangegangenen Kapiteln von Roth demonstriert worden. Es handelt sich um gemessene Daten von neuronalen Aktivitäten und Strukturen, wobei diese Daten aktual korreliert werden können mit der Zuschreibung von Verhaltensprädikaten.

Gleichwohl ergeben sich von Roth eingeräumte Schwierigkeiten für den erklärenden Rückweg aus den neuronalen Korrelaten in die Verhaltensbeschreibung. Zunächst einmal deshalb, weil die auch erfolgreiche Korrelation zwischen Daten aus zwei Phänomenreihen nicht besagt, die eine Reihe könne durch die andere ersetzt werden, sondern nur, dass es einen funktionalen Zusammenhang zwischen beiden (als nötigen Relata der Relation) gibt. Die Korrelation der Daten aus beiden Phänomenreihen enthält als solche noch kein Primat zugunsten der einen Seite, um die andere Seite als „Epiphänomen" erklären zu können. Die Markierung der einen, hier neuronalen Seite als der primären, gegenüber den Verhaltensprädikaten als den sekundären, ergibt sich aus der Interpretationsrichtung der Korrelation, die als Erklärung, als Relation zwischen *explanans* (wodurch man erklärt) und *explanandum* (was man erklärt), behauptet wird. Der Unterschied zwischen der Korrelation aus Daten zweier Phänomenreihen einerseits und ihrer Interpretation als Kausalerklärung andererseits wird in zwei verschiedenen Lesarten der für Roth zentralen Hypothese über die Rolle des Bewusstseins deutlich.

In der *schwachen Lesart* gibt es eine relationale Entsprechung in beiden Phänomenreihen, die man funktional interpretiert. Diese schwache Lesart vertritt Roth, wenn er von einem „nichtreduktionistischen Physikalismus" schreibt, der es ihm erlaube, gegen einseitige Kausalität („Epiphänomenalismus") an im weiten Sinne physikalischer Wechselwirkung zwischen beiden Seiten festzuhalten.[48] Für die pragmatische Funktion des Bewusstseins in der Verhaltensänderung und für die Funktion der Korrelate von Bewusstsein im Gehirn heißt dies dann: Man weiß einerseits aus lebensweltlicher Erfahrung, dass Menschen Gewohnheitstiere sind und zunächst ihr aufmerkendes Bewusstsein, sodann auch ihr diskursives Selbstbewusstsein nur in dem Maße bemühen, als die Situationen, in denen sie sich befinden, von ihren habitualisierten Erwartungen im Guten wie im Schlechten abweichen, ohne gänzlich in Angst und Panik zu versetzen. Roth selbst bringt in seinem Buch häufig schöne Beispiele aus dem erlernten Autofahren in im Vergleich zu dem einmal erlernten Verhalten verschieden problematischen Situationen.[49] Dazu will nun andererseits die Annahme und gemessene Bestätigung von neurophysiologischen und neuronalen Korrelaten gut passen, wie die philosophischen Pragmatisten (Ch. S. Peirce, später W. James, J. Dewey, G. H. Mead) sagen würden, die

---

48 Vgl. G. Roth, Fühlen, Denken, Handeln, a. a. O., S. 190-192.
49 Vgl. u. a. ebd., S. 216.

die funktionale Einordnung des Subjekts in die Verbesserung von Verhaltensweisen samt der Korrelatannahme (seit dem Ende des 19. Jahrhunderts) aufgerollt haben.[50]

So beschreibt Roth, nachdem er die Korrelate im einzelnen dargestellt hat, ihr Zusammenwirken wieder in einer funktional zur Verhaltensbeobachtung passenden Sprache: Die spezifizierbaren Bewusstseinszustände treten „in all den Fällen auf, in denen sich das kognitiv-emotionale System mit Geschehnissen und Problemen konfrontiert sieht, die zum einen (aus welchen Gründen auch immer) hinreichend *wichtig* und zum anderen hinreichend *neu* sind. Dies setzt ein un- bzw. vorbewusst arbeitendes System voraus, welches alles, was unser Gehirn wahrnimmt, nach den Kriterien *wichtig* versus *unwichtig* sowie *bekannt* versus *unbekannt* klassifiziert. Dies geschieht durch einen sehr schnellen Zugriff auf die verschiedenen Gedächtnisarten. [...] Nur wenn ein Geschehnis oder eine Aufgabe als *neu* und *wichtig* eingestuft wurde [...], dann wird das langsam arbeitende Bewusstseins- und Aufmerksamkeitssystem eingeschaltet, und wir erleben die vollbrachten bewussten Leistungen als ‚Mühe‘ und ‚Arbeit‘. [...] In dem Maße, in dem die Leistungen wiederholt werden, sich einüben und schließlich mehr oder weniger automatisiert und damit müheloser werden, schwindet auch der Aufwand an Bewusstsein und Aufmerksamkeit, bis schließlich – wenn überhaupt – nur ein begleitendes Bewusstsein übrigbleibt. Das explizite, deklarative Bewusstsein ist im Lichte dieser Theorie ein *besonderes Werkzeug des Gehirns*.“[51]

In der *starken Lesart* dagegen, die populärwissenschaftlich in den allgemeinen Medien angesichts der dualistischen Ausgangslage (vgl. 2.1.) provokatorisch zum Tragen kommt, werden das Gehirn, seine internen Strukturen und die in seiner Funktionsweise räumlich und zeitlich verteilten neuronalen Aktivitäten zum Subjekt der Verhaltenssteuerung, wodurch das Verhalten in die Rolle eines Epiphänomens gerät. In der starken Lesart widerspricht sich Roth selbst, wohl aus seiner hermeneutischen Einfühlung in seinen Gegenstand. So heißt auch schon eines seiner Bücher das Problem treffend „Aus Sicht des Gehirns“.[52] Gewiss gehört es zu der Aufgabe der Objektivierung argumentativer Geltungsansprüche, paradigmatisch und methodisch zu kontrollieren, was den erfahrungswissenschaftlichen Gegenständen (hier: Gehirnen) selbst im Unterschied zu der soziokulturellen Forschungspraktik der neurobiologischen Hirnforscher zukommt. Nur kann diese Aufgabe nicht dadurch gelöst werden, dass aus der Praktik auf den Gegenstand hermeneutisch vorprojiziert wird, statt seine methodenabhängige Gegebenheitsweise zu berücksichtigen. Man sieht hier deutlich, vor welchen Verstehensproblemen Erfahrungswissenschaftler in ihren Erklärungsaufgaben stehen. Erfahrungswissenschaftliche *Forschung*spraktiken sind selbst *Verstehens*praktiken, in denen sich die *lösbaren*

50 Vgl. H.-P. Krüger, Zwischen Lachen und Weinen, Bd. II, a. a. O., 2. Teil.

51 G. Roth, Fühlen, Denken, Handeln, a. a. O., S. 230 f. Dem entsprechend hatte Roth schon früher das Bewusstsein als das Eigensignal des Gehirnes zum Anlegen neuer oder der Konsolidierung bestehender neuronaler Verknüpfungen bezeichnet. Vgl. ders., Das Gehirn und seine Wirklichkeit. Kognitive Neurobiologie und ihre philosophischen Konsequenzen, Frankfurt/M. 1996, S. 213-247.

52 Ders., Aus Sicht des Gehirns, Frankfurt/M. 2003.

Erklärungsaufgaben erst im Maße der Darstellung reproduzierbarer Resultate klar *ausdifferenzieren* lassen.

Die allgemeine Schwierigkeit einer Primatsetzung (zwischen korrelativen Daten aus zwei Phänomenreihen) begegnet auch in dem Problem, welchem Vorgang im Phasenverlauf Priorität zukommt. Das menschliche Gehirn selber kommt nicht fertig auf die Welt. Die Entfaltung der genetischen Strukturen im Wachstum bedarf der Interaktion des Organismus mit Bezugspersonen. Im genetischen Rahmen hängt sowohl die Erstverknüpfung als auch die Konsolidierung bereits bestehender neuronaler Verbindungen von der Epigenese soziokultureller Interaktionen ab. So wenig sich menschliche Gehirne von denen anderer Primaten qualitativ unterscheiden lassen, auffallend seien als qualitativer Unterschied doch „Teile des Broca-Sprachzentrums" und eine „stark verlängerte Reifeperiode des Gehirnes".[53] Zu der genetischen und vorgeburtlichen Determination der Hirnentwicklung kommen „Merkmale, die durch prägungsartige Vorgänge kurz nach der Geburt bzw. in den ersten drei bis fünf Lebensjahren bestimmt werden; besonders wichtig scheint dabei die Interaktion mit den Bezugspersonen (Mutter, Vater) zu sein. Die Bedeutung des frühen Kindesalters wird unterstrichen durch Erkenntnisse über die Entwicklungsdynamik und Plastizität des menschlichen Gehirnes."[54] Sie betrifft insbesondere den Erwerb einer „syntaktischen Sprache", die den Menschen allein von allen anderen Tieren unterscheide.[55] Sprache sei jedoch „ein sozial vermitteltes Vermögen" und diene „nicht in erster Linie dem Austausch von Wissen und dem Vermitteln von Einsicht, sondern der Legitimation des überwiegend unbewusst gesteuerten Verhaltens vor uns selbst und vor anderen. Dies ist ein wichtiges Faktum individuellen emotionalen Überlebens und gesellschaftlichen Zusammenlebens. Sprachliche Kommunikation bewirkt nur dann Veränderungen in unseren Partnern, wenn diese sich aufgrund interner Prozesse der Bedeutungserzeugung oder durch nichtsprachliche Kommunikation mit uns bereits in einem konsensuellen Zustand befinden."[56]

Roth begrenzt die strukturbildenden Rückwirkungen des interaktiven Verhaltens auf neuronale Verbindungen nicht nur auf die frühe Entwicklungsphase bis zum Spracherwerb (im Sinne des Sprachniveaus vom 3. bis 5. Lebensjahres), sondern berücksichtigt auch die Entwicklung bis zur Pubertät. „Komplexere kognitive Leistungen des Kindes wie operationales Denken fallen mit dem weiteren Ausreifen des präfrontalen Cortex im Alter von sieben bis elf Jahren zusammen und die Fähigkeit zu abstrakt-logischem Denken einerseits und zur Beurteilung komplexer Situationen, in denen eine komplizierte Verhaltensentscheidung getroffen werden muss, zeigen Kinder bzw. Jugendliche erst ab einem Alter von elf Jahren. Letzteres fällt mit dem Ausreifen des orbitofrontalen Cortex zusammen; hierdurch erst scheint der junge Mensch zur ‚Vernunft' zu kommen."[57]

---

53 G. Roth, Fühlen, Denken, Handeln, a.a.O., S. 451.
54 Ebd., S. 452.
55 Vgl. ebd., S. 451.
56 Ebd., S. 452.
57 Ders., Fühlen, Denken, Handeln, a.a.O., S. 337. Vgl. auch: Ders., Aus der Sicht des Gehirns, a.a.O.,
    S. 65.

Es ist sicher entwicklungspsychologisch plausibel, dass das Erlernen der sprachlichen an die vorsprachliche Kommunikation und deren emotionalen Konsens als Priorität gebunden wird. Diese Priorität schwingt gewiss auch in späteren Entwicklungsphasen Erwachsener weiter mit, an denen aber – abgesehen von existenziell kritischen Lebenserfahrungen – keine struktur-funktional gravierenden Veränderungen der neuronalen Korrelate durch Interaktionen nachgewiesen werden konnten. Das Sprachniveau von Vorschulkindern darf man noch nicht für diese selbst (im Unterschied zu erwachsenen Beobachtern) mit der syntaktischen Sprache gleichsetzen, die Roth als qualitatives Unterscheidungskriterium menschlicher Lebewesen anerkennt. Die Syntax der Sprache *als* solche, d. h. im Unterschied zur Semantik und Pragmatik der Sprache, tritt für ihre Benutzer erst in der Produktion und Rezeption von Schriftsprache hervor. Erst in ihr kann tatsächlich Vernunft, als die diskursive Verwendung von Gründen und Gegengründen, empirisch verortet werden. Wo Roth abbricht, da die Hirnforschung dazu offenbar keine empirischen Befunde hat, bleiben nun doch wichtige Fragen offen, die die Entwicklung von der Pubertät (hormonal-erotische Kopplung zu *sexes* und *genders*) bis zu den verschiedenen Gemeinschafts- und Gesellschaftsrollen für Erwachsene mit je verschiedenem Habitus und Diskurs betreffen.

In seiner zusammenfassenden Subjekt-Kritik geht Roth dann doch wieder von der schwachen zur starken Lesart der Korrelationen über. Aus der eingeräumten Wechselwirkung wird eine deutliche Primatsetzung der neuronalen Korrelate, die die Wechselwirkung mit interaktiven Verhaltensphänomenen auf die Priorität der frühen Entwicklungsphasen eingrenzt: „In seiner späten, selbstreflektierenden Form ist das Ich wesentlich von der Sprache und damit von der Gesellschaft bestimmt. Dieses Ich ist nicht der Steuermann, auch wenn es sich in charakteristischer Weise Wahrnehmungen, mentale Akte und Handlungen zuschreibt und die Existenz des Gehirnes, seines Erzeugers leugnet. Vielmehr ist es ein virtueller Akteur in einer von unserem Gehirn konstruierten Welt, die wir als unsere Erlebniswelt erfahren."[58] Wie ist nun die Virtualität dieses Subjektes im Unterschied zu dem kausalen Welterzeuger Gehirn zu verstehen? Handelt es sich um eine lebensnötige und womöglich lebensförderliche Fiktion oder um eine gefährliche und daher kritikwürdige Illusion? – Roth verteidigt das Freiheits*gefühl*, da er es für neurobiologisch rational erklärbar hält, nämlich als die Wirklichkeit der Realität. Dagegen hält er aber die *rationale* Freiheit für eine kritikwürdige Illusion, da sie kausal nicht oder nur indirekt zu wirken vermag.

Zum ersten Teil, dem Freiheitsgefühl: „Die subjektiv empfundene Freiheit des Wünschens, Planens und Wollens sowie des aktuellen Willensaktes ist eine Illusion. Der Mensch *fühlt* sich frei, wenn er tun kann, was er zuvor wollte. Unsere bewussten Wünsche, Absichten und unser Wille stehen aber unter Kontrolle des unbewussten Erfahrungsgedächtnisses, wobei in komplexen Entscheidungssituationen der bewussten Analyse dessen, was ‚Sache ist‘, eine große Bedeutung zukommt. Was aber letztlich getan wird, entscheidet das limbische System. Das Gefühl des freien Willensaktes entsteht, nachdem

---

58 G. Roth, Fühlen, Denken, Handeln, a. a. O., S. 452.

limbische Funktionen und Strukturen bereits festgelegt haben, was zu tun ist. Wille und das Gefühl der subjektiven Willensfreiheit dienen der Selbst-Zuschreibung des Ich, ohne die eine komplexe Handlungsplanung nicht möglich ist."[59] So nötig das Gefühl der Freiheit sei, so wenig vermag die diskursive Rationalität des Subjekts auszurichten: „Unser bewusstes Ich hat nur begrenzte Einsicht in die eigentlichen Antriebe unseres Verhaltens. Die unbewussten Vorgänge in unserem Gehirn wirken stärker auf die bewussten ein als umgekehrt. Das bewusste Ich steht jedoch unter dem bereits genannten Erklärungs- und Rechtfertigungszwang. Dies führt zu den typischen Pseudoerklärungen eigenen Verhaltens, die aber gesellschaftlich akzeptiert werden. Das bewusste Ich ist nicht in der Lage, über Einsicht oder Willensentschluss seine emotionalen Verhaltensstrukturen zu ändern; dies kann nur über emotional ‚bewegende' Interaktionen geschehen."[60]

Der springende Punkt besteht nun in folgendem Widerspruch in Roths Konzeption, der nur durch eine neue Thematisierung des Geistigen (als soziokulturelle Institutionalisierung sprachlicher Mentalität) im Unterschied zum Erlebens-Subjekt aufgelöst werden kann. Zunächst zu Roths Selbstwiderspruch: Aus der Bejahung des Freiheitsgefühles (als einer rational erklärbaren Erlebensnotwendigkeit von Illusion) und der gleichzeitigen Einschränkung der rationalen Freiheit des Subjektes (auf eine Bedeutung, die kausal nicht oder nur indirekt – über emotional bewegende Interaktionen – wirkt), folgt ein Problem für die eigene Forschung und deren Anwendungen als selber soziokultureller Praktiken. Die eigene neurobiologisch rationale Erklärung mag wahr sein, aber sie wäre als solche – laut Roths eigener Position – nicht nur kausal wirkungsarm (Wirkung im Sinne der Korrelation emotional-limbisch), sondern auch ein hirnphysiologisch determiniertes Freiheitsgefühl. Nehmen wir weiter an, Roth hätte für menschliche Individuen kognitiv Recht, und sein Buch endet mit einem neurobiologischen „Plädoyer für einen *Individualismus*",[61] der zur selbstreferentiellen Funktionsweise des Gehirnes passt, dann entstünde doch die folgende Frage: Wie kann zwischen seinem diskursiv-kognitiv erhobenen Wahrheitsanspruch, seinem dabei persönlich erlebten Freiheitsgefühl und beider kausaler Wirkungsarmut *für andere soziokulturell* unterschieden werden? Zumindest in wissenschaftsförmigen Praktiken sollte doch die empirische Bewährung des Wahrheitsanspruches zum Selektionskriterium erhoben werden! Viele Soziologen würden hier von einer institutionellen Wirksamkeit reden, und die meisten Philosophen würden sie an sprachlich-mentale („geistige") Kriterien binden wollen, welche beide – institutionell und sprachlich-mental – die Interaktionen der beteiligten Individuen überschreiten und sogar Generationen übergreifend überdauern können müssen. *Gerade diese soziokulturelle Institutionalisierung diskursiver Mentalität, die dank der Schriftsprache ein semiotisch-kommunikatives Eigenleben gegenüber Individuen und ihren Generationen gewinnt, fehlt nach allem, was wir von anderen Primaten wissen, diesen.* Hier, wo Roths Erklärung aussetzt, beginnt also erst das der Erklärung Bedürftige.

---

59 G. Roth, Fühlen, Denken, Handeln, a. a. O., S. 453.
60 Ebd.
61 Ebd., S. 457.

Seit Hegel hat es sich philosophisch eingebürgert, hier von objektivem (im Unterschied zum subjektiven und absoluten) Geist zu sprechen, also von soziokulturellen (nicht allein individuellen) Mentalitäten, die eine institutionelle und sprachliche Wirksamkeit *sui generis* erlangen (bzw. diese verfehlen, verkehren). Wir sind damit beim letzten philosophisch bedeutsamen Punkt angelangt, nämlich dem Unterschied zwischen dem „Subjekt" im Sinne des diskursiven (vernünftigen) Selbstbewusstseins, wie es von Individuen *aktualisiert* werden kann, und dem, was man „Geist" nennt, also einer institutionell gestützten und in der Schriftsprache Selbstreferenzialität entfaltenden Mentalität, die so soziokulturell gesehen Individuen und deren Generationen aktual und geschichtlich zu übergreifen vermag. Mit in diesem Sinne „geistigen" Phänomenen habe ich in der kulturellen Ausgangslage, dem Schisma von Habitualisierungen oben, begonnen. Aus dem Umstand, dass es „Geist" (bei Hegel: objektiven Geist) nicht ohne strukturelle Kopplung an ein „Subjekt" (subjektiven Geist) gibt, folgt nicht, dass Geist nicht in Phänomenen anderer Ordnung als denjenigen des Subjekts (aktualisiertes diskursives Selbstbewusstsein) zugänglich wird. Geistige Phänomene werden empirisch fassbar in der geschichtlichen Eigendynamik soziokultureller Personenrollen, die je einen bestimmten Habitus (für die Aufführung körperleiblicher Bewegungen) und einen bestimmten Diskurs (eine bestimmte Zuordnung von Syntax, Semantik und Pragmatik selbstreferenzieller Sprache) verknüpfen. Die Individualität der Inhaber solcher Rollen, ihre Unvertretbarkeit und Nichtaustauschbarkeit, tritt erst immer wieder im Kontrast zu den Rollenmaßen für die Generationen übergreifende Vertretbarkeit und Austauschbarkeit hervor.[62] Die einfachen oder innovativen Reproduktionswahrscheinlichkeiten von Rollenkörpern hängen von sozialen Organisationen, Institutionen und Systemen für diskursive Gehalte und deren Verkürzungen auf binäre Schematismen ab. Man muss nicht Anhänger einer speziellen Theorie sein, etwa der von M. Foucault, N. Luhmann oder J. Habermas, um doch anerkennen zu können, dass sie auf verschiedene Weise das soziokulturell thematisiert haben, was in der philosophischen Tradition „objektiver Geist" genannt wurde und von den traditionellen Geisteswissenschaften weder theoretisch noch methodisch bewältigt werden konnte.

Wenn man wie Roth und die meisten angelsächsischen Neurophilosophen, damit „Geist mit empirischen Methoden untersucht werden kann", diesen „auf *individuell erlebbare Zustände*" einschränkt „und alle denkbaren religiösen und sonstigen überindividuellen geistigen Zustände"[63] unberücksichtigt lässt, dann kommt man bestenfalls an das aktuale Selbstbewusstsein heran, nicht aber an die Spezifik geistiger Phänomene, die andere Konzepte, Methoden und damit auch andere Empirien erfordert. So ist es z. B. für die soziokulturelle Evolution der menschlichen Spezies gravierend, dass es zu einer externen Emanzipation von individuell hirninternen Gedächtniskapazitäten durch Monumente und Dokumente, Archive und weltweite Networks kommt. Auch die Hirn-

---

62 Vgl. zur Individualisierung der Person und zur Personalisierung des Individuums: H.-P. Krüger, Zwischen Lachen und Weinen. Bd. I: Das Spektrum menschlicher Phänomene, Berlin 1999, 4. u. 5. Kap.

63 G. Roth, Das Gehirn und seine Wirklichkeit, a. a. O., S. 272.

forschung selbst lebt von dieser weltweiten Emanzipation in ihrer empirischen Einlö-
sung argumentativer Geltungsansprüche, die von anderer Ordnung als aktuale Bewusstseinszustände sind. Man kann aus dem (nicht nur für Roth, sondern auch für mich)
beklagenswerten Umstand, dass die meisten sogenannten Geisteswissenschaften (im
Unterschied zu den Sozial- und Kulturwissenschaften bzw. den Humanwissenschaften
im englischen und französischen Sinne) zu keiner erfahrungswissenschaftlichen Erklärung gelangt sind, nicht schlussfolgern, dass es keine geistigen, d. h. zunächst dank
selbstreferenzieller Sprache soziokulturellen Phänomene gibt. Es ist einfach Faktum,
dass keine anderen Primaten als die Menschen so etwas wie ein World Trade Center
errichten und zerstören können. Das schaffen keine Schimpansen, weder im Guten noch
im Schlechten. Dieses Beispiel möge zeigen, dass es für die Anerkennung der Spezifik
geistiger Phänomene nicht nötig ist, ein ontologisches Geistprinzip außerhalb der natürlichen Welt anzunehmen. Soziokulturelle Phänomene liegen in ihrer Spezifik nicht
außerhalb, sondern in den Möglichkeiten, die von Naturgesetzen beschrieben werden.[64]
Sowohl Aufbau als auch Zerstörung des Centers hatten das Gravitationsgesetz einzu-
halten. Aber daraus folgt nicht, dass die soziokulturelle Bedeutung des Aufbaus und der
Zerstörung in ihrer Spezifik, darunter auch im Hinblick auf ihre Kriegsfolgen, aus dem
Gravitationsgesetz erklärt werden könnte.

Allein für den neurobiologischen Zugang zum aktualen Bewusstsein, nicht zum Geist
(als der selbstreferenziell-sprachlichen Eigendynamik soziokultureller Phänomene), mag
es ausreichen, wenn Roth gegen den „reduktionistischen Identismus" (der Geist für nichts
weiter als einen neurobiologischen Zustand hält) schreibt: „Geist und Psyche entstehen
im Gehirn nur dann, wenn das Gehirn und sein Organismus in bestimmter Weise mit
einer Umwelt interagieren und das Gehirn diese Interaktion bewertet. Isolieren wir das
Gehirn von seiner Umwelt, dann entsteht kein Geist."[65] „Geist" ist keine Kausalität außerhalb der natürlichen Welt, aber auch keine Interaktion mit der *Umwelt* wie das Bewusstsein, sondern die strukturfunktionale Erschließung von *Welt*,[66] auch der Welt der Naturwissenschaften als einer besonderen soziokulturellen Forschungspraktik des Erhebens und
Einlösens argumentativer Geltungsansprüche in methodischen Darstellungskontexten.
Erst an dem Horizont (phänomenologisch) und an dem Kontrast (semiotisch) von *Welt*
fallen *Umwelten* als solche auf und können so bestimmt werden. Auf die für die Philosophische Anthropologie kardinale Unterscheidung von Welten und Umwelten komme
ich zurück.

---

64 Roths weites Verständnis von physikalischer Erklärung eröffnet die Möglichkeit, für erfahrungswissenschaftliche Erklärungen auch in den Sozial- und Kulturwissenschaften kein außernatürli-
   ches Geistprinzip ontologisch in Anspruch nehmen zu müssen. Vgl. G. Roth, Das Gehirn und seine
   Wirklichkeit, a. a. O., S. 300 ff.

65 Ebd., S. 289.

66 Max Scheler stellt (verglichen mit Plessner den inkonsequenten) Übergang dar, einerseits die Geistesmetaphysik kausal zu entleeren, sie aber andererseits als eine negative Welterschließung zu reformulieren, in der positive Umweltbestimmungen möglich werden. Vgl. M. Scheler, Die Stellung
   des Menschen im Kosmos (1928), Bonn 1986, S. 40-49, 66-71.

6. Das indirekte Hirnprimat in der Iteration zu fünf Phänomengruppen als Brücke und Wolf Singers zärtliche Vorprojektion der ersten und dritten Person ins Gehirn

W. Singer lehnt (wie G. Roth und die meisten Erfahrungswissenschaftler) einen ontologischen Sprung in dem Sinne ab, dass es außerhalb und unabhängig von der evolvierenden Natur einen Geist kausaler Wirksamkeit gibt. Wie kommt man dann aber erfahrungswissenschaftlich, darunter insbesondere neurobiologisch an das „Phänomen der Emergenz mentaler Qualitäten"[67] heran? Indem man neue Funktionen „als Folge der Iteration, der wiederholten Anwendung auf sich selbst",[68] begreift. Dies betrifft zunächst Phänomene „lebender Systeme", die aus einem „Aggregationsprozeß von Molekülen" hervorgehen, „welcher zu reproduktionsfähigen, ihre Identität erhaltenden Systemen führte. Variiert durch das Würfelspiel der Mutation und bereichert durch die geschlechtliche Rekombination von Genen bringt dieser Trend zu höheren Komplexitätsstufen zwangsläufig eine Vielfalt immer komplexerer Systeme hervor. Dieser autonome, von vielen Zufälligkeiten abhängige Proliferationsprozeß wird nur sekundär entsprechend den darwinistischen Selektionsregeln gesteuert. Dies impliziert, dass zwar Neuentwicklungen, die schaden, ausgemerzt werden, solche aber, die nicht schaden, erhalten bleiben und allenfalls durch weitere Mutationen wieder vergessen werden. Da die darwinistischen Selektionsregeln kompetitiver Natur sind, breiten sich natürlich besonders erfolgreiche Neuerfindungen auf Kosten aller anderen aus. Miterhalten bleiben jedoch all die Funktionen und Leistungen, die zwar selbst keinen Selektionsvorteil bieten, jedoch als Epiphänomen einer Entwicklung mitauftraten, welche ihrerseits einen hohen Selektionsvorteil bietet. Es wäre also durchaus möglich, dass die Fähigkeit zur kulturellen Betätigung lediglich Epiphänomen von Hirnleistungen ist, die andere Selektionsvorteile bedingen."[69]

Man merkt schon in diesem Ausgangspunkt, mit welchem Spielraum das evolutionstheoretische Vokabular (Variation und Selektion) zur Erklärung (unter Einschluss von Zufällen und auch für im biologischen Sinne unnütze Epiphänomene) in Anschlag gebracht wird. Zudem sieht man, wie es Biologen schon immer mit einer *Selbstreproduktion* von Lebewesen in Umweltinteraktionen zu tun haben, einer Selbstreproduktion, welche Prozesse der physikalisch-chemischen *Selbstorganisation* fortsetzt und zugleich in der phänomenalen Komplexität übersteigt.[70] Singer wendet seinen frühen Grundgedanken, durch „Iteration zur Emergenz immer neuer Leistungen" zu gelangen, auch auf die nächst spezifischere Phänomenebene der Nervensysteme an, die nach den sensomotorischen Verknüpfungen nochmals die sensomotorischen Schleifen mit Sensoren

---

67 W. Singer, Der Beobachter im Gehirn, a.a.O., S. 60. Siehe auch: ebd., S. 72.

68 Ebd., S. 70. Siehe auch ebd., S. 64.

69 Ders., Der Beobachter im Gehirn, a.a.O., S. 213.

70 Roth beginnt vergleichbar mit Lebewesen überhaupt als „selbstherstellende und selbsterhaltende Systeme". G. Roth, Das Gehirn und seine Wirklichkeit, a.a.O., S. 80-82.

verbinden, „die den inneren Zustand des Systems signalisieren und die Reizreaktionen davon abhängig machen. Ein wichtiger nächster Schritt ist dann der Übergang von gesteuerten zu geregelten Systemen. In letzteren wird der Erfolg einer Reaktion durch spezielle Rezeptorsysteme gemessen und diese Information wird benutzt, um die Reaktion entsprechend nachzuregeln. Die ersten rückkgekoppelten Systeme entstehen. Schon relativ früh finden sich ferner Speicherfunktionen".[71] Dies einmal unterstellt, kommen wir (nach den lebenden Systemen und unter diesen den Nervensystemen) bei der dritten, noch spezifischeren Phänomenebene durch erneute Iteration im Hinblick auf das evolutionäre Wachstum der Großhirnrinde (als Verhaltenskorrelat) an, deren „Metarepräsentationen" wir (unter 3.) schon erwähnt haben. „Offenbar genügt es zum Aufbau von Metarepräsentationen, Areale hinzuzufügen, die auf hirninterne Prozesse genauso ,schauen' wie die bereits vorhandenen Areale auf die Peripherie."[72] *Räumlich* ließe sich das damit entstehende Bindungsproblem nicht mehr neu, sondern nur durch eine enorme quantitative und sich so selbst im Wege stehende Ausweitung lösen. Daher die funktional neue Antwort in der Hypothese von der Synchronisation.

Damit entsteht die Möglichkeit, sich dem Spezifikationsproblem der vierten Phänomengruppe des Selbstbewusstseins zu stellen, in dem sich, wie wir oben unter dem Stichwort des „Subjekts" vermerkten, sich zu erleben und dies sprachlich artikulieren zu können, überkreuzen. Während nun Singer für den besonderen Erlebenscharakter von Selbstbewusstsein eine entwicklungspsychologische Erklärung anbietet, die sich auch bei Roth findet und von vielen geteilt wird, begrenzt er den neurobiologischen Erklärungsanspruch auf die Beobachtung einzelner Gehirne, weshalb die sprachlich-soziokulturellen Dimensionen des Selbstbewusstseins anders aufgerollt werden müssen. Zu der entwicklungspsychologischen Begründung: Der frühe Dialog zwischen der Bezugsperson und dem Kind in seinen ersten Lebensjahren „vermittelt diesem in sehr prägnanter und asymmetrischer Weise die Erfahrung, offenbar ein autonomes, frei agierendes, verantwortliches Selbst zu sein [...]. Wichtig [...] ist nun, dass dieser frühe Lernprozess in einer Phase sich ereignet, in der die Kinder noch kein episodisches Gedächtnis aufbauen können. Wir erinnern uns nicht an die ersten zwei bis drei Lebensjahre, weil in dieser frühen Entwicklungsphase die Hirnstrukturen noch nicht ausgebildet sind, die zum Aufbau eines episodischen Gedächtnisses erforderlich sind. Es geht dabei um das Vermögen, Erlebtes in raumzeitliche Bezüge einzubetten und den gesamten Kontext des Lernvorganges und nicht nur das Erlernte selbst zu erinnern. [...] Diese frühkindliche Amnesie scheint mir dafür verantwortlich zu sein, dass die subjektiven Konnotationen von Bewusstsein für uns eine ganz andere Qualität haben als die Erfahrungen mit anderen sozialen Konstrukten. Vielleicht erleben wir diese Aspekte unseres Selbst deshalb auf so eigentümliche Weise als von ganz anderer Qualität, als aus Bekanntem nicht herleitbar, weil die Erfahrung, so zu sein, in einer Entwicklungsphase installiert worden ist,

---

71 W. Singer, Der Beobachter im Gehirn, a. a. O., S. 214 u. 216.
72 Ebd., S. 72. Vgl. ebenso: Ders., Über Bewusstsein und unsere Grenzen, a. a. O., S. 290.

an die wir uns nicht erinnern können. Wir haben an den Verursachungsprozess keine Erinnerung."[73]

Die sprachliche Seite des Selbstbewusstseins äußert sich in „Dialogen" von der Art wie „ich weiß, dass Du weißt, wie ich fühle" oder „ich weiß, dass Du weißt, dass ich weiß, wie Du fühlst". Es geht hier also in der Tat um eine selbstreferenzielle Sprache, in der sich intersubjektiv sagen lässt, was man in ihr tut, ohne dafür aus ihr ausscheren zu müssen.[74] „Interaktionen dieser Art führen also zu einer iterativen wechselseitigen Bespiegelung im je anderen. Diese Reflexion wiederum ist, wie ich glaube, die Voraussetzung dafür, dass der Individuationsprozess einsetzen kann, dass die Erfahrung, ein Selbst zu sein, das autonom und frei agieren kann, überhaupt möglich wird."[75] Aber diese Art von Ich-Erfahrungen könne nicht mehr „allein innerhalb neurobiologischer Beschreibungssysteme" behandelt werden, da „sich diese ausschließlich an der naturwissenschaftlichen Analyse einzelner Gehirne orientieren": „Die Hypothese, die ich diskutieren möchte, ist, dass die Erfahrung, ein autonomes, subjektives Ich zu sein, auf Konstrukten beruht, die im Laufe unserer kulturellen Evolution entwickelt wurden. Selbstkonzepte hätten dann den ontologischen Status einer sozialen Realität."[76] Von dem sprachlich vermittelten Ich als kulturellem Konstrukt und sozialer Zuschreibung ergibt sich eine Brücke, und Singer geht es ausdrücklich um „Brückentheorien" zwischen verschiedenen Phänomenbereichen (als „grundsätzlich neuer Qualitäten", aber ohne „ontologischen Sprung" aus der natürlichen Welt heraus[77]), zu den Sozial- und Kulturwissenschaften. Als kritisierbar zeichnen sich so „Politik und Wirtschaft" ab, insoweit sie der hierarchischen Organisationsform eines Cartesianischen Konvergenzzentrums folgen.[78] Demgegenüber fielen in der „postmodernen Weltsicht" überraschende Parallelen zwischen der Funktionsweise des Gehirnes und den Problemen unserer „verflochtenen Wirtschafts- und Sozialsysteme" auf, also anderen komplexen Systemen, „die ebenfalls distributiv organisiert sind, lenkender Konvergenzzentren entbehren und dennoch insgesamt koordiniertes, gerichtetes Verhalten zeigen": „Es wäre lohnend, der epistemologischen Frage nachzugehen, ob es unsere postmoderne Weltsicht ist, die uns komplexe Systeme so sehen lässt, oder ob unsere gegenwärtige Weltsicht durch die Erfahrung mit solchen Systemen geprägt ist."[79] Dies ist in der Tat eine philosophische Frage nach Mentalem (Geistigem), welches das je aktuale und individuelle Subjekt

---

73 W. Singer, Der Beobachter im Gehirn, a.a.O., S. 74 f.

74 Vgl. J. Habermas, Rationalität der Verständigung. Sprechakttheoretische Erläuterungen zum Begriff der kommunikativen Rationalität, in: Ders., Wahrheit und Rechtfertigung, Frankfurt/M. 1999, S. 102-137.

75 W. Singer, Der Beobachter im Gehirn, a. a. O., S. 74.

76 Ebd., S. 73.

77 Vgl. ebd., S. 177. Auch Roth fordert „Brückentheorien", um aus dem anachronistischen Gegensatz von Natur- und Geisteswissenschaften herauskommen zu können. Vgl. ders., Aus Sicht des Gehirns, a.a.O., S. 197 ff.

78 Ders., Der Beobachter im Gehirn, a.a.O., S. 169.

79 Ebd., S. 32.

übersteigt und in den Sozial- und Kulturwissenschaften auch empirisch thematisiert werden kann.

Wir haben es inzwischen also mit einer fortlaufenden Iteration in fünf Phänomenbereiche zu tun. Die Überkreuzung im ursprünglich vierten Phänomenbereich, im Subjekt, das hieß: im sowohl subjektiv erlebten als auch diskursiv artikulierten Selbstbewusstsein, hat sich in die Differenz zwischen dem subjektiv konnotierten Bewusstsein (das entwicklungspsychologisch-neurobiologisch erklärt werden könne) und dem kulturellen Konstrukt für soziale Zuschreibungen im Diskurs verdoppelt. Wir müssen uns nun aber doch die Brücke genauer ansehen, die Singer so einladend vorschlägt. Er vertritt zwar keinen *direkten* Primat der selbstreferenziellen Funktionsweise des Gehirnes als Korrelat für Mentales, wozu Roth in der Konsequenz insofern führt, als er Geist (soziokulturell-sprachliche Mentalität) aufs Subjekt (aktuale Selbstbewusstsein) begrenzt. Aber Singer vertritt dieses Primat doch deutlich in der Form einer evolutionären Priorität, die, wie seine entwicklungspsychologische Argumentation bereits zeigte, in jeder neuen Ontogenese reproduzierbar bleiben muss. Zu der Priorität: Selbstkonzepte und die sie ermöglichenden Kulturen kamen erst in die Welt, „nachdem die Evolution Gehirne hervorgebracht hatte, die zwei Eigenschaften aufwiesen: erstens, ein inneres Auge zu haben, also über die Möglichkeit zu verfügen, Protokoll zu führen über hirninterne Prozesse, diese in Metarepräsentationen zu fassen und deren Inhalt über Gestik, Mimik und Sprache anderen Gehirnen mitzuteilen; und, zweitens, die Fähigkeit, mentale Modelle von den Zuständen der je anderen Gehirne zu erstellen, eine ‚theory of mind' aufzubauen, wie die Angelsachsen sagen."[80]

Was hier unter dem Stichwort vom „inneren Auge" als Problem auffällt und worauf ich sogleich zurückkommen werde, ist die Frage, was aus der soziokulturellen Praktik stammend in die Funktionsweise des Gehirnes vorverlegt wird. Nehmen wir einmal an, die Evolution hätte selbstreferenziell funktionierende Gehirne hervorgebracht und durch die „Herausbildung differenzierter Sprachen" die Entwicklung von Kommunikationsprozessen ermöglicht, die „schließlich zur Evolution menschlicher Kulturen führte": Dann gäbe es wohl den *kritischen Grenzbereich* zwischen der vierten und fünften Phänomengruppe, also den „subjektiven Konnotationen von Bewusstsein", die zugleich soziokulturell als „Konstrukte" und „Zuschreibungen" fungieren. Während ihre Subjektivität entwicklungspsychologisch erklärt werden könnte, müsste ihr Charakter, kulturelles Konstrukt und soziale Zuschreibung zu sein, offenbar soziokulturell erklärt werden. „Wenn dem so ist, wenn also die subjektiven Konnotationen von Bewusstsein Zuschreibungen sind, die auf Dialogen zwischen sich wechselseitig spiegelnden Menschen gründen, dann ist zu erwarten, dass die Selbsterfahrung von Menschen kulturspezifische Unterschiede aufweist. Auch kann nicht ausgeschlossen werden, dass bestimmte Inhalte dieser Selbsterfahrung, beispielsweise die Überzeugung, frei entscheiden zu können, illusionäre Komponenten haben."[81]

---

80 W. Singer, Der Beobachter im Gehirn, a. a. O., S. 73.
81 Ebd., S. 75.

Das kritische Problem besteht demnach also *nicht* darin, dass das Subjekt in dem Sinne sprachlich-mental ist, als es *überhaupt* den soziokulturellen Charakter hat, auch als Konstrukt in der kulturellen Evolution und als Zuschreibung in der sozialen Realität zu fungieren. Kurz gesagt: Ohne strukturelle Kopplung zwischen „Subjekt" (bewussten Erlebens) und „Geist" (soziokulturelle Position in der Ausübung sprachlich-selbstreferenzieller Mentalität) überhaupt gibt es keine spezifisch menschlichen Lebewesen. Kritisch wird erst die Frage, welche *bestimmten* soziokulturellen Interpretationen (Mentalitäten) besser oder schlechter zum Erlebenssubjekt passen, ihm gar widersprechen. Da das Subjekt (das Bewusstsein, das sich als subjektiv erlebt) entwicklungspsychologisch objektiviert werden kann, worin die neurobiologische Erklärung den korrelierenden Part für einzelne Gehirne übernimmt, komme es „indirekt"[82] zum Konflikt mit anderen soziokulturellen Interpretationen des Subjekts als Konstrukt und Zuschreibung („Geist"). „Innerhalb neurobiologischer Beschreibungssysteme wäre das, was wir als freie Entscheidung erfahren, nichts anderes als eine nachträgliche Begründung von Zustandsänderungen, die ohnehin erfolgt wären, deren tatsächliche Verursachungen für uns aber in der Regel nicht in ihrer Gesamtheit fassbar sind. Nur ein Bruchteil der im Gehirn ständig ablaufenden Prozesse ist für das innere Auge sichtbar und gelangt ins Bewusstsein. Unsere Handlungsbegründungen können folglich nur unvollständig sein und müssen a posteriori Erklärungen mit einschließen."[83] Da die Entsprechung bzw. Widersprechung zwischen der neurobiologischen Erklärung und den anderen soziokulturellen Interpretationen (des Subjekts als Geist) *nicht direkt* – an ein und denselben Phänomenen ontologisch derselben Ordnung – ausgefochten werden können, erfolgen sie indirekt, u. a. auch im Leiden von Patienten.

Abgesehen davon, dass der Konflikt zwischen den verschiedenen soziokulturellen Mentalitäten im Großen durch „Gewöhnung" zugunsten der naturwissenschaftlichen Beschreibungen gelöst werde, so Singer, könne er auch „philosophisch"[84] zur Sprache gebracht werden. Stellt man sich philosophisch dem nur indirekt auszufechtenen Konflikt, ergäben sich von Seiten der Singerschen neurobiologischen Erklärungskultur als Kriterien für Kompatibilität: Die anderen soziokulturellen Interpretationen des Erlebenssubjekts als Geist (soziokulturelle Position) sollten ebenfalls keine Ansprüche auf Vollständigkeit (absolute Wahrheit) erheben und auch der empirischen Bewährung ihrer Hypothesen großen Spielraum gewähren. Sie sollten gleichfalls mit selbstreferenziellen Funktionen arbeiten, sodass durch so etwas wie fortlaufende „Iterationen" Brücken zwischen den ontologisch verschieden zu spezifizierenden Phänomenbereichen entstehen, statt Wirtschaft, Politik und Kultur wie hierarchische Konvergenzzentren zu organisieren, die so als soziokulturelles Verhalten funktional nicht zum Korrelat des Gehirnes passen.[85]

---

82 W. Singer, Der Beobachter im Gehirn, a. a. O., S. 62.

83 Ebd., S. 75 f.

84 Ebd., S. 76 u. 73.

85 Daher die vielfältigen *indirekten* Reformvorschläge (ausdrücklich keine *direkten* Revolutionsvorschläge) zur Erziehung, zur Aufwertung künstlerischer Kultivierung von Emotionen, zur Rechts-

Ich habe mit *Singers indirekter Vergleichsweise der funktionalen Äquivalente für die Selbstreferenz in den verschiedenen Phänomengruppen* grundsätzlich keine Schwierigkeit, ja, ich halte sie für eine *paradigmatische Brücke in die Philosophische Anthropologie*. Es gehört auch zur Tradition der Philosophie, dass sie sich um eine argumentative Austragung des Konfliktes zwischen den verschiedenen soziokulturellen Mentalitäten um die angemessene Interpretation und soziokulturelle Positionierung des Subjektes (als der subjektiven Erlebenswirklichkeit des Bewusstseins) kümmert. Gleichwohl, bei aller philosophischen Indirektheit, mit der Singer durch die evolutionäre Priorität des selbstreferenziellen Gehirnes und deren entwicklungspsychologische Reproduktion hindurch vorgeht: Mir scheint seine inhaltliche Bestimmung der selbstreferenziellen Funktionsweise des Gehirnes an einer enormen hermeneutischen Zärtlichkeit für seinen Gegenstand zu leiden. Er projiziert Unterscheidungen, die in der soziokulturellen Praktik vorkommen, insbesondere in der Praktik der eigenen neurobiologischen Forschung, vor in die selbstreferenzielle Funktionsweise des Gehirnes.[86] Dies betrifft das zitierte „innere Auge" im Gehirn und den Titel seines Buches „Der Beobachter im Gehirn". Das „innere Auge" ist eine metaphorische Übertragung ins Gehirn, die aber woanders her stammt, nämlich aus der Unterscheidung von Innen- und Außenwelt dank einer Mitwelt (vgl. oben 1.).[87]

Der Beobachter, das weiß natürlich auch Singer, ist zunächst identisch mit der Perspektive der „dritten Person", in der wir Phänomene „als außenstehende Beobachter gemeinsam betrachten und analysieren können" nach „intersubjektiv vereinbarten Beobachtungsverfahren".[88] Es ist auch richtig, dass diese Dritte-Person-Perspektive gegenüber der unbelebten Natur relativ unproblematisch ist und der alte Gegensatz zwischen den Wissenschaften der unbelebten Natur einerseits und den Geisteswissenschaften andererseits nicht mehr zutrifft auf die neuen biomedizinischen Wissenschaften wie auch Kulturwissenschaften. Alle diese Wissenschaften haben es schon immer mit Lebensphänomenen zu tun, zu denen sie methodisch erst aus der „Selbsterfahrung", aus der

---

und Strafbemessung, auch zur Gesellschaft insgesamt. „Denn ähnlich, wie wir uns durch Anschauung von Hirnfunktionen von hierarchischen Strukturmodellen verabschieden mussten, weil wir erkannt haben, dass die Natur nicht hierarchisch, sondern vernetzt arbeitet, werden wir sehen, dass es unmöglich ist, komplexe Gesellschaften von oben herab zu führen." W. Singer, Ein neues Menschenbild?, a.a.O., S. 95.

86 „Bei der Erforschung des Gehirns betrachtet sich ein kognitives System im Spiegel seiner selbst. Es verschmelzen also Erklärendes und das zu Erklärende." W. Singer, Der Beobachter im Gehirn, a.a.O., S. 61. Diese hermeneutische Verschmelzung muss nicht sein, da es nach Singer selbst fünf verschiedene selbstreferenzielle Phänomengruppen gibt, die sich alle in ihrer Zirkularität unterbrechen können. Auch naturwissenschaftliche Beschreibungen sind keine „Spiegel", sondern Brechungen der Zirkularität einzelner Gehirne. Vgl. dagegen: ebd., S. 9 u. ders., Über Bewusstsein und unsere Grenzen, a.a.O., S. 279.

87 Vgl. zur Spezifik der Innenwelt: H. Plessner, Die Stufen des Organischen und der Mensch, a.a.O., S. 295 ff. Vgl. zum Blick: J.-P. Sartre, Das Sein und das Nichts. Versuch einer phänomenologischen Ontologie (1943), Reinbek bei Hamburg 1991, S. 457-538.

88 W. Singer, Der Beobachter im Gehirn, a.a.O., S. 176 u. 62.

„Ersten-Person-Perspektive",[89] aufbrechen können. Es gehört überhaupt zu den Errungenschaften neuer transdisziplinärer Forschungsrichtungen wie der Bewusstseinsforschung, dass sie die phänomenologische Perspektive der ersten Person anerkennen und in einen methodisch kontrollierbaren Zusammenhang zur Dritten-Person-Perspektive zu bringen versuchen.[90] Zweifellos muss die Forschungspraktik selbst auf einen methodisch kontrollierbaren Wechsel zwischen den Perspektiven der ersten und der dritten Person hin ausgerichtet werden, aber eben, um gerade die – bei allen lebendigen Phänomenen – unvermeidlichen hermeneutischen Projektionen wieder begrenzen zu können. Dabei wird der Perspektiven*wechsel* therapeutisch zwei *Fixierungen* vorbeugen, nämlich einerseits der ausschließlichen Fixierung auf die *Fremdbeobachtung* von *Un*belebtem und andererseits der ebenso exklusiven Fixierung auf die undifferenzierbare *Teilnahme* an allem nur *subjektiv Er*lebtem (z. B. in Halluzinationen).[91] Demgegenüber geht es um verschiedene Niveaus der Verschränkung von Perspektiven in eine *teilnehmende Selbstbeobachtung* an Natur, Kultur, darunter Wissenschaft, und Gesellschaft.[92]

Dieses gemeinsame Problembewusstsein einmal vorausgesetzt: Wie kommt nun bei Singer der Beobachter *ins* Gehirn? – Da mich diese Platzierung nicht überzeugt, beginne ich mit dem, das mich überzeugt. Ich verstehe, dass es im Großhirn *Meta*repräsentationen gibt, die etwas anderes als Repräsentationen sind, d. h. anderes als Relationen, die auf chemische oder elektrische Weise die aus den Sinnesorganen kommenden Relationen so verarbeiten, dass motorische Organe verhaltensbildend anschließen können. Gemessen an der biologisch „schnellsten Beantwortung eines gegebenen Reizes", am Reflex, ermöglicht die „höhere" Nerventätigkeit „eine jeweils größere Verlangsamung"[93] der Verhaltensantwort (Positionierung), indem sie die nervöse (bei Singer und Roth: „repräsentative") Verbindung zwischen Sensorik und Motorik unterbricht (hemmt) und aufschiebt (bremst, verlangsamt, also auch nicht verunmöglicht): Die höhere („metarepräsentative") Nerventätigkeit dissoziiert die assoziiert relationale, also „repräsentative" Verbindung von Sensorik und Motorik. Ihre nach innen derart „negative Tätigkeit" ermöglicht nach außen räumlich eine Abstandnahme und zeitlich eine Pause (Distanzierung) im Verhalten. „Sie ist das dazwischen geschobene, vermittelnde und abdämpfende, hemmende, distanzierende Mittel zwischen dem Organismus und seinem Umfeld, so dass durch die Dämpfung der („repräsentativen": HPK) Nerventätigkeit das aktiviert

89 W. Singer, Der Beobachter im Gehirn, a. a. O., S. 176.

90 Vgl. auch Th. Metzinger (Hrsg.), Bewusstsein. Beiträge aus der Gegenwartsphilosophie, Paderborn 1995, S. 18 f.

91 Vgl. zu dem differenzierten Phantasma von Verleiblichungen, in dem sich das medizinische Personal auf hochtechnisierten neurologischen und neurochirurgischen Intensivstationen bewegt und kontrolliert, die ausgezeichnete Studie von G. Lindemann, Die Grenzen des Sozialen. Zur soziotechnischen Konstruktion von Leben und Tod in der Intensivmedizin, München 2002.

92 Vgl. H.-P. Krüger, Perspektivenwechsel, a. a. O., Dritter Teil.

93 H. Plessner, Elemente der Metaphysik. Eine Vorlesung aus dem Wintersemester 1931/32, Berlin 2002, S. 176.

wird, was besonders in der Positionalität des Organismus sowieso gegeben ist, und das wird, indem es aktualisiert wird, zu dem sogenannten psychischen Phänomen."[94]

Ich verstehe auch, dass biologisch betrachtet die höhere Nervenaktivität nicht grenzenlos negativ sein kann, sondern positiv in die Verknüpfung von Sensorik und Motorik zurückführen muss, weil ansonsten das Lebewesen schlichtweg verhaltensunfähig würde. Insofern müssen sich die Metarepräsentationen nicht nur von den Repräsentationen funktional emanzipieren können, sondern auch einen Rückbezug (Reflexion) auf Repräsentationen gewinnen, also selbst nicht nur meta sein, sondern auch repräsentativ werden können. Ob Singer oder Roth, beide betonen (gegen den radikalen Konstruktivismus der Selbstreferenz einzelner Großhirnrinden) die räumlichen und zeitlichen Rückkopplungsschleifen im Gesamthirn für den Gesamtorganismus. Gleichwohl, für die selbstreferenzielle Funktionsweise der höheren Hirnfunktionen, also innerhalb der Relationierung von Metarepräsentationen (bei Singer: der aktualen Synchronisation neuronaler Aktivitäten im Unterschied zum Grundrauschen), spielen Repräsentationen nur noch die Rolle von Anlässen oder „Gelegenheiten" für den Zirkel (die „Immanenz") des Bewusstseins und seines neuronalen Korrelates. „Je differenzierter Rezeptoren und Gehirn, desto vielfältiger die anklingenden Erregungen, desto mannigfaltiger die Pausen und damit die Struktur des Positionsfeldes. Nervöse Erregungen des sensorischen (und motorischen) Apparates schaffen dem Lebewesen nur die jeweiligen Gelegenheiten, jene Mittelstellung einzunehmen, als welche und in welcher sein bewusstes Leben sich abspielt."[95]

Ich gebe also zu, dass es innerhalb der neuronalen Korrelate für bewusstes Verhalten ein echtes Problem der Relationierung zwischen *Meta*repräsentationen (der selbstreferenziellen Funktionsweise im ganzen des Gehirnes, topologisch insbesondere vorgestellt anhand der Großhirnrinde) und *Repräsen*tationen (also verhaltenswirksamen Kopplungen zwischen Sensorik und Motorik, topologisch vorgestellt anhand der anderen Hirne im Gesamthirn) gibt.[96] Ich halte es auch für philosophisch kompatibel und empirisch äußerst plausibel, das Bewusstsein schon in diesem Korrelatkontext als „Eigensignal" des Gehirnes an sich selbst (Roth) und als eine aktual synchronisierende Selbstunterscheidung von seinem Grundrauschen (Singer) zu thematisieren. Das Bewusstsein ist nicht nur Prädikat des nach außen in die Umwelt und zum Lebewesen zurücklaufenden Verhaltenskreises, sondern, da dieser Lebenskreis des Verhaltens durch den Organismus hindurchläuft, in seinen Korrelaten auch Feedback des Hirnes in seiner Funktionsweise an sich selbst. Es mag auch sein, dass das Relationierungsproblem zwischen Metarepräsentationen und Repräsentationen Ähnlichkeit mit dem alten geistes- und bewusstseinsphilosophischen Problem der Reflexion aufweist. Und dies könnte verständlich werden

---

94 H. Plessner, Elemente der Metaphysik, a. a. O., S. 172.

95 Ders., Die Stufen des Organischen der Mensch, a. a. O., S. 261.

96 Gleichwohl bleibt, gegen zu einfache topologische Modelle, Gerhard Neuweilers Hypothese sehr bedenkenswert, dass sich Menschen von anderen Tieren nicht durch kognitive, sondern durch motorische Intelligenz unterscheiden. Siehe G. Neuweiler, Und wir sind es doch – die Krone der Evolution, Berlin 2008, S. 165f., 174. Zudem hat dieses Buch den Vorzug, die neurobiologischen Grundeinsichten vermitteln zu können, ohne sie als einen einzigen Determinismus darstellen zu müssen.

lassen, warum es für Singer zum Einfallstor der o. g. hermeneutischen Projektionen wird. Ich halte letztere in dem *Forschungs*kontext von Entdeckungen für heuristisch unvermeidlich, nicht aber in der differenzierten Begründung für die Reproduzierbarkeit der Phänomene im Kontext ihrer *Darstellung*. Der Darstellungskontext muss sie klar unterscheidbar machen von anderen und anders reproduzierbaren Darstellungskontexten. Anderenfalls entsteht eine *hermeneutische Konfusion* zwischen den verschiedenen Phänomengruppen, die doch Singer selbst unterscheidet.

Für diese Unterscheidung empfiehlt es sich, die in unserer Kulturtradition beliebteste Metapher, die *Reflexion* im Sinne einer nach innen rückbezüglichen Spiegelung, zugunsten eines jeden der vielen Kontexte von Selbstreferenz aufzulösen und neu zu fassen. Dabei darf hinter das von Singer erreichte Niveau, mindestens zwischen den erwähnten fünf Phänomengruppen unterscheiden zu müssen, nicht zurückgefallen werden, ja, wir werden sehen, dass selbst dies philosophisch noch nicht ausreicht, sobald wir nämlich die Reflexion im Sinne der Selbstreferenz von Sprache berücksichtigen. Sowohl in Singers als auch in Roths Schriften schwingt mir noch zu viel von unserer alten Kultursemantik mit, nämlich eine enorme Hochschätzung für die Innenwelt als den Hort aller Reflexion (vgl. oben 1.), bei beiden natürlich gebrochen durch einen wissenschaftlichen Abstand, der doch therapeutischen Zugang bewahren will (vgl. oben 2.), letzteres stärker bei Singer als bei Roth. Wenn die von beiden Autoren auf das Gehirn übertragenen Metaphern im wörtlichen Sinne wahr wären, dann wäre jedes Verhalten im Lebenskreis wenn nicht überflüssig mindestens aber nur ein Epiphänomen. So übernimmt bei Singer das Gehirn wortwörtlich gesehen die Aufgaben der *scientific community*, indem es Hypothesen generiert, überprüft und korrigiert, obgleich wohl nur Rückkopplungen spezifischer Schwingungsmuster in Netze neuronaler Relationen (also Korrelate) gemeint sein können.[97] Und dies geschehe auf der Grundlage dreier Mechanismen, durch die „Wissen" ins Gehirn komme, das dann aber doch nur „Vorwissen" und schließlich als „Korrelat" bezeichnet wird,[98] weil es kein diskursives Wissen ist. Was wir als Beobachter an Wissen brauchen, um uns das Überleben der Organismen und Gehirne erklären zu können, brauchen nicht diese, wohl aber die Teilnehmer an der soziokulturellen Evolution, ohne die wir nicht einmal überleben könnten. Auch bei Roth schwingt ein gewisser Stolz mit, der auf die selbstreferenziellen Errungenschaften im gesamten Hirninneren, wenn er einerseits gegen die behavioristischen Hypothesen über die Außendetermination des Verhaltens anschreibt und andererseits die rationalistischen Überforderungen des Subjekts durch Geistiges, die ebenfalls, wenngleich anders von außen kommen, kritisiert,[99] als ob gleichsam die Seele im limbischen System und dessen herrlichen Rückkopplungsschleifen läge. Dies alles kann ja nicht für die *scientific communities* als argumentativer Geltungsanspruch erhoben werden, weil es dann die konzeptionell tragende Ausgangfrage nach den Korrelaten (oben 3.) gar nicht mehr gäbe.

97 Vgl. W. Singer, Der Beobachter im Gehirn, a. a. O., S. 96, 109.
98 Vgl. ebd., S. 96, 111.
99 Vgl. G. Roth, Fühlen, Denken, Handeln, a. a. O., S. 452 f.

7. Von der neurobiologischen Naturalisierung der Hermeneutik zur Frage nach den Veränderungspotentialen der Korrelate in der Welterschließung: Die Facta der individuellen Lebensalter und der Generationen in der Weltgeschichte

Was lehren die hermeneutischen Vorprojektionen der sprachabhängigen Beobachter und ihrer Sichtweisen *via* innerer Selbstreflexion ins Gehirn? – Sie lehren, wie schwer es ist, in lebenswissenschaftlichen Forschungspraktiken den Unterschied zwischen ihrem schon immer (hermeneutisch selbstverständlichem) Verstehen und der Spezifik ihrer Erklärungsleistungen allererst herauszuproduzieren zu müssen. Sie nehmen, wie andere soziokulturelle Praktiken auch, in ihrem habitualisierten Vorverständnis wie selbstverständlich teil an dem über Jahrhunderte etablierten und anerkannten „Geist", d. h. an den soziokulturell institutionalisierten und dank der Selbstreferenz von Schriftsprache differenzierbaren Geltungsansprüchen, auch und gerade in der Kritik daran. *Sie nehmen „Geist" in Anspruch für ihre Forschung, ohne ihn zugleich thematisieren und methodisch kontrollieren zu können und obgleich sie andere Mentalitätsauffassungen kritisieren.* Roth und Singer fordern gegen den alten Dualismus von Natur- oder Geisteswissenschaft zurecht, Geisteswissenschaften mögen nicht nur Verstehenskünste ausbilden, sondern auch Erklärungsleistungen vollbringen.[100] Aber das Umgekehrte gilt in der Überwindung dieses anachronistischen Gegensatzes eben auch: Die neurobiologischen Forschungspraktiken sind Verstehenspraktiken, die das von ihnen selbst nicht kontrollierte Vorverständnis nicht mit ihrer Erklärungsleistung verwechseln sollten. Sie partizipieren, ihrer soziokulturellen Semantik nach betrachtet, noch immer an der Privilegierung der Reflexion aufs Innerliche. *Was früher – hermeneutisch gesehen – im Namen der Seele vorgetragen wurde, wird es heute im Namen des Gehirns.* Die Markierung des Primats zugunsten reflexiver Innerlichkeit (mentalitätsgeschichtlich seit Augustin und Rousseau) hat sich nicht geändert, wohl aber das methodische Verfahren. Ich sehe den provozierenden Unterschied, der in der *Naturalisierung des hermeneutischen Vorverständnisses* liegt, aber auch die mentale Kontinuität in der Säkularisierung des Christentums (oben 2.1.) und in der Teilnahme am Wettlauf im anthropologischen Kreis (oben 2.2.), weshalb die neurobiologische Provokation medial die Wellen hochschlagen lassen kann. Kündigt man indessen das hermeneutische Primat reflexiver Innerlichkeit, das neurobiologisch nun im Gehirn naturalisiert wird, auf, wird man frei zur *Anerkennung vieler, auf verschiedene Weise selbstreferenzieller Phänomengruppen, deren Korrelationen sich geschichtlich ändern.* Da man nun nicht mehr die *Selbstreferenz des Gehirnes* mit der *des Lebens überhaupt, des Erlebens-Subjektes, der Sprache überhaupt und der soziokulturellen Mentalität* verwechseln oder die eine als Epiphänomen auf die andere zurückführen muss (vgl. oben 2.3. – 2.5.), entstehen endlich die von der Philosophischen Anthropologie anvisierten Forschungsperspektiven.

---

100 Vgl. G. Roth, Aus der Sicht des Gehirns, a. a. O., S. 204-207.

Kehren wir, inzwischen an Differenzierungen reicher geworden, zu der Ausgangs-
frage (oben 2.3.) nach den hirnphysiologischen und neuronalen Korrelaten nicht mehr
nur für das Subjekt als dem aktual sich selbst erlebenden Bewusstsein, sondern auch für
die teilnehmend beobachtbaren Positionierungen des sprachlichen Subjekts in Soziokulturen (oben 2.4.) zurück, dann lässt sich womöglich auch die hirninterne Frage nach
dem funktionalen Zusammenhang zwischen Metarepräsentationen und Repräsentationen
erneut umstellen. Warum müsste es *für alles*, was soziokulturell an Differenzierungen
begegnet und dessen sich aktuale Selbstbewusstseine in ihrer Artikulation besser oder
schlechter bedienen, funktional *ebenso differenzierte* Hirnkorrelate geben? Es kann nicht
jede/jeder wie der späte Beethoven Streichquartette komponieren. Gewiss, innerhalb der
Annahme fester Korrelationen lässt sich empirisch vortrefflich streiten, ob diese Wirkungsrichtung primär ist oder die umgekehrte. Aber sowohl in der einen als auch in der
anderen Richtung löst sich die Frage an ihren Grenzen auf, wenn nämlich, wie Roth
überzeugend gezeigt hat (oben 2.4.), die primäre Seite in der Korrelation der sekundären Seite einen nur noch epiphänomenalen Status zuweist. Sobald die Hirnkorrelate
Geist und Subjekt zu Epiphänomenen erklären, entfalten diese Korrelate eine gleichsam
präformierende Wirkung, die der Evolution nicht gerade förderlich wäre. Es kommt so
zum *evolutionstheoretischen Selbstwiderspruch innerhalb des naturalistischen Fehlschlusses* (vgl. oben 1.2.) Auch die Annahme der umgekehrten (nicht von innen nach
außen, sondern von außen nach innen gehenden) Wirkungsrichtung innerhalb der Korrelation führt an einer bestimmten Stelle nicht weiter: Dann würden die *Meta*repräsentationen doch wieder zu *Repräsen*tationen von einem *umwelt*bedingten Verhalten,
das halt erlernt wurde. *Die ganze Frage nach bestimmten Korrelationen ist in ihren beiden Richtungen* vom Hirn über das Selbstbewusstsein zum Verhalten hin und wieder
zurück *zu begrenzt*, eben *auf die Voranpassung von Organismus und Umwelt* aneinan-
der in einem bestimmten Lebenskreis (von Uexküll).

Könnte es zunächst *in* der Funktionsweise des Gehirnes nicht ausreichen, dass sie in
den angeborenen Grenzen so selbstreferenziell und plastisch ist, *überhaupt* eine, diese
oder jene, aber keine abschließend bestimmte Zuordnung von Metarepräsentationen und
Repräsentationen zu erlauben? Und womöglich variiert eben diese Ermöglichung, sowohl angeboren als auch erlernt, sogar so individuell, wie es die Hirnforscher für die
von ihnen untersuchten Gehirne behaupten. Roth hat ja für entwickelte Gesellschaften,
in denen es genügend viele soziokulturell eingerichtete Umwelten gibt, Recht: „Personen suchen sich eher die Umwelten, die zu ihnen passen, als dass sie sich diesen Umwelten anpassen.“[101] Wo kommt aber eine angemessene Vielfalt von *Um*welten her?
Welche Art von *Welt*erschließung ermöglicht deren Bestimmbarkeit? Da müsste wohl
doch für eine sozial-institutionelle und kulturell-mentale Pluralisierung der monopolis-
tisch und dualistisch strukturierten Gesellschaften samt ihrem alten „Geist“ gestritten
werden. Brauchen wir, die Hirnforscher und Philosophen, nicht für die Kritik an bestimmten Korrelationen zugunsten anders und hoffentlich besser bestimmter Korrelatio-

---

101 G. Roth, Fühlen, Denken, Handeln, a. a. O., S. 452.

nen die Unterstellung, dass der Spielraum und die Spielzeit zwischen den Korrelata größer, auch *un*bestimmter sind, als bislang angenommen? Gehen wir, auch die Sozial- und Kulturwissenschaftler,[102] da nicht eine Unbestimmtheitsrelation ein, statt die Rolle eines allwissenden Gottes übernehmen zu können, die auch weder Roth noch Singer beanspruchen können?[103] Um die Eigendynamik in jeder Selbstreferenz jeder Phänomengruppe sich entfalten zu lassen, brauchen wir eine stärkere *Ent*kopplung der Korrelata von einander, ehe sie in Grenzen neu *ver*koppelt werden können. Gewiss, es gibt einen *kategorischen Rahmen des für Korrelierungen (Gerundium) überhaupt Nötigen. Geist, Sprache, Subjekt müssen lebbar bleiben können. Aber in diesem Rahmen der strukturellen Kopplung verschiedener Selbstreferenzen gibt es einen Konjunktiv des besser/ schlechter, des „man müsste, könnte, sollte" besser so als anders korrelieren. Woher sonst sollten die Veränderungspotentiale, der Streit und der Konflikt um Korrelationen in der Geschichte der Menschheit kommen?* Es ist gerade die Frage nach dem „Überschuss" einer jeden Selbstreferenz in jeder Phänomengruppe *über* die bestimmten Korrelationen, die zwischen den Phänomengruppen ermittelt werden, *hinaus* entscheidend dafür, verstehen zu können, dass sich die Korrelationen *ändern* und warum sie sich weltgeschichtlich gesehen nicht haben feststellen lassen. Nur evolutionstheoretisch gedacht, also eine weitere „Iteration", wenn man so will: Wenn Evolution primär auf der Differenz (und nicht auf der Identität) von Variation und Selektion beruht, dann wird Evolution wahrscheinlicher, je „lockerer" (variabler und selegierbarer) die strukturellen Kopplungen zwischen den verschiedenen selbstreferenziellen Funktionen sind. Die philosophische Frage an die Hirnforschung zielt unvermeidlich auf die Änderung der Erklärungsrelation zwischen dem *explanans* und dem *explanandum*.[104]

Ich möchte die Erklärungsaufgabe schließlich hier nicht aus philosophischer Tradition umstellen, da auch sie fragwürdig ist, sondern im Hinblick auf faktisch exemplarische Phänomene, die kein Erfahrungswissenschaftler hinsichtlich des sog. Tier-Mensch-Vergleiches als der Erklärung bedürftige wird leugnen können.

102 So hat der Soziologe N. Luhmann eingeräumt, dass er mit seinem Paradigma selbstreferenzieller *System-Umwelt*-Unterscheidungen die *Welt* als die „letzte unerwähnte Seite aller Unterscheidungen", als „letztes Unbeobachtbares", voraussetzen muss. N. Luhmann, Die Tücke des Subjekts und die Frage nach den Menschen, in: Soziologische Aufklärung 6: Die Soziologie und der Mensch, Opladen 1995, S. 166.

103 Vgl. zur Kritik an „allen abschließenden Behauptungen": W. Singer, Über Bewusstsein und unsere Grenzen, a.a.O., S. 287 f. Dazu passt ein „kritisches, aber gleichzeitig von Demut und Bescheidenheit geprägtes Lebensgefühl", das „durchaus Grundlage einer sehr lebbaren Welt sein könnte." Ders., Ein neues Menschenbild?, a.a.O., S. 66. Roth versteht unter erfahrungswissenschaftlicher Wahrheit „nur ,maximale Glaubwürdigkeit in einer bestimmten Zeitspanne'", wobei diese Glaubwürdigkeit *verfahrens*abhängig und von der Wissenschaft „selbstreferentiell" ermittelt werde. G. Roth, Aus der Sicht des Gehirns, a.a.O., S. 207 f.

104 „Was ist es eigentlich, das wir wissen wollen? Der letzte Aspekt der Frage besteht dann darin, dass im gegenwärtigen Stadium der interdisziplinären Bewusstseinsforschung das *Explanandum* alles andere als klar ist." Th. Metzinger (Hrsg.), Bewusstsein, a.a.O., S. 20.

Erstens: Nach allem, was wir bislang wissen, brauchen andere Primatenspezies keine Weltgeschichte, um stets erneut zu sich selbst kommen zu können. Wo wären faktisch ihre funktionalen Äquivalente an Monumenten und Dokumenten für so etwas wie den Aufbau und die Zerstörung des *World Trade Center*, das seine Vorläufer (Pyramiden, Collosseum) hatte? Wer hat denn schlagende Argumente dafür, dass unsere Weltgeschichte zu Ende ist und das Ende des Menschen in seiner abschließenden Wesensdefinition verkündet werden kann (oben 2.)? Niemand, ohne der „Dialektik des Scheins" (Kant) zu verfallen, die entsteht, sobald man Bestimmtes, Bedingtes und Endliches auf Unbestimmtes, Unbedingtes und Unendliches überträgt.[105] Auch die Erfahrungswissenschaften ändern sich daher geschichtlich in ihrem Fragen und Antworten.[106] Menschliche Lebewesen entkommen nicht der ihnen spezifischen Geschichtsbedürftigkeit. Damit wären wir bei der kulturellen Ausgangslage (oben 2.1.) und der philosophischen Infragestellung des anthropologischen Kreises (oben 2.2.) erneut angelangt.

Zweitens: Roth und Singer arbeiten die erfahrungs- und aktivitätsabhängige Strukturierung des Gehirnes heraus.[107] Diese Strukturierung braucht – im sog. Tier-Mensch-Vergleich ebenfalls faktisch auffällig – eine ganze, zudem kulturgeschichtlich wachsende Generation (derzeit dreimal mehr Zeit als bei Schimpansen), bis die Nachwachsenden als erwachsene und aktuale Inhaber soziokultureller Positionierungspotentiale fungieren können. Daher sagen Libets Experimente über die Korrelation zwischen aktualen Hirnzuständen und aktualen Bewusstseinszuständen herzlich wenig aus. Die Patienten/Probanden mussten erst einmal erlernen, was sie in dem Versuch an ihrem offenen Gehirn zu tun haben. Dass es in einer derart erlernten und aktuell aufregenden Versuchssituation Bereitschaftspotential gibt, ist nicht verwunderlich. Wozu es indessen bestimmt gewesen sein soll, bleibt unklar. Zudem erfolgt die Aktualisierung von Zuständen im Kontext lebensgeschichtlicher, sich über Jahrzehnte erstreckender Strukturgewinne und -verluste für Funktionen (nicht bestimmte Inhalte). Was (ein bestimmter Inhalt) früher bewusst und selbstbewusst hat aufwendig erlernt werden müssen, kann später funktional längst ins Unbewusste sedimentiert worden sein. Was heute bei einem guten Arzt sofort „emotional-limbisch" funktioniert, kann eine Generation zuvor von ihm eine Dekade lang in begründenden Sprachverwendungen (Studium, Facharztausbildung) angeeignet worden sein. Die Funktionsstruktur menschlicher Verhaltensweisen *ändert* sich weder durch Willkür noch „*rational choice*" von Augenblick zu Augenblick, sondern durch Lebenserfahrung der Individuen in ihren Lebensaltern und in den Habitualisierungsschleifen von Generation zu Generation.[108] Der menschliche Verhaltens-

---

105 Vgl. H.-P. Krüger, Philosophische Anthropologie als Lebenspolitik, a. a. O., I. Teil, 2. Kap.

106 Siehe H.-J. Rheinberger, Historische Epistemologie zur Einführung, Hamburg 2007.

107 Vgl. W. Singer, Der Beobachter im Gehirn, a. a. O., S. 119, 166.

108 Abgesehen von den schon erwähnten pragmatistischen Philosophen, die eine zyklische Verbesserung menschlicher Verhaltensgewohnheiten konzipiert haben, gab es auch immer wieder in den Sozial- und Kulturwissenschaften Versuche, die handlungstheoretischen Begründungen durch Habituskonzepte zu ersetzen. Vgl. u. a. P. Bourdieu/L. J. D. Wacquant, An Invitation to Reflexive Sociology, Chicago 1992.

zyklus hat einen Phasenverlauf (Singer: „Zeitfenster"), der als Kontext den je aktual gemessenen Korrelationen von Zuständen erst ihre Semantik verleiht. Diese Funktionsweise zeigt exemplarisch schon das episodische Gedächtnis (etwas in einer Szenerie), um
so mehr dessen externe Äquivalente an in den Soziokulturen verteilten Phantasmen.
Kurz: In den Kategorien von Plessners Philosophischer Anthropologie habe ich die er-
fahrungs- und aktivitätsabhängige Strukturierung der Hirnkorrelate die Einspielung[109]
der zentrischen Organisationsform auf die exzentrische Positionierungsform genannt,
eine Einspielung, die geschichtlich-politisch im „Großen" wie auch im „Kleinen" jeder
individuellen Lebensgeschichte umstritten ist. In diesen Streit gehen inzwischen auch die
gen- und reproduktionstechnologischen Eingriffsmöglichkeiten zur künstlich besseren
oder schlechteren Anpassung der zentrischen Organisationsform an die exzentrische Positionierungsform ein.

8. A-zentrische, zentrische und exzentrische Positionalitätsformen und ihre Organisationsformen. Ein kategoriales Minimum für selbstreferenzielle Phänomengruppen und ihre struktur-funktionalen Kopplungen im Leben

Wenn wir uns, ans Ende rückend, fragen, wie wir die bisher thematisierten Kontexte
alle in einer weit genug gefassten Welt unterbringen können, die uns nach vorne, im
Hinblick auf die Gegenstände der Forschung, genügenden Differenzierungsreichtum gewährt und die uns nach hinten, was unsere eigene Praxis angeht, nicht in Selbstwidersprüche verwickelt, indem wir anderes tun, als wir erklären können, dann sollten wir
zu den folgenden kategorialen Unterscheidungen stehen, statt sie ständig durcheinander
zu bringen. Sie antworten auf die von Singer offerierte Brücke (2. 6.) zu einer Gesamt-
übersicht über die thematisierbaren Gegenstände, die jedoch nicht an sich erscheinen,
sondern in methodischen und theoretischen Praktiken.

a) Der Unterschied zwischen Personalität, Perspektivität und Aspektivität

Die neurobiologische Hirnforschung anerkennt die Unersetzbarkeit und Inkompatibilität
zwischen der Erlebensperspektive der ersten Person einerseits und der erfahrungswissenschaftlichen Perspektive der dritten Person andererseits (oben 3.-5.). Sie stellt nach
struktur-funktionalen Modellen Korrelationen zwischen den Zuständen in beiden Phänomenreihen her und versucht, diese Korrelationen darstellbar und messbar zu machen.
Insofern kann ihr nicht an einem erneuten Auseinanderfallen der beiden Perspektiven in
den *Dualismus* entweder der ersten oder der dritten *Person* gelegen sein. Sie muss sowohl die *Perspektive* der sogenannten ersten als auch die *Perspektive* der sogenannten

---

109 Vgl. H.-P. Krüger, Zwischen Lachen und Weinen, Bd. I, a. a. O., S. 94-115.

dritten Person vermitteln. Plessner schlug die Redeweise von einer *Aspektdifferenz* vor, die für personale Verhaltungen charakteristisch ist, gleich welcher Person im grammatikalischen Sinne. So sehr der Arzt erfahrungswissenschaftlich messbare Gestalten zur Diagnose und Therapie braucht, er geht in seinem Verständnis der Lage als ganze Person keineswegs in diesem fokussierten Aspekt physischer Bestimmungen auf. Wir haben gesehen, zu welcher hermeneutischen Einfühlung auch Hirnforscher wie alle Menschen als Personen neigen. Auch der Patient löst sich nicht als Person auf in die ihn aktual beherrschende Erlebnisperspektive, etwas zu erleiden. Er möge, therapeutisch betrachtet, (wieder) *Person sein können*. Statt also in einen erneuten Dualismus zurückzufallen, müssen wir deutlich zwischen Personalität, deren Perspektiven und deren Aspekten unterscheiden lernen. Es geht nicht um die ausschließliche Feststellung ganzer Personen auf nur diese und keine andere Perspektive, der entsprechend nur diese und keine anderen Aspekte wahrgenommen und beurteilt werden müssen, sondern um eine Auflösung und Umstellung all dieser üblichen Fehlidentifikationen. *Personen* (aller grammatikalisch fassbaren Perspektiven von der ersten bis dritten Person *singularis* und *pluralis*) nehmen dann und nur dann die *Perspektive* des Lebens ein, wenn sie sich zu der *Differenz* zwischen dem *Aspekt des Physischen* und dem *Aspekt des Psychischen* verhalten. An die Stelle des vermeintlichen Personendualismus, der leider auch die philosophische Diskussion durchgeistert, tritt so eine Aspektdifferenz, die von Personen als dem Dritten (als Neutrum, *nicht* im Sinne des erfahrungswissenschaftlichen Beobachters) her in der Verhaltungsbildung ermöglicht wird.[110] Die phänomenologische Grundeinsicht (die Plessner methodisch von Schelers Neutralisierung des Dualismus übernommen hat) besteht darin, dass nur in dieser funktionalen Dreierstruktur[111] Phänomene ihre *Lebendigkeit von sich aus zeigen*, da sie dann ebenso wie die sie anschauenden Personen zwischen ihren physischen und psychischen Aspekten *spielen* (regulär oder irregulär, ein- oder ausspielen) können. Anderenfalls würde man lebendige Phänomene schon durch ihre methodische Einklammerung dualistisch abtöten. Insofern Personen leben und Lebendigem begegnen (was hermeneutisch keineswegs selbstverständlich ist), tun sie dies *in* der genannten Aspekt*differenz*, deren Einheit nicht aus ihr, sondern von einem Dritten her ermöglicht wird.

Die Hirnforschung muss sich also keinem neuen Dualismus der ersten und dritten Person hingeben. Sie steht vielmehr – wie alle lebenstherapeutischen Unternehmungen – vor der Frage, unter welchen paradigmatischen und methodischen Bedingungen sie eine Perspektive des Lebens einzurichten vermag, in der ihr Lebendiges spezifizierbar begegnet. Sie kann im Rahmen dieser perspektivischen Aspektdifferenz versuchen, zu posi-

---

110 Vgl. H. Plessner, Die Stufen des Organischen und der Mensch, S. 24-28, 34-36, 81-84, 89, 293, 300-302.

111 Dieser phänomenologischen Methode entsprechen in der semiotischen Rekonstruktion der Phänomene drei-relationale Zeichen, die als „Haltungen" (später terminologisch: „Verhaltungen" oder „Positionierungen") eingenommen werden, um eine funktionale Einheit der Sinnesmodalitäten praktizieren zu können Vgl. H. Plessner, Die Einheit der Sinne. Grundlinien einer Ästhesiologie des Geistes (1923), in: ders., Gesammelte Schriften III (S. 7-316), Frankfurt/M. 1980.

tiven Bestimmungen des Spielpotentials zwischen physischen und psychischen Aspekten zu gelangen. Ihre Korrelationen sind eine messbare Auswahl aus jenen strukturellen Kopplungen, die vom Standpunkt des Spielpotentials auch anders möglich wären. Die wichtigste der oben gesuchten „Brücken" zwischen Hirnforschern, Philosophen und anderen Menschen ist der personale Charakter unser aller Lebensführung, der sich in Perspektiven und deren Aspekte differenzieren lässt.

Bislang habe ich die Aspektdifferenz, der neurobiologischen Perspektivendiskussion gemäß, nur als die Differenz zwischen dem Physischen und Psychischen eingeführt. Plessner spezifiziert sie jedoch für jede (Emergenz ermöglichende) Stufe von Phänomenlevels, die vom Lebendigen überhaupt bis zum darin (einer russischen Puppe ähnlich) enthaltenen Mentalen reichen. Um in der alten Semantik verständlich zu bleiben: Was „oben" (für sozialisierte und enkulturalisierte Personen) als die „Körper-Leib-Differenz"[112] begegnet, beginnt „unten" (in der Unterscheidung lebendiger von nicht-lebendigen Phänomenen, z. B. anorganischen oder toten Körpern) als die Differenz zweier Bewegungsrichtungen, nämlich der von außen nach innen und der von innen nach außen.

b) Positionalität: Lebende Körper realisieren ihre eigene Grenze raum- und zeithaft in Raum und Zeit

Diese Divergenz zwischen den beiden Bewegungsrichtungen (von innen nach außen und von außen nach innen) ist zunächst physikalisch-chemisch fassbar anhand von räumlichen und zeitlichen Gestalten. Solche Gestalten halten nicht nur anorganische, sondern auch organische Körper in Konturen (Schranken). Insofern vermögen Gestalten allein nicht die Spezifik des Lebendigen am Körper funktional zu spezifizieren.[113] Was ermöglicht ontisch, dem Ding nicht nur Eigenschaften der physikalisch-chemische Selbstorganisation, sondern funktional spezifischer solche der biologischen Selbstreproduktion zu prädizieren? Dafür muss es in der Differenz des Dinges, d. h. in der Differenz zwischen seinem Kern und dem Mantel seiner Eigenschaften, einen Anhaltspunkt unter seinen Eigenschaften selber geben: „wenn ein Körper außer seiner Begrenzung den Grenzübergang selbst als Eigenschaft hat, dann ist die Begrenzung zugleich Raumgrenze und Aspektgrenze und gewinnt der Kontur unbeschadet seines Gestaltcharakters den Wert der Ganzheitsform. Auf das Verhältnis des begrenzten Körpers zu seiner Grenze kommt es also an."[114]

Verhält sich der Körper zu seinen raumzeitlich gestalteten Konturen, dann von woanders her, nämlich aus seinem raumhaften und zeithaften Grenzübergang in der Richtungsdivergenz der genannten Bewegungen. Er ist dann raumhaft „In ihm Selber Sein

---

112 Aus Gründen einer performativen Einführung habe ich mit ihr begonnen. Vgl. H.-P. Krüger, Zwischen Lachen und Weinen. Bd. I, a. a. O., 1. Kapitel.
113 Vgl. H. Plessner, Die Stufen des Organischen und der Mensch, a. a. O., S. 100.
114 Ebd., S. 103.

und Aus ihm selber Sein"[115] und zeithaft Sich vorweg und Sich hinter her Sein. „Das Reellsein der Grenze an einer der einander begrenzenden Größen drückt sich für diese aus als die Weise des Über ihr hinaus Seins. Insofern Grenze ein *gegen*sinniges Verhältnis zwischen den durch sie getrennten und zugleich verbundenen Größen stiftet [...], drückt sich das Reellsein der Grenze an dem Realen als die Weise des *Ihm entgegen* Seins aus."[116] Ist der lebende Körper im Übergang seiner Bewegungsrichtungen (als Verhaltung) über ihn (als bloß organische Gestalt) hinaus, ihm entgegen und in ihn hinein, ist er also außerhalb und innerhalb seiner Gestalten, *positioniert* er *sich* (im Unterschied zu nicht-lebendigen Phänomenen oder Medien). Insofern er im Grenzdurchgang „angehoben" wird, kann er sich auch setzen, was Plessner „seinen *positionalen Charakter* oder seine *Positionalität*"[117] nennt. Es ist hier nicht nebenbei möglich, das Prozess- und Entwicklungspotential positionalen Daseins durchzugehen, seine ihm eigene Raum- und Zeithaftigkeit, die es in einer „Raum-Zeit-Union"[118] realisiert und durch welche die Brücken zu den Lebenswissenschaften gebaut werden: „Lebendiges Sein beharrt im Werden, indem es ihm selbst vorweg ist. Es ist gegenwärtig, insofern es kommt, die Basis seiner Fundierung in der Zukunft liegt, aus der Zukunft her, ‚im Vorgriff‘ lebt. Nur in diesem ‚Rücklauf‘ ist es gesetztes Sein, nur dadurch zeigt es die positionalen Charaktere der raum-zeithaften Union, zeigt es Gebundenheit im absoluten Hier-Jetzt, Selbständigkeit. [...] Die Erfüllung der dreiteiligen, nach den Modis Zukunft, Vergangenheit, Gegenwart gegliederten Zeit als ein kraft seiner Vorwegstruktur, Vorgriffsstruktur rückläufig seine Vergangenheit Sein ist dem Leben, ob es pflanzlich oder tierisch organisiert ist, spezifisch."[119]

c) Offene und geschlossene Organisationsweisen lebendiger Körper zum Lebenskreis

Der Blick zurück von der *Positionalität* des lebenden Körpers auf seine *organischen Gestalten*, sowohl seine Rand- als auch Binnengestalten, wirft die Frage nach seinen grundsätzlich möglichen Organisationsweisen auf. Versteht man unter „Organisation" eine Lösung für das Problem, wie es durch Selbstvermittlung der Teile (Organe) zur Funktionseinheit des belebten Körpers so kommen kann, dass er sich zu positionieren vermag, liegt folgender Ausgangspunkt nahe: „In seinen Organen geht der lebendige Körper aus ihm heraus und zu ihm zurück, sofern *die Organe offen sind und einen Funktionskreis mit dem bilden, dem sie sich öffnen*. Offen sind die Organe gegenüber dem Positionsfeld. So entsteht der *Kreis des Lebens*, dessen eine Hälfte vom Organismus, dessen andere vom Positionsfeld gebildet wird."[120] Während Autarkie nur dem

---

115 H. Plessner, Die Stufen des Organischen und der Mensch, a. a. O., S. 104.
116 Ebd., S. 127.
117 Ebd., S. 129.
118 Vgl. ebd., S. 177-184.
119 Ebd., S. 279 f.
120 Ebd., S. 191 f.

ganzen Lebenskreis zukommt, ist der Organismus darin auf strukturelle Autonomie be-grenzt. Demnach muss die Organisationsweise nach innen Fließgleichgewichte zwischen Auf- und Abbauprozessen ermöglichen, die nach außen strukturfunktional eine Voran-gepasstheit und aktuale Anpassungen (im Vollzug der Verhaltung) zum Positionsfeld er-lauben. Zudem muss dieses Aufeinander-Einspielen beider Verhaltungs- und Organisa-tionsrichtungen zyklisch reproduziert (durch Fortpflanzung, Vererbung und Selektion) werden können.

Fragt man nach den strukturfunktionalen Ermöglichungsbedingungen all dieser er-fahrungswissenschaftlichen Ausgangspunkte, sowohl im Hinblick auf die Erscheinungs-weise der Phänomene selber als auch den personalen und methodischen Zugang zu ihnen, schlägt Plessner philosophisch (nicht als erfahrungswissenschaftlichen Ersatz) eine Re-vision der biologischen Evolutionstheorie vom Standpunkt des „kategorischen Kon-junktivs" der dem Leben wesentlichen, nämlich nötigen und zufälligen Seinsmöglich-keiten vor.[121] „Der Organismus ist in Beziehung zum Positionsfeld *exzentrischer Mit-telpunkt*. [...] Er wird damit als Mitte und Peripherie in Einem gekennzeichnet."[122] Er hat sich „gleichsinnig" und „gegensinnig" zum Positionsfeld zu stellen und beides im zyklisch reproduzierbaren Prozess zu synthetisieren, soll Leben real möglich bleiben können. Daraus ergibt sich als ein erster Zwischenschritt die Unterscheidung zwischen der offenen (phänomenal anhand von Pflanzen) und der geschlossenen (anhand von Tieren) Organisationsform lebendigen Daseins. Offen ist diejenige Form, „welche den Organismus in allen seinen Lebensäußerungen unmittelbar seiner Umgebung eingliedert und ihn zum unselbständigen Abschnitt des ihm entsprechenden Lebenskreises macht", während geschlossen diejenige Form ist, „welche den Organismus in allen seinen Le-bensäußerungen mittelbar seiner Umgebung eingliedert und ihn zum selbständigen Ab-schnitt des ihm entsprechenden Lebenskreises macht."[123]

d) Dezentralistische und zentralistische Organisationsformen in der zentrischen Positionalität

Fragt man sich nun, in welchen wesensnötigen Optionen die Schließung der Organisa-tionsform gegenüber ihrem Positionsfeld (phänomenologisch anhand der Sphäre von Tieren) erfolgen kann, gibt es den eher dezentralistischen oder den eher zentralistischen Weg. Die Schließung überhaupt braucht eine gewisse Zentrierung der Organisation nach innen (physisch: Nerven) und außen, sodass es zu einer Frontalstellung gegenüber etwas im Positionsfeld kommen kann, die Plessner „zentrische Positionalität" nennt. Aber diese gewisse Zentrierung kann – im Hinblick auf die Organisation der funktionalen Einheit in der Binnendifferenzierung – funktionsspezifisch in vielen Zentren erfolgen und muss nicht mit einer einzigen allgemeinen Zentralisierung (physisch: Gehirn) aller spezifi-

121 Vgl. H.-P. Krüger, Zwischen Lachen und Weinen. Bd. II, a.a.O., S. 111-114, 292-293.
122 H. Plessner, Die Stufen des Organischen und der Mensch, a.a.O., S. 203.
123 Ebd., S. 219 u. 226.

schen Zentren zusammenfallen. „Entweder bildet der Organismus unter Verzicht auf zentrale Zusammenfassung einzelne Zentren aus, die im losen Verband miteinander stehen und in weitgehender Dezentralisierung den Vollzug der einzelnen Funktionen vom Ganzen unabhängig machen. Dies ist der Weg möglichster Deckung gegen das Feld durch Umgehung des Bewusstseins. Oder der Organismus fasst sich streng zentralistisch unter der Herrschaft eines Zentralnervensystems zusammen und sucht den Vollzug der einzelnen Funktionen unter seine Kontrolle zu bringen. Dies ist der Weg möglichsten Eindringens in das Feld durch Einschaltung des Bewusstseins."[124] Charakteristisch für die dezentralistische Organisation ist „das Zurücktreten der sensorischen hinter den motorischen Apparaten, die Abdeckung der Objektwelt bis auf spärliche Signale zugunsten eines möglichst reibungslosen Ablaufs der für den Körper notwendigen Aktionen. Geringer Fehlerchance entspricht ein geringes Assoziations- oder Lernvermögen."[125] Demgegenüber eröffnet der *lebensimmanente Umschlag des Seins ins Bewusstsein* (psychisch) Lernniveaus und (physisch) zentralnervöse Unterbrechungen und Zuordnungen zwischen den Zuständen in Sensorik und Motorik. „Merken ist gehemmter, Wirken enthemmter Erregung äquivalent. Zwischen beiden spannt sich die Sphäre des Bewusstseins, durch welche hindurch der Übergang vom Merken ins Wirken stattfindet. So ist sie die raumhaft innere Grenze, ist sie die zeithafte Pause zwischen dem von außen Kommenden und dem nach außen Gehenden, der Hiatus, die Leere, die binnenhafte Kluft, durch die hindurch auf den Reiz die Reaktion erfolgt."[126]

Die Aktionen müssen nun „*auf Grund* der Empfindungen" des eigenen Körpers geschehen, während gleichzeitig die Notwendigkeit entsteht, „das Umfeld soweit wie irgend möglich durch die Sinnesorgane zu kontrollieren", eine Tendenz, die im Vergleich zur dezentralistischen Form einen „Primat des Sensorischen"[127] aufweist. Die zentralistische Repräsentation (physisch: Gehirn) des eigenen Körpers, des Umfeldes und schließlich der Wirkungen eigener Aktionen im Umfeld resultiert in den „Ringschluss des sensomotorischen Funktionsspiels, dem (das: HPK) Auftreten von Dingen im Merkfeld entspricht",[128] also von nicht mehr nur Signalen für Aktionen. Aber damit führt die zentralistische Steigerung zur Totalrepräsentation zu immer komplexeren Rückkopplungsschleifen, die unterbrechen und verbinden, Fehlerchancen (z. B. Reaktionszeiten) erhöhen und einen Antagonismus von Handlung und Bewusstsein bewirken, das zwischen der Kontrolle eigener Bewegungen und der Aufmerksamkeit für Feldverhalte schwankt. Beide, der dezentralistische und der zentralistische Weg haben Grenzen in der zentrischen Positionalität. Angeborene (Instinkte) und lernabhängig auszubildende Strukturen (die Öffnung der Verhaltung im Trieb, ihre Bestimmung durch Gewöhnung und die Lösung ihres Problems durch Intelligenz) können einander positional ergänzen.

---

124 H. Plessner, Die Stufen des Organischen und der Mensch, a. a. O., S. 241.
125 Ebd., S. 248.
126 Ebd., S. 245.
127 Ebd., S. 249 f.
128 Ebd., S. 255.

Obgleich die zur zentrischen Positionalität gehörigen Organisationsformen auf bewusste und außer-bewusste Weise „ein rückbezügliches Selbst oder ein Sich" beinhalten, weist diese mehrfache Rückbezüglichkeit doch deutliche Grenzen auf. Sie wird spontan als die *Einheit* von Körper und Leib *vollzogen*, nicht aber von einem Dritten her als die *Differenz* zwischen Körper und Leib selber *angeschaut*. „Positional besteht hier noch keine Möglichkeit, zwischen dem Gesamtkörper (einschließlich des Zentralorgans) und dem Leib (als der vom Zentralorgan abhängigen Körperzone) zu vermitteln. Positional besteht beides nebeneinander, ohne dass damit die Einheit des Sachverhalts aufgehoben wäre. ... der Doppelaspekt von Körper und Leib ist der positionale Gegenwert jener physischen Trennung in eine das Zentrum mit enthaltene und eine vom Zentrum gebundene Körperzone."[129]

e) Das Problem der strukturellen Kopplung von exzentrischer Positionalität
    und zentrischer Organisationsform und damit indirekt aller lebendigen Sich-Bezüge

„Die Schranke der tierischen Organisation liegt darin, dass dem Individuum sein selber Sein verborgen ist, weil es nicht in Beziehung zur positionalen Mitte steht, während Medium und eigener Körperleib ihm gegeben, auf die positionale Mitte, das absolute Hier-Jetzt bezogen sind. Sein Existieren im Hier-Jetzt ist nicht noch einmal bezogen, denn es ist kein Gegenpunkt mehr für eine mögliche Beziehung da."[130] Hier könnte erst eine *exzentrische Positions*form Abhilfe schaffen, die das physisch-psychische Zentrum der Verhaltensbildung (Mitte) durch Distanzgewinnung von woanders als dem Organismus her zu *dezentrieren* gestattet. Sie lässt sich inhaltlich insbesondere (nicht nur) als sprachliche Mentalität fassen, die soziokulturell positioniert wird[131] und als „Sinn für das Negative" Schimpansen fehlt.[132] Eine dezentrische *Organisations*form haben wir schon in ihren komplementären Grenzen zur zentrischen Organisationsform kennen gelernt. Sie bietet als solche keinen Grenzübergang über die zentrische Positionalität hinaus. Aber die (gegenüber Plessners Zeit neue) Leistung der neurobiologischen Hirnforschung (oben 3.) besteht darin, dass sie die dezentrale Organisation *innerhalb* der zentralen Repräsentation (durch selbstreferenzielle Metarepräsentationen) herausgearbeitet hat. Eine sich selber ex*zentrische Organisations*form, etwa als Hintereinanderschaltung physisch von Großhirnrinden und psychisch von Subjekten, würde an Selbst-Paralyse und Überkomplexität zugrunde gehen.[133] Es hilft aber auch nur eine solche Ex-Zentrierung der Positionalität weiter, die als ex-*zentrische* Positionalität mit der zentrischen Organisationsform überhaupt durch strukturelle Kopplungen verträglich bleibt. Schließlich entsteht

---

129 H. Plessner, Die Stufen des Organischen und der Mensch, a. a. O., S. 237 f.
130 Ebd., S. 288.
131 Vgl. zur soziokulturellen Zweitnatur in Sprache und Geist: ebd., S. 304 f., 311, 340.
132 Vgl. ebd, S. 270 f.
133 Vgl. zur „widersinnigen Verdopplung des Subjektkerns" in der Organisationsform statt Positionsform: Ebd., S. 290 f.

in diesem kategorialen Forschungsprogramm die Frage, was sich in der zentrischen Organisationsform ändern muss, damit sie in und mit einer exzentrischen Positionsform strukturfunktional gekoppelt werden kann. Im Anschluss an die neurobiologische Hirnforschung kann die Lösungsrichtung nur lauten: Eine derart verallgemeinernde Steigerung der Selbstreferenz (physisch: Metarepräsentationen) in der Funktionsweise des Gehirnes, dass sie an exzentrische Positionierungen anschlussfähig wird.[134] Kurzum: Die Frage der exzentrischen Positionalität, die wir alle selber letztlich in Anspruch nehmen, ist dem Inhalte nach die Menschenfrage bzw. die Frage nach vergleichbar spezifischen, ihr Verhalten de- und re-zentrierenden Lebewesen. Wir haben die personale Verhaltung zur Körper-Leib-Differenz, die für die exzentrische Positionalität charakteristisch ist, bereits oben betont. Und wir waren von Anfang an von der erst in der exzentrischen Positionalität möglichen Erschließung der Außen- und Innenwelt von einer Mitwelt her ausgegangen (oben 1.), die in der westlich-dualistischen Kulturentwicklung in den anthropologischen Zirkel geführt hat (2.).

Wir haben auch das Problem der De- und Rezentrierung von Verhaltungen, das die exzentrische Positionalität ausmacht, bereits (oben 4. u. 5.) als den kritischen Grenzübergang zwischen dem bewussten Erlebenssubjekt und der soziokulturellen Positionierung sprachlicher Mentalität diskutiert. Und wir haben dabei gesehen, dass sich dieses Problem kategorial erst begreifen lässt, wenn es in die Unterscheidung und den Zusammenhang der Vielzahl von Selbstbezügen des Lebens insgesamt eingeordnet wird. Die Begrenzungen des Bewusstseins-Subjektes nehmen so nur von allen Seiten zu. Im Vergleich zu Singers Iteration hat sich diese Vielzahl von Selbstreferenzen des Lebendigen in dem durchgängigen Unterschied von und Zusammenhang zwischen Positionalitäts- und Organisationsformen ausgeweitet und differenziert (7. b) – e)). Vor allem aber hat sich das Verfahren der Ermittlung von Selbstreferenzen und deren struktureller Kopplungsprobleme verändert. Es erfolgt nicht einseitig physisch, sondern aus der personalen Lebensperspektive und ihrem Doppelaspekt (7. a)), der hermeneutischen Konfusionen und neuen Dualismen vorbeugt.

---

134 Die rekursive Anwendung des neuronalen Funktionsprinzips auf sich selbst im Neocortex hat Plessner noch nicht ausführen können. Sie lässt sich aber in seinen kategorialen Rahmen einordnen (vgl. H.-P. Krüger, Zwischen Lachen und Weinen. Bd. I, a.a.O., 3. Kapitel), der rückbezügliche Einfaltungen der Positionalität in Organisation und rückbezügliche Ausfaltungen der Organisation in Positionalität expliziert. Metarepräsentationen unterbrechen Repräsentationen, wodurch physisch die Einspielung der zentrischen Organisationsform und exzentrischen Positionsform aufeinander überhaupt möglich wird. Vgl. H. Plessner, Die Stufen des Organischen und der Mensch, a.a.O., S. 244.

9. Zwei Heraus- und Hineindrehungen in der neurobiologischen Hirnforschung: Vom Organismus zur Differenz zwischen den Umwelten und der Welt

Es wäre eine große Leistung, wenn es der neurobiologischen Hirnforschung gelänge, die selbstreferentielle Funktionsweise des Gehirnes aufzuklären. Ich halte die diesbezüglichen Hypothesen für vielversprechend und hoffe, dass sie sich empirisch bestätigen lassen werden. Merkwürdigerweise wird aber diese Entdeckung noch immer in einem traditionellen Rahmen dualistischer Missverständnisse verarbeitet. Noch immer spuken die cartesianischen Fehlalternativen zwischen entweder Materie oder Geist, entweder Physis oder Psyche, entweder Determinismus oder Freiheit und – dementsprechend in methodischer Hinsicht – zwischen entweder Erklären (der Kausalität aus der 3. Person-Perspektive) oder Verstehen (des phänomenalen Sinnes aus der 1. Person-Perspektive) durch die Diskussionen aller Fächer. Daraus wird dann leicht wieder der in den letzten Jahren zelebrierte „Kulturkampf" in den öffentlichen Medien, d. h. der Kampf zwischen den Natur- oder Geisteswissenschaften um die Führung in der Auslegung des sozialen Seins. Im Schlussteil gehe ich zu einer alternativen Beschreibung der neurobiologischen Forschungspraxis über. Diese Rekonstruktion dessen, was das Tun der neurobiologischen Hirnforscher ermöglicht, greift auf die Philosophische Anthropologie zurück, weil sie aus den dualistischen Trennungen herausgeführt hat.

In der westlichen Tradition des Christentums und seiner Säkularsierung wurde die ontologische Unterscheidung zwischen der Innenwelt und der Außenwelt häufig mit den methodologischen Zugängen aus der Perspektive der 1. Person (Erleben) und der 3. Person (erfahrungswissenschaftlicher Beobachter) parallelisiert. Die Perspektive der 1. Person gestatte Zugang zur Innenwelt, die der 3. Person zur Außenwelt. Zudem wurde diese Parallele zwischen den Dualismen in Ontologie und Methodologie dem Inhalte nach interpretiert, um zwischen Ontologie und Methodologie hin- und hergelangen zu können. Dieses hermeneutische Selbstverständnis bedeutete einerseits, dass man als das Innere etwas Seelenhaftes oder Psychisches erwartete, das irgendwie selbsthaft sei und nicht manipuliert werden könne und dürfe, da es an Substanziellem teilhabe. Demgegenüber wurde das Äußere mit dem Physikalischen und/oder Physischem identifiziert, das materiell sei und damit als manipulierbar genommen werden könne.

Die neurobiologische Hirnforschung verstößt auf interessante Weise gegen dieses hermeneutische Vorurteil. Sie schlägt bemerkenswerte Umkehrungen in diesem Knäuel geläufiger Identifikationen vor. In gewisser Weise macht sie aus außen „innen" und aus innen „außen". Es gibt zwar auch in ihr einen schwer objektivierbaren Rest der Psyche von Probanden und Forschern einschließlich deren Introspektion. Aber das Experimentaldesign wird möglichst unabhängig davon eingerichtet, durch Vor- und Nachbereitung, durch standardisierte Interaktion zwischen den Probanden und Forschern in ihrem äußeren Verhalten. Die Psyche wird in dem äußeren Verhaltenskontext der Versuchsanordnungen situiert und dort benutzt für semantische Zwecke. Anders käme man nicht an die Verhaltens-Funktionen heran, von denen ausgehend nach ihren Korrelaten in neuronalen Aktivitäten gesucht werden kann. „Innen" wird durch die neuen Methoden, invasive und non-invasive, darstellbar als Materie, Physikalisches und Physisches, das teilweise beeinflusst werden kann, ohne dort einer Seele zu begegnen. Gleichwohl aber lasse sich dort, topologisch und mehr noch zeitlich, eine selbstreferenzielle Funktionsweise des Gehirns entdecken, so zumindest die Hypothese. Sie führt die Frage nach den Grenzen der Beeinflussbarkeit von außen oder der Autonomie des Gehirns von innen mit. Wir hätten es demnach mit einem materiellen Selbst zu tun, das zumindest nicht allein psychisch, sondern ein Komplex aus neuronalen und psychischen Eigenschaften sei.

In den nicht-reduktiven Naturalismen, zu denen sich Roth und Singer bekennen, wird so etwas Inneres zu etwas Äußerem, aber nicht im Sinne einer einfachen Umkehr der traditionellen Ausgangsunterscheidung. Das Innere erhält auf neue Weise, im Sinne der selbstreferenziellen Funktionsweise des Gehirns, etwas Selbsthaftes, das nicht mehr mit dem traditionell Psychischen zusammenfällt. Es gibt eine Verbindung von früher getrennt Physischem und Psychischem *im* Physischen, das *innen* liegt. Aber diese inneren Korrelate für einen Funktionszusammenhang werden von *außen* untersucht. Auch außen muss eine Verbindung zwischen Physischem und Psychischem als Parameter für die Korrelatbildung eingerichtet werden. Der Beobachter draußen besteht aus vielen Standardbeobachtern, die in ihrer Interaktion die methodischen Darstellungen von Physischem und Psychischem zur Kontrolle der Probanden und der Forscher selber auseinander halten und integrieren. Insofern sind viele Psychen von innen nach *außen* gekehrt, von Intra-Psychischem zu Inter-Psychischem geworden, damit ihr Zusammenhang mit Physischem *innen* untersucht werden kann. Es findet so etwas wie eine Herausdrehung aus dem Gehirn des Organismus statt, damit man sich kontrolliert wieder in es hinein und erneut aus ihm herausdrehen kann, bis sich verhaltensfunktionale Korrelate an neuronalen Aktivitäten ergeben.

Um diese Forschungspraktik beschreiben zu können, muss offenbar die Unterscheidung zwischen außen und innen über den Organismus der Probanden und Forscher hinaus erweitert werden. Was dessen organische Gestalt angeht, so ist die Schranke zwischen außen und innen im Sinne der Häute bei Säugern vorgegeben. Schwieriger wird es schon, wenn man fragt, was räumlich und zeitlich zur *Interaktion* des Organismus mit seiner Umwelt gehört, ohne die er nicht „artgerecht", wie es oft heißt, *leben* kann. Die Einschränkung seiner Interaktionsmöglichkeiten im Labor kann für bestimmte Versuchsserien sinnvoll sein, nur muss sie nicht ermitteln, worin seine Artspezifik als Lebewesen besteht. Diese wird von woanders her vorausgesetzt. Versteht man Leben als die Interaktion von Organismus und Umwelt, gewinnen die Unterscheidungen eine neue Dimension. Der Organismus gehört in seinen Interaktionen diesem ihm (organisch) *Äußeren* an. Und insofern nimmt er am *Inneren* des Lebenskreises als der interaktiven Einheit mit der Umwelt teil. Damit die Biologen alle diese Unterscheidungen machen können, müssen sie Abstand zu bestimmten Umwelten haben, auch Distanz zum Experimentaldesign ihrer Labors. Als Organismen brauchen sie gewiss auch eine artgerechte Umwelt, und als Spezialisten eine soziokulturell institutionalisierte Umwelt, die bei ihnen die spezifische Form von Forschungslabors annimmt. In ihrer *Community* können sie Fachdiskursen über die Verstehensleistungen und Erklärungsaufgaben ihrer Experimentallabors nachgehen. Insofern haben sie Abstand von den Probanden und kontrollieren sich selbst als Forscher.

Die erste Hinausdrehung betraf den Weg vom Inneren des untersuchten Organismus in seine Interaktionen mit der Umwelt, sowohl seiner biologischen als auch seiner sozio-kulturellen Umwelt. Die Diskursgemeinschaft der Neurobiologen ist eine zweite Heraus-drehung, nun aus den Labors hinaus, um sich in diese soziokulturelle Umwelt wieder hineindrehen zu können. Sie geht über die erste Herausdrehung aus dem Organismus in seine biologisch verstandene Umwelt oder in seine Laborumwelt hinaus, um sich erneut in ihn hineindrehen zu können. Nennen wir die Distanz zu beiden Umwelten „Welt", die es ermöglicht, von den vorangegangenen Unterscheidungen (zwischen Organismus, seinen Interaktionen in der Umwelt und deren labormäßigen Einschränkungen) zu spre-chen. Diese „Welt" liegt vergleichsweise außerhalb der (biologischen) Umwelten und Labors (soziokulturelle Umwelt). Und sie schafft ein neues Innen in der Teilhabe an der eigenen Community. Diese Welt unterstellt nicht nur Inter-Psychisches, sondern nimmt in ihrem Rahmen Personalität in Anspruch. In diesem Weltrahmen wird die Zuerken-nung oder Aberkennung von Personalität an Probanden bzw. Versuchstiere verteilt. Die Teilnahme an dieser Welt setzt auch voraus, dass man die Spezifik der eigenen For-schungsaufgaben von anderen Forschungsrichtungen und von anderen soziokulturellen Unternehmungen unterscheiden kann.

Wir sind also mit dem Fortlaufen der Unterscheidung zwischen innen und außen kon-frontiert, sobald wir uns fragen, was wir an Ermöglichung dafür beanspruchen, dass die Ausgangsunterscheidung gebildet und verwendet werden kann. Das Fortlaufen kann im Sinne von Herausdrehungen beschrieben werden, die nicht vollständig ineinander auf-gehen. Die nachfolgende Hinausdrehung kann nicht die vorangegangene ersetzen, von der Restprobleme bestehen bleiben und um deren Klärung es geht. Aber die nachfol-gende wird zur Ermöglichung der vorangegangenen aktuell in Anspruch genommen und kann in einer Art von Rückschlussverfahren ermittelt werden. Positiv soll es zur funktionalen Bestimmung von Korrelaten zwischen Physischem und Psychischem an Gegenständen kommen. Daher fungieren die Herausdrehungen nur, insofern sie auch wieder erneute Hineindrehungen ermöglichen. Die Herausdrehung in die Community-Diskussion soll Früchte tragen in der erneuten Hineindrehung in die Laborumwelt. Und die Laborumwelt soll letztlich nur vermitteln, dass man sich wieder in den untersuchten Organismus und sein Gehirn hineindrehen kann. Damit diese positiven Bestimmungen „vorne" am Untersuchungsgegenstand gelingen, wird gleichsam im Rückwärtsgang nach hinten eine zweite Heraus- und Hineindrehung zur Ermöglichung der ersteren verwen-det. Die relativ zur ersten zweite Heraus- und Hineindrehung ist zwar für die Neuro-biologen nicht der Untersuchungsgegenstand, aber sie muss methodisch und theoretisch kontrolliert werden können, weil anderenfalls keine reproduzierbaren Standardbeobach-tungen für die erste Heraus- und Hineindrehung zustande kämen. Für die positiven bio-logischen Bestimmungen muss die soziokulturelle Umwelt kontrollierbar konstant gehalten oder variiert werden. Dafür nimmt man schließlich Welt in Anspruch, die präsupponiert wird, d. h. philosophisch so vorausgesetzt wird, dass sie explizit nicht thematisiert wird, geschweige als Prämisse in den Schlüssen der Biologie vorkommt.

Mir scheint, dass man mit dieser Beschreibung der neurobiologischen Forschungspraxis besser nachvollziehen kann, was Singer und Roth meinen könnten, wenn sie vom „Beobachter im Gehirn", von der „Wirklichkeit des Gehirns", „aus der Sicht des Gehirns" (s. o. Buchtitel) reden. Sie setzen sich, von der Intention her zu Recht, mit den Vermittlungsformen ihres Untersuchungsgegenstandes auseinander, der als wissenschaftlicher Gegenstand nicht unmittelbar (wie im Erleben), sondern theoretisch-methodisch vermittelt begegnet. Wenn wir uns auf meine Beschreibung der neurobiologischen Forschungspraxis probehalber mal einlassen, dann entsteht die Frage, wie die Übergänge vom Organismus zu den Umwelten und der dafür als Ermöglichung beanspruchten Welt zu leisten sind. Was steckt hinter den beiden Herausdrehungen aus dem Organismus heraus in seine Umwelten, die biologische und soziokulturelle Umwelt, hinein, und von dort nochmals in Welt hinaus? Und wie sieht der Rückweg aus der Welt (gleichsam im Rücken der Neurobiologen) zurück in die Umwelten und schließlich hinein in den Organismus und sein Gehirn aus? Darauf gibt der Unterschied und Zusammenhang zwischen Verstehen und Erklären eine Antwortrichtung. Insoweit man sich herausgedreht hat, interpretiert man aus dieser Distanz, was „davor" geschieht. Man versteht aus der Welt heraus, die man im Rücken hat, die betreffende Umwelt, auf deren Untersuchung man gerichtet ist. Und man projiziert nochmals aus der betreffenden Umwelt vor in den Organismus und sein Gehirn hinein durch die umweltbezogenen Interaktionen hindurch. Man stellt sich vor, wie das, was dort vor sich geht, genommen werden kann als dieses oder jenes. Und diese Interpretation hätte methodisch folgende Konsequenzen. Man bildet sich ein, wie es sich von dort gestalten würde, wenn dieses oder jenes der Fall wäre.

Aber diese Als-Ob-Hypothesen müssen methodisch überprüfbar gemacht werden durch entsprechende Darstellung, Beobachtung, Interpretation. Man muss also den Rückweg über die Einrichtung der passenden Labors oder die relevante Beobachtung in freier Wildbahn antreten. Die hermeneutische Hineindrehung soll nicht nur imaginieren, sondern tatsächlich greifen. Ist die Hypothese einlösbar durch das Konstanthalten und Variieren der Parameter durch alle relevanten Standardisierungen der Rollen für Probanden und Beobachter hindurch? In dem Maße, als die angenommenen Funktionen der Korrelatbildungen reproduzierbar sind, wird angefangen, Zusammenhänge zu erklären. Dies kann fehlschlagen, Nachbesserungen erfordern, Abstimmung mit anderen Erklärungssegmenten verlangen, Konflikte mit anderen Wissenskulturen auslösen. Also werden die Herausdrehungen und Hineindrehungen mehrfach zur Welt hin und aus ihr zurück durchlaufen, bis die Grenzbestimmungen stimmen und reproduziert werden können. Am Ende kann aus den vielfältigen Verstehenszusammenhängen auch etwas Bestimmtes erklärt werden. Das Community-Leben durchläuft in geschichtlicher Rhythmik solche Herausdrehungen und Hineindrehungen, bis das unter bestimmten Bedingungen Reproduzierbare erkannt, technologisch verfügbar und soziokulturell verteilbar wird. Dafür braucht man möglichst klare Grenzbestimmungen.

Im Hinblick auf die Gewinnung solcher Grenzbestimmungen zwischen Verstehen und Erklären im Durchlaufen der Heraus- und Hineindrehungen lohnt es sich, Plessners „Stufen des Organischen und der Mensch", ein Hauptwerk der Naturphilosophie des 20. Jahrhunderts, zu lesen, zumal er selbst nicht nur auch Biologe war, sondern verschiedene philosophische Richtungen durchlaufen hat. Sein Grenzbegriff beinhaltet in der Ausgangsunterscheidung, die lebende Körper im Vergleich mit anorganischen Körpern spezifiziert, drei Dimensionen. A) Grenzen trennen Körper (wie z. B. anorganische Körper voneinander, eine physikalisch-chemische Dimension). B) Grenzen verbinden (im Sinne des Übergangs eines lebendigen Körpers in die Interaktion mit seiner Umwelt, eine biologische Dimension). C) Grenzen im Leben trennen und verbinden, was paradox und tautologisch wird, also verstehens- und erklärungsbedürftig ist. Insoweit ihre Trennfunktion primär ist, bleibt Leben anorganisch gebunden und auf paradoxe Weise Nicht-Leben. Insofern ihre Verbindung als primär genommen wird, erscheint Leben als mit sich selbst identisch, also tautologisch. Dieses Paradox und jene Tautologie können nicht gleichzeitig und vollständig am selben Ort zutreffen. Man muss bei Leben also mit einer räumlichen und zeitlichen Verteilung des Paradoxes und der Tautologie auf Teilprozesse in einem Gesamtprozess rechnen.[135] Darunter werden drei Ebenen des Lebensprozesses als besonders relevante kategorial hervorgehoben: Positionalität ohne Funktion für Bewusstsein und Geist im Verhalten, zentrische Positionalität mit Bewusstseinsfunktion im Verhalten und exzentrische Positionalität mit den Funktionen des Selbstbewusstseins und personalen Geistes im Verhalten (2.8.).

Ich kann hier diese Heraus- und Hineindrehungen mit allen hermeneutischen und explanatorischen Zwischenschritten nicht wiederholen. Sie legen rekonstruktiv frei, was „rückwärts" als Ermöglichung dafür in Anspruch genommen wird, „vorne" die Grenzbestimmungen vornehmen zu können, also nicht bei Paradoxa respektive Tautologien stehen bleiben zu müssen. So kommen wir zu den anfangs genannten Differenzen zwischen Umwelt und Welt, und dieser zwischen Innen- und Außenwelt. Deren Unterscheidung unterstellt eine personale Mitwelt, von der her und zu der hin letztlich zwischen innen und außen differenziert werden kann. Ich habe mit der Problematisierung der christlichen und säkularen Interpretation dieser Mitwelt in unserer westlichen Kulturtradition begonnen, weil sich m. E. unser heutiger Streit nicht mehr in dieser Interpretation unterbringen lässt. Wir nehmen längst anderes als die alten dualistischen Spielregeln für die Ermöglichung von Forschungsleistungen in Anspruch. Daher brauchen wir auch philosophisch ein besseres Rahmenwerk.[136] Für jede lebende Person, die an solchen Verstehensleistungen (im Resultat der Hineindrehungen) und Erklärungsleistungen (im Resultat der Herausdrehungen) teilnimmt, kostet diese Partizipation irreversibel Lebenszeit, wovon ich im 1. Kapitel ausgegangen war. Lebenswissenschaft braucht Zeit, keine falschen Versprechen. Sie gehört selbst dem geschichtlichen Modus der Verausgabung von Zeit an, nicht dem der Evolutionsgeschichte. Sie steht nicht außerhalb inmitten der Natur, wie diese an sich selbst wäre, sondern bildet selbst eine soziokulturelle Praktik aus, deren Welterschließung ihr die Hinein- und Herausdrehungen ermöglichen.

---

135 H. Plessner., Die Stufen des Organischen und der Mensch, a. a. O., S. 99-105 u. 132-137

136 Vgl. H.-P. Krüger/G. Lindemann (Hrsg.), Philosophische Anthropologie im 21. Jahrhundert, Berlin 2006.

3. Kollektive Intentionalität und Mentalität als *explanans* und als *explanandum*

Das komparative Forschungsprogramm von Michael Tomasello et alii und der Philosophischen Anthropologie

1. Einführung: Quasitranszendentale Naturalismen statt Dualismen

Aus der Sicht der Philosophischen Anthropologie kann man nur begrüßen, wenn es in den Erfahrungswissenschaften zu einem großen paradigmatischen Entwurf kommt, der Beiträge zu beiden anthropologischen Vergleichsreihen ermöglichen kann. Die Spezifikation des Menschen braucht sowohl den *horizontalen* Vergleich der Soziokulturen des *homo sapiens sapiens* untereinander als auch den *vertikalen* Vergleich humaner mit den non-humanen Lebensformen.[1] Beide Vergleichsreihen können einander bestärken und korrigieren, wie man seit J. G. Herder weiß: Das europäische Selbstverständnis des Menschen ist ethnozentrisch und kann nicht wie selbstverständlich zum Maßstab des Menschen gemacht werden. Michael Tomasellos Forschungsprogramm konzipiert wichtige Ausschnitte aus beiden Vergleichsreihen. Es ermöglicht sowohl den Vergleich des Spracherwerbs von Menschenkindern in verschiedenen Soziokulturen als auch den Vergleich der Ontogenese von Menschenkindern im Vorschulalter mit anderen Primaten. Wer derart anspruchsvolle, von vornherein transdisziplinäre Vergleichsleistungen zustande bringen möchte, kann weder verschiedenartige Empirien einfach aufhäufen noch konzeptuell innerhalb der Autonomie von historisch gewachsenen Disziplinen verbleiben. Er muss die neue Art und Weise des Erklärens theoretisch und methodisch ausweisen, und selbst wenn dies – in einem Jahrzehnte langen Prozess der Teilhabe an mehreren wissenschaftlichen Networks[2] – gelingt, mit viel Missverständnis und Widerspruch rechnen.

Dem Thema beider Vergleichsreihen angemessen fordert Tomasello die übliche dualistische Arbeitsteilung zwischen Philosophie, Geisteswissenschaften und Naturwissenschaften heraus. Üblich geworden sind (unter der bestreitbaren Berufung auf W. Wundt und W. Dilthey) folgende Fehlidentifikationen von Methoden mit Gegenständen innerhalb der dualistischen Gesamttrennung: Geistiges könne verstanden werden, weshalb man die Erklärungen seiner Natur, aus welchen Gründen auch immer, meiden sollte. Wer umgekehrt Natur gleich erklären zu können meint, wird seinen mentalen Verste-

1 Vgl. H. Plessner, Die Stufen des Organischen und der Mensch. Einleitung in die philosophische Anthropologie, Berlin-New York 1975, S. 32, 36.
2 Vgl. M. Tomasello, First Verbs: A case study of early grammatical development, New York 1992. Ders./J. Call, Primate cognition, Oxford 1997.

hensproblemen ausweichen müssen. Und wenn diese dualistisch etablierte Trennung zwischen Erklären der Natur und Verstehen des Geistes nicht allein als eine soziale Machtfrage erscheinen soll, sollte es Vertreter einer letzten Normativität geben, die natürlich nicht von Tatsachen abhängig gemacht werden dürfe, sondern philosophisch gemeint sei. Diese dualistische Funktionsteilung blockiert die anthropologischen Fragen im Sinne der Korrekturschleife beider Vergleichsreihen, da die Teilantworten im Rahmen der bestehenden amtlichen Zuständigkeiten vorab festzustehen scheinen. Wie es bei der Trennung von Natur und Geist überhaupt mentale Lebewesen geben könne, bleibt so von vornherein wunderlich. Die Tätigkeiten von Menschen im Hinblick auf beide Vergleichsuntersuchungen lassen sich nicht in diesen dualistischen Trennungen thematisieren, sondern erst, sofern die dafür nötigen Verstehens- und Erklärungsleistungen *unterschieden* und in einen *Zusammenhang* gebracht werden können. Längst, so Tomasello, werde z. B. Wissen über die genetischen Grundlagen von Individuen, die eine bestimmte Sprache sprechen, mit Wissen über die Sprachgeschichte und die gegenwärtige geographische Verteilung dieser Sprache zusammengeführt, um Schlüsse auf Aspekte der Vorgeschichte des Menschen zu ziehen. Ähnlich könne man die Untersuchung des aktualen Spracherwerbs bei Kindern erweitern auf den Kontext historischer Prozesse der Grammatikalisierung und die Frage nach den genetischen und neuronalen Grundlagen der Sprache.[3] Damit geht Tomasello ein „klassisches Forschungsthema der Geisteswissenschaften", nämlich die „sozialen und kulturellen Tätigkeiten des Menschen und ihre Rolle für die menschliche Kognition", neu mit den Methoden „aus den Naturwissenschaften" an. Letztere werden aber nicht auf quantitative Methoden und Laborexperimente beschränkt, sondern schließen auch den sozialhistorisch-empirischen Zugang zu kulturellen Phänomenen auf der Gemeinschaftsebene (im Unterschied zur Gesellschaft, Tomasello 2002, 9f.) ein. Tomasello vertritt eine interdisziplinäre Strategie der „naturalistischen (aber nicht reduktionistischen) Untersuchung" (ebd., 8f.).

Hier werden in begrüßenswerter Weise die Karten neu gemischt, sogar zu neuen Spielregeln, gemessen an der Institutionalisierung dualistischer Trennungen. Da lohnt sich ein Durchgang durch dieses Forschungsprogramm im Hinblick darauf, ob sich auch die alte Aufgabe der Philosophie, Wissensgrenzen für die personale Lebensführung freizulegen, auf neue Weise erfüllen lässt. Die Philosophische Anthropologie elaboriert nicht nur die anthropologischen Fragen und Antworten gegen die bisherigen dualistischen Trennungen, was sie zu einer integrativ generalisierenden Anthropologie macht. Als Philosophie der Anthropologie rekonstruiert sie auch diejenigen Ermöglichungsbedingungen anthropologischen Fragens und Antwortens, die nicht mehr ihrerseits anthropologisch gestellt und beantwortet werden können. Erst und gerade der Durchlauf durch die Unterscheidung und den Zusammenhang zwischen Verstehen und Erklären in den anthropologischen Vergleichsreihen lässt auch die Grenzen der Vergleiche hervortreten, ohne sich als Trittbrettfahrer und Alarmierer früher einmal institutionalisierter Gewohn-

---

3   Siehe M. Tomasello, Die kulturelle Entwicklung des menschlichen Denkens. Zur Evolution der Kognition, Frankfurt/M. 2002, S. 7f. Im Folgenden referiere ich auf dieses Buch gleich im Text in Klammern.

heiten betätigen zu müssen.[4] So sehr ich mich über die interdisziplinär integrierende Anlage des Leipziger Max Planck Institutes für evolutionäre Anthropologie, zu dessen Ko-Direktoren Tomasello gehört, freue, so wenig wird auch sie das Philosophieren in Zukunft erübrigen können.

Die philosophische Grenzfrage des anthropologischen Beitrags in Tomasellos Forschungsprogramm soll im Folgenden hinsichtlich der Grundbegriffe der Intentionalität und Mentalität (d. h. „Geist" im Sinne von kollektivem „mind") erörtert werden. Nicht anstelle, sondern über das gemeinsame, sowohl biologische als auch kulturelle Primatenerbe hinaus zeichne den Menschen eine biologische Anpassung aus, die als solche Ergebnis bestimmter genetischer Ereignisse und eines bestimmten Selektionsdruckes in Afrika gewesen sein dürfte, was aber Tomasello nicht ausführt. Ihm reicht die hypothetische Annahme, dass es aus Zeitgründen (s. u. 2.) *eine* derartige Anpassung gab. Sie habe im Resultat zu einer Fähigkeit geführt, welche alles Weitere auf sozial- und kulturhistorische Weise (in der Neubegründung der Traditionen von G. H. Mead und L. S. Wygotski) zu erklären ermögliche. An zentraler Stelle heißt es zusammenfassend: Die genannte Anpassung „besteht in der Fähigkeit und Tendenz von Individuen, sich mit Artgenossen so zu identifizieren, dass sie diese Artgenossen als intentionale Akteure wie sich selbst mit eigenen Absichten und eigenem Aufmerksamkeitsfokus verstehen, und in der Fähigkeit, sie schließlich als geistige Akteure mit eigenen Wünschen und Überzeugungen zu begreifen. Diese neue Weise des Verstehens anderer Personen veränderte die Eigenart aller Formen von sozialer Interaktion, einschließlich des sozialen Lernens, grundlegend. Über einen historischen Zeitraum hinweg begann so eine einzigartige Form kultureller Evolution, indem viele Generationen von Kindern von ihren Vorfahren verschiedene Dinge lernten und diese dann modifizierten, wobei sich diese Modifikationen, die typischerweise in einem materiellen und symbolischen Artefakt verkörpert sind, akkumulierten. Dieser ‚Wagenhebereffekt' änderte die Beschaffenheit der ontogenetischen Nische, in der sich menschliche Kinder entwickeln, radikal, so dass moderne Kinder ihrer physischen und sozialen Welt fast ausschließlich durch die Vermittlung kultureller Artefakte begegnen [...]. Wenn Kinder diese Werkzeuge und Symbole verinnerlichen, indem sie sie sich durch Prozesse kulturellen Lernens aneignen, schaffen sie dabei neue wirkungsvolle Formen der kognitiven Repräsentation, die in den intentionalen und mentalen Perspektiven anderer Personen gründen." (Tomasello 2002, S. 234)

Was Tomasello den „Wagenhebereffekt" nennt, durch den es zu einer Generationen übergreifenden sozialen Kumulation von Kultur derart kommt, dass die ontogenetische Nische immer wieder darauf aufbauen und nicht mehr gleichsam bei Null anfangen muss, erinnert an die Unterscheidung zwischen *Umwelt* und *Welt* in der Philosophischen Anthropologie. Dieser entsprechend zeichnet sich die Gattung Mensch dadurch aus, dass sie nicht mehr in einer biosozialen Umwelt lebt, sondern in einer soziokulturell von Menschen selbst erzeugten Umwelt, die sich geschichtlich ändert.[5] Die soziokulturelle Umwelt

---

4 Vgl. H.-P. Krüger/G. Lindemann (Hrsg.), Philosophische Anthropologie im 21. Jahrhundert, Berlin 2006, S. 29-38.

5 Vgl. 1. Kapitel im vorliegenden Buch.

wird in der Gestalt von Rollen mit Artefakten institutionalisiert und schiebt sich zwischen den Genotyp und Phänotyp von Menschen im biologischen Sinne (wie in: Tomasello 2002, S. 250). Die Ermöglichung der geschichtlichen Veränderung und Einrichtung einer soziokulturellen Umwelt wird in der Philosophischen Anthropologie aus dem Weltrahmen von und für Personen heraus verstanden.[6] Anscheinend gibt es für diese Ermöglichung durch Weltrahmen bei Tomasello ein theoretisch funktionales Äquivalent, in dem er eine spezielle Fassung von Intentionalität und Mentalität als Verstehenslevels vorschlägt. Die Unterscheidung „*belebter* Akteure" von Unbelebtem gehöre zum gemeinsamen Primatenerbe und sei im Säuglingsalter Menschen verfügbar. Das Verstehen der Artgenossen als „*intentionale* Akteure" trete bei Menschen nach 9 Monaten, deutlich mit ca. einem Jahr, für sie spezifisch hinzu, „was ein Verständnis sowohl des zielgerichteten Verhaltens als auch die Aufmerksamkeit der anderen einschließt" (ebd., 209). Ab vier Jahren trete bei Menschenkindern nochmals spezifisch hinzu das Verstehen anderer Personen als „*geistige* Akteure". Dies heißt, „dass andere Personen nicht nur diejenigen Absichten und diejenige Aufmerksamkeit haben, die sich in ihrem Verhalten manifestieren, sondern auch Gedanken und Überzeugungen, die sich im Verhalten ausdrücken können oder auch nicht und die sich von der ‚wirklichen' Situation unterscheiden können" (ebd.).

Die interessante Doppel-Unterscheidung intentionaler Akteure von belebten Akteuren und nochmals geistiger von intentionalen Akteuren spielt offenbar eine doppelte Rolle in Tomasellos Schriften. Sie gilt einerseits als biologische Anpassung im Sinne einer Erklärung durch die Theorie der natürlichen Evolution. Dann müsste sie als Resultat durch von einander unabhängige Prozesse der Variation und Selektion erklärt werden. In dieser Hinsicht würde sie als das Erklärungsbedürftige auftreten, d. h. als das *explanandum*. Andererseits fungiert die Doppel-Unterscheidung als eine Ermöglichungsstruktur für soziokulturelle Leistungen. Es ist sehr auffällig, wie oft Tomasello von Ermöglichung (*enabling*) im philosophisch-pragmatischen Sinne dessen, was der Kommunikation funktional ist, spricht und in seinem Werk „Constructing a Language" ausführt.[7] Die genannte biologische Anpassung *determiniere* nicht, sondern *ermögliche*

---

6   Die Einführung der Differenz zwischen personaler Welt und soziokultureller Umwelt sollte es u. a. ermöglichen, die Interpretation von W. Köhlers Versuchen mit Schimpansen aus der innerbiologischen Unterscheidung zwischen Organismus und Umwelt herauszuholen und durch Interaktionsniveaus zwischen den Lebewesen zu erweitern. Vgl. M. Scheler, Die Stellung des Menschen im Kosmos, Bonn 1995, S. 38-46. H. Plessner, Die Stufen des Organischen und der Mensch, a.a.O., S. 245-260 (zur biologischen Umwelt in Auswertung der theoretischen Biologie von Uexkülls), 270f., 293ff., 309ff. (zum Weltrahmen personalen Sinnes, der in der Einrichtung und Unterscheidung soziokultureller Umwelten und damit auch biologischer Unterscheidungen in Anspruch genommen wird). Vgl. als kurze Einführung: Ders., Die Frage nach der Conditio humana (1961), in: Ders., Gesammelte Schriften VIII (S. 136-217), Frankfurt/M. 1983, S. 159-189, 195-217.

7   Im Folgenden verweise ich auch auf dieses Buch gleich im Text in Klammern: M. Tomasello, Constructing a Language. A Usage-Based Theory of Language-Acquisition, Cambridge-London 2003, S. 283.

(Tomasello 2002, S. 22, vgl. auch: S. 19, 25, 242). In allen Theorien von der doppelten, d. h. biologischen und kulturellen Vererbung, stecke in der biologischen Adaptiertheit der Spezies an die ihr eigene Umwelt eine apriorische Dimension, die den Individuen einer Population dieser Spezies Erfahrung ermöglicht (Tomasello 2003, S. 189, 283f.).[8] In dieser Richtung der Ermöglichung wird aus der biologischen Anpassung eine „Fähigkeit" des „Verstehens", eben des intentionalen und geistigen Verstehens von Artgenossen. Selbst andere Primaten „verstehen" dann, insbesondere „relationale Kategorien", nicht aber „falsche Überzeugungen", sondern nur, wie sie sich verhalten müssen (Tomasello 2002, S. 28-31). Sobald aus der biologischen Anpassung eine Ermöglichungsstruktur im Verstehen geworden ist, spielt sie anscheinend die Rolle des Erklärenden. Das Verstehen der Artgenossen als intentionale und geistige Akteure firmiert dann als das *explanans*, das die Faktizität soziokultureller Leistungen erkläre. Dies ist gewiss nicht reduktionistisch, aber ist es noch eine naturalistische Erklärung? Gibt es eine naturalistische Erklärung funktionaler Leistungen durch Ermöglichungsstrukturen, die nicht determinieren? Handelt es sich hier, um es gleich in einem Ausdrucke hypothetisch vorwegzunehmen, um einen quasitranszendentalen Naturalismus?

Tomasello selbst unterscheidet nicht zwischen den beiden Rollen als *explanans* und als *explanandum*, in denen er die Verstehenslevels der Artgenossen als intentionale und als geistige Akteure verwendet. Wir werden den Verwicklungen beider Rollen genauer nachgehen und dabei sehen, dass es bei Tomasello Verschränkungen geben könnte. Auch wenn er als Naturwissenschaftler nicht bei der Erklärung durch die Ermöglichung seitens der Verstehenslevels stehen bleiben kann, kann man doch nicht leugnen, dass es philosophisch zur Gewinnung neuer Erklärungsweisen Formen eines gewissermaßen transzendentalen Naturalismus gegeben hat, die Tomasello in der Bewältigung der neuen transdisziplinären Forschungsperspektiven inspiriert haben können. Die Philosophien der klassischen Pragmatisten haben in der Tat, ähnlich wie in der Philosophischen Anthropologie, die transzendentale Frage nach den Ermöglichungsbedingungen menschlicher Erfahrung neu gestellt. Der Bezugspunkt der Frage nach strukturell-funktionalen Ermöglichungen war nicht mehr (wie bei Kant oder Husserl) das Bewusstsein respektive Selbstbewusstsein, sondern wanderte in die Interaktionslevels der lebendigen, darunter soziokulturellen Natur. Diese Interaktionsniveaus wurden zu einer unter einander inhomogenen oder brüchigen, daher integrations- oder verschränkungsbedürftigen Fundierung der soziokulturellen Leistungen des Menschen. Die ganze Unterscheidung zwischen dem, was Lebens-Erfahrung ermöglicht (*apriori*), und dem, was aus ihr resultiert (*aposteriori*), wurde als eine selber geschichtlich veränderbare Funktion verstanden, also

---

8   Ähnlich hatte Plessner zwischen der Angepasstheit („primärer Eingespieltheit", apriorisch) und der je aktualen Anpassung (aposteriorisch) in den Interaktionen zwischen Organismus und Umwelt unterschieden. Diese Unterscheidung sei eine Rekonstruktion, die evolutionstheoretische Kurzschlüsse revidiere. H. Plessner, Die Stufen des Organischen und der Mensch, a. a. O., S. 200-211. Die evolutionstheoretische Unterscheidung zwischen Mechanismen (der Variation und Selektion) unterstelle, dass es in den Lebensmöglichkeiten eine Formbarkeit (Plastizität) gebe, d. h. einen „kategorischen Konjunktiv" (ebd., 216f.). Ansonsten gäbe es nichts, das variieren oder selegiert werden könnte.

in die Natur- und Kulturgeschichte verlegt. Ich habe diese philosophische Umorientie-
rung, die parallel und unabhängig von einander in den klassischen Pragmatismen und in
den Philosophischen Anthropologien zum Durchbruch kam, einen *quasitranszendentalen Naturalismus* genannt, einerseits zur Abgrenzung von den reduktiven Naturalismen,
die das alte Spiel innerhalb cartesianischer Trennungen fortsetzen, andererseits, um der
Verwechselung mit den klassisch transzendentalen Bewusstseinsphilosophien vorzubeugen, die noch unter dem Primat der Erkenntnistheorie statt der geschichtlich-praktischen
Lebensführung standen.[9]

Wenn ich das Forschungsprogramm von Tomasello u. a. als transzendentalen Naturalismus richtig interpretiere, dann besteht darin eine wichtige Gemeinsamkeit mit der
Philosophischen Anthropologie. Zugleich fällt dann auch ein Gegensatz zur neurobiologischen Hirnforschung auf, zumindest der hier im 2. Kapitel behandelten: Letztere
möchte so schnell als möglich im Sinne eines kausalen Determinismus erklären. Sie
fragt sich nicht, wie Phänomene und Erfahrungen in ihrer Spezifik ermöglicht, sondern
determiniert werden. Diese Erklärungsleistung soll unter Abstraktion von den eigenen
Verstehensproblemen zustande kommen, als ob eben dies möglich wäre. Also verwickelt sie sich in Verstehensprojektionen, die als Kausalerklärung ausgegeben werden.
Dies ist nicht der Weg der Wissenschaft, die ihr eigenes Tun methodisch kontrollieren
können muss. Demgegenüber formuliert Tomasello den Zusammenhang zwischen Ermöglichendem und Ermöglichtem als eine offene empirische Frage, die sich selbst geschichtlich verändert. Was ermöglicht wurde, kann nun seinerseits ermöglichend werden.
Was ermöglichend war, kann seinerseits unter anderen Bedingungen zum Ermöglichten
werden.

2. Die Differenzierung der Erklärungsaufgaben in drei Zeithorizonten gegen politisch populäre Scheinerklärungen

Es ist heute evolutionsgeschichtlich weit verbreitet, den Vorfahren von Menschenaffen
und Menschen noch vor 6 Millionen Jahren,[10] das Auftreten der Spezies des *homo* vor
etwa 2 bis 2, 5 Millionen Jahren, des *homo sapiens* vor ca. einer Viertelmillion Jahren
und des „modernen" Menschen (im biologischen Sinne des *homo sapiens sapiens*) seit
ungefähr 40 Tausend Jahren (in anderen Schätzungen auch mehr als 100 Tausend Jahren)
zu veranschlagen. Bedenke man die biotische Evolutionsgeschwindigkeit, im Sinne der
Wahrscheinlichkeit von genetischen Mutationen und Habitat-Veränderungen, reiche sie,
so Tomasello, nicht aus, um die kognitiven Fortschritte des modernen Menschen bis zu

---

9 Vgl. H.-P. Krüger, Zwischen Lachen und Weinen. Bd. II: Der dritte Weg Philosophischer Anthropologie und die Geschlechterfrage, Berlin 2001, S. 88-93, 144f., 203f., 209, 289, 320f.

10 Vgl. dagegen zu dem Vorschlag, Schimpansen und Bonobos in die Hominiden unter einer Gattungs-
   bezeichnung „Homo" mit aufzunehmen: A. Paul, Von Affen und Menschen. Verhaltensbiologie der
   Primaten, Darmstadt 1998, S. 6.

den heute bekannten Hochkulturen erklären zu können. Dafür gab es rein biologisch betrachtet einfach nicht genügend Zeit. Tomasello schiebt daher in den biologischen Zusammenhang zwischen Phylogenese (Spezieevolution) und Ontogenese (Individualentwicklung) auf der Populations- bzw. Gemeinschaftsebene eine spezifisch soziokulturelle Entwicklung von Wagenhebereffekten ein. Sie verändert den genannten Zusammenhang qualitativ und beschleunigt ihn enorm. Seine Hypothese unterscheidet zwischen drei zeitlich verschiedenen Prozessen, die unter bestimmten Bedingungen ineinander greifen, sich verstärken oder auch behindern können:

„*Phylogenetisch*: Der moderne Mensch entwickelte die Fähigkeit, sich mit seinen Artgenossen zu ‚identifizieren‘, was dazu führte, dass er sie als intentionale und geistbegabte Wesen wie sich selbst auffasste. *Historisch*: Dadurch wurden neue Formen des kulturellen Lernens und der Soziogenese möglich, die kulturelle Artefakte und Verhaltenstraditionen hervorbrachten, in denen sich Veränderungen über eine historische Zeitspanne hinweg akkumulieren. *Ontogenetisch*: Kinder wachsen inmitten dieser sozial und historisch gebildeten Artefakte und Traditionen auf, was sie in die Lage versetzt, (a) von dem akkumulierten Wissen und den Fertigkeiten ihrer sozialen Gruppen zu profitieren; (b) perspektivenbasierte kognitive Repräsentationen durch sprachliche Symbole (und Analogien und Metaphern, die auf der Grundlage dieser Symbole konstruiert werden können) zu erwerben und zu nutzen; (c) bestimmte Typen von Diskursinteraktionen als Fertigkeiten zur Metakognition, repräsentationaler Neubeschreibung und dialogischem Denken zu verinnerlichen." (Tomasello 2002, S. 20f.).

Mir leuchtet diese zeitliche Dreierunterscheidung aus drei Gründen ein, die über das hinausgehen, was Tomasello dazu ausführt, insofern aber auch mit Fragen an ihn verbunden sind. Zunächst ist mir diese Unterscheidung plausibel, weil sie zur Aufwertung der Zeitprobleme nicht nur in der Philosophie des 20. Jahrhunderts, sondern auch in der jüngeren Gen- und Hirnforschung passt. Die anfängliche Fehleinschätzung, man hätte mit der Sequenzierung der DNA vieler Spezies (statt einer empirisch wichtigen Kärrnerarbeit) eine grundlegende Erkenntnis geleistet, ist wieder der Frage gewichen, in welchem Zeitrhythmus Gene an- und abgeschaltet werden, damit sie für Verhaltensfunktionen (bzw. Dysfunktionen) relevant sein können. Auch in der neurobiologischen Hirnforschung ist die Einsicht gewachsen, dass die topologische (räumliche) Gliederung des Gehirns als hirnphysisches Korrelat für die Erklärung der intentionalen und mentalen Verhaltensfunktionen von Menschenaffen und Menschen nicht ausreicht. Daher versuchen z. B. W. Singer und andere das Bindungsproblem durch eine Synchronisierung der neuronalen Aktivitäten in verschiedenen Arealen auf dem Hintergrund des Grundrauschens im Gehirn zu lösen.[11] Man könnte Erkenntnisse aus der Entwicklungsbiologie, Pädagogik und Psychiatrie ergänzen, noch ganz von den Geschichtswissenschaften zu schweigen, um zu unterstreichen, wie interdisziplinär passend Tomasellos Insistieren auf nicht nur räumlich, sondern zeitlich verschiedene Prozesse ist.

---

11 Vgl. W. Singer, Der Beobachter im Gehirn, Frankfurt/M. 2002, S. 150-169.

Umso wichtiger wird so jedoch die Frage, in welcher Rhythmik und in welchen „Zeitfenstern" diese verschiedenen Prozesse einander bestärken oder behindern können. Dafür reicht die Metapher vom Wagenhebereffekt (Tomasello 2002, S. 50f.) noch nicht aus, so überschaubar sie auf der sozialpsychologischen Gruppenebene und so vielversprechend sie ihres mechanischen Charakters wegen in der Erfahrungswissenschaft zu sein scheint. Hinter ihr verbirgt sich doch eine schwierige Doppelfrage, nämlich nach einer soziokulturellen Umwelt, die gegen Rückfälle hinter das Erreichte durch gemeinschaftliche Habitualisierung stabilisiert, und einer Weltoffenheit, die über die etablierte soziokulturelle Umwelt auf befremdliche und daher auch konfliktfähige Weise hinausführt. Für Plessner gibt es letztlich keinen *außer*geschichtlichen *Mechanismus*, der eine soziokulturell stabile Umwelt mit gleichzeitiger Weltoffenheit sicherstellen könnte. Ebenso wenig gebe es ein Makrosubjekt (von Rousseau bis Marx angenommen) der Gattung, welches die wiederkehrende Entfremdung schließlich aufzuheben vermöchte. Da die humane Lebensform in einer soziokulturellen Umwelt zentrieren muss, um sich funktional mit anderen Säugern vergleichbar in der lebendigen Natur halten zu können, diese künstlichen Leistungen aber nur durch eine exzentrische Weltoffenheit im Verhalten ermöglichen kann, bleibe sie in der Tat geschichtsbedürftig. Die humane Zeitform künftiger Geschichtlichkeit überschieße die Zurechenbarkeit der Expressionen und Ereignisse auf einen bestimmten Mechanismus oder auf ein bestimmtes Subjekt.[12] Aus philosophisch-anthropologischer Sicht geht es auch um die Thematisierung der Verunglückungen, des geschichtlich nicht seltenen Aussterbens und Scheiterns humaner Lebensformen. Ihre beiden wichtigsten Gefährdungen treten ein, wenn sie sich zu stark zentrisch schließen, d. h. durch ihre zentrische Über-Schließung, die keine Öffnung mehr ermöglicht, oder wenn sie sich zu stark öffnen, d. h. durch eine exzentrische Über-Öffnung, in der sie sich nicht mehr schließen können. Gleichwohl gehören diese beiden Selbstgefährdungen gerade zur Dynamik menschlicher Lebensformen. Die jeweilige konkret-historische Aufgabe gäbe es nicht, ohne die Exzentrierung durch eine Rezentrierung und die Rezentrierung durch eine Exzentrierung auszubalancieren.[13] Darin besteht die zeitliche Rhythmik solcher Lebensformen.[14]

---

12 Vgl. H. Plessner, Die Stufen des Organischen und der Mensch, a. a. O., S. 336-341. Vgl. zur Ausführung: H.-P. Krüger, Expressivität als Fundierung zukünftiger Geschichtlichkeit. Zur Differenz zwischen Philosophischer Anthropologie und anthropologischer Philosophie, in: Ders, Philosophische Anthropologie als Lebenspolitik. Deutsch-jüdische und pragmatistische Moderne-Kritik, Berlin 2009, 5. Kapitel.

13 Vgl. H.-P. Krüger, Zwischen Lachen und Weinen, Bd. I: Das Spektrum menschlicher Phänomene, Berlin 1999, S. 64-67.

14 „Die einfache Zuordnung von Tier zu geschlossener Umwelt und Mensch zur Weltoffenheit macht sich die Sache zu einfach. [...] Mit der Möglichkeit, dass Umweltgebundenheit und Weltoffenheit ineinander verschränkt sind in einer Weise, die Ausgleich oder saubere Trennung der beiden Aspekte verbietet, rechnet weder die an Aristoteles geschulte noch die pragmatische Anthropologie." H. Plessner, Der Mensch als Naturereignis (1965), in: Ders., Gesammelte Schriften VIII (S. 267-283), a. a. O., S. 277. Ebd. kritisiert Plessner Max Scheler dafür, dass er durch das klassische Stufenschema Leib-Seele-Geist dem Geist die Weltoffenheit reserviert und ontologisch garantiert. Umgekehrt werden

Insbesondere leuchtet mir Tomasellos Zeitargument zweitens für seine Umstellung des Problems einer dem modernen Menschen (*homo sapiens sapiens*) universalen Grammatik ein. Er stellt dieses Problem überzeugend aus dem Gehirn heraus in die rekursive Symbolik eines historischen Interaktionsprozesses hinein. Unter „Grammatikalisierung" oder „syntaktischer Schematisierung" kann exemplarisch verstanden werden, dass „freistehende Wörter sich zu grammatischen Markern entwickeln und ungebundene und redundant organisierte Redestrukturen zu festen und weniger redundant organisierten syntaktischen Konstruktionen erstarren" (Tomasello 2002, S. 56). Dadurch würden strukturelle Sprachveränderungen in relativ kurzen Zeiträumen (von Jahrhunderten) möglich. Aus einem Prozess der Grammatikalisierung heraus lässt sich anders nach den neurophysischen Korrelaten zurück fragen als in der Erwartung, das Sprachproblem sei eigentlich schon in den Genen des Gehirns gelöst. In letzterem Falle bräuchte der Konsequenz nach kein Mensch sprechen, weil jede symbolische Interaktion bloße Zugabe oder bestenfalls ein Auslöser für Angeborenes wäre. Ich habe nie die vermeintliche Erklärungsnot verstanden, die dazu zwingen sollte, das Phänomen einer universalisierbaren Grammatik, das es in ca. 6 Tausend Menschensprachen der letzten bekannten Jahrtausende gibt, als angeboren zu erachten. Warum dürfte und könnte die universalisierbare Grammatik nicht da erklärt werden, wo sie auch auftritt, nämlich in der Symbolik der den Organismen äußeren Interaktionen? Offenbar folgte diese Problem*ver*stellung dem Primat der Innerlichkeit, das auch nach der Säkularisierung des Christentums in der Gestalt des Primats der Gene und des Gehirns fortwirkt.[15] Es versteht sich von selbst, dass es beim Sprachverhalten wie bei allem zentrischen Verhalten sensorische und motorische Möglichkeiten geben muss, es auszuführen, und dass diese nicht ohne Gene wachsen können. Aber die Konzeption einer universalen Grammatik (N. Chomsky) war doch eine von *syntaktischen Funktionen* für Strukturen im Verhalten. Wie man solche Strukturfunktionen auf das Niveau von bestimmten physischen Kanälen, Arealen und Semantiken herunterbringen und dann auch noch annehmen konnte, dafür im Gehirn im Sinne der Repräsentation Eins-zu-eins-Zurechnungen finden zu müssen, hatte wenig mit dem Menschen, aber viel mit der Rechentechnik zu tun. Für fehlende physische Kanäle, Areale (Raumstrukturen) und semantische Eins-zu-eins-Zurechnungen kann man Prothesen, Yerkes-Zeichen (für Schimpansen), Rechentechnik oder andere funktionale Äquivalenzen finden, nicht aber für das Fehlen der Selbstreferenz im Neocortex, die meines Erachtens als Korrelat für die Selbstreferenz in der Sprache angenommen werden muss. Es geht in dieser funktionalen Korrelation von Selbstreferenzen nicht mehr um die Repräsentation aktueller Wahrnehmungssituationen, um sich in diesen verhalten zu können, d. h. motorisch auf die Sensorik zu antworten, sondern um „Metarepräsentationen"

Arnold Gehlen und Erich Rothacker (S. 279) dafür kritisiert, dass sie in ihren Bio- und Kulturanthropologien auf Kosten der Weltoffenheit die künstliche Einrichtung einer soziokulturellen Umwelt konzipieren. Auch Husserls „Lebenswelt" sei nur eine „Umwelt", die es erst noch in „Welt" (S. 278) zu verschränken gelte.

15 Vgl. H.-P. Krüger, Die neurobiologische Naturalisierung reflexiver Innerlichkeit, in: Ch. Geyer (Hrsg.), Hirnforschung und Willensfreiheit, Frankfurt/M. 2004, S. 183-193.

(W. Singer), die funktional mit einem Verhaltenspotential korrelieren, das für aktuelle Wahrnehmungssituationen überschüssig ist.

Obgleich Tomasellos Kritik an der endlosen, weil nicht fündigen Suche nach kognitiven „Modulen" im Gehirn und seinen Genen überzeugt (zusammenfassend: Tomasello 2003, chapt. 8), scheint er die selbstreferenzielle Funktionsweise des Gehirns als neurophysischem Korrelat für die Selbstreferenz im Sprachverhalten[16] noch nicht ernst zu nehmen. Es gibt aber, erfahrungswissenschaftlich gesehen, keinen uns bekannten Geist ohne *eine* (nicht unbedingt diese bestimmte und keine andere) neurophysische Realisierungsform, die gerade nicht zwischen *hardware* und *software* trennt. Man kann dann die „Module" anders als die genetisch programmierte Scheinlösung des Problems der Spezifik humaner Kognition verstehen: Sie wären so gesehen das Ergebnis individualgeschichtlicher Gedächtnisbildungen aufgrund der Teilnahme an semantisch-syntaktischen Äußerungsformen. Plessner hat schon für Säuger, was wohl bereits für Primaten rekursiv potenziert werden muss, von der „Unterbrechung, Hemmung, Pause (zwischen Reiz und Reaktion)" gesprochen, welche „das im Selbstvollzug vermittelte Sein eines bewussten Lebewesens ausmacht"[17]: So könne Verhalten aus der Zukunft her fundiert und Vergangenheit wie durch ein Sieb fragmentiert abgelagert werden. Wenn dies schon auf Intentionalität (bewusstes Verhalten) zutrifft, dann umso mehr auf Mentalität, d. h. exemplarisch sprachliches Verhalten. Sprache ermöglicht, so eingeordnet, die Unterbrechung der Unterbrechung, die Hemmung der Hemmung, die Pause der Pause im Verhaltensfluss. Als „Expression in zweiter Potenz" schafft sie konjunktivischen Abstand zur senso-motorischen Wahrnehmungssituation und deren nachträglicher Vorstelung. Daher das breite Spektrum der Verwendungsweisen von Sprache im Verhalten, das vom „idiomatischen" (performativen) Vollzug hier und jetzt bis zu den „Aussagebedeutungen" reicht, die mental eine „ortlose, zeitlose Position" in Anspruch nehmen und daher erst wieder konditioniert werden müssen, um verhaltenswirksam sein zu können.[18]

Drittens: Viele Diskussionen führen in die Irre, da nicht zwischen verschiedenen Zeitformen unterschieden wird. Daher kann nicht klar werden, was erklärungsbedürftig ist und wodurch erklärt werden könnte. Tomasellos verschiedene Zeiten klären, warum es z. B. von vornherein unsinnig ist, nach Genen (aus der Phylogenese) zu suchen, die einem das Autofahren, Bücherschreiben oder die höhere Mathematik (aus der Kulturgeschichte menschlicher Tätigkeiten und Artefakte) erklären könnten, warum es aber nicht unsinnig ist, nach genetischen und hirnphysischen Korrelaten für autistisches Verhalten zu fragen, dem es an der Übernahme der intentionalen und mentalen Perspektiven anderer mangelt, was individuelles Lernen i. S. des gemeinsamen Primatenerbes nicht ausschließe. Demgegenüber bestehen die beiden beliebtesten Scheinerklärungen, die sich über Generationen zu Vorurteilen in der jüngeren politischen Kultur des Westens ver-

---

16 Vgl. H.-P. Krüger, Perspektivenwechsel. Autopoiese, Moderne und Postmoderne im kommunikationsorientierten Vergleich, Berlin 1993, S. 22-26, 56f., 69-75. Ders., Das Hirn im Kontext exzentrischer Positionierungen, in: *Deutsche Zeitschrift für Philosophie*, Jg. 52, H. 2, Berlin 2004, S. 257-293.
17 H. Plessner, Die Stufen des Organischen und der Mensch, a. a. O., S. 260, 284.
18 Ebd., S. 340.

festigt haben, in den folgenden Redeweisen, die alltäglich und in den öffentlichen Medien geübt werden. Man könne für das Problem X gewiss in den Genen Ursachen finden, oder es sei nicht minder gewiss auf ein Defizit im sozialen Lernen zurückzuführen. Solange man für diese Annahmen keine konkreten, auf das Problem X bezogenen Nachweise erbringt, unterscheiden sich diese populärwissenschaftlichen Allerweltserklärungen funktional kaum von religiösen Glaubensbekenntnissen. Ist dann auch noch politisch der Ausdruck „Kausalerklärung aus Genen" oder aus sonstiger „Natur" mit „konservativ" oder „rechts" und „sozialwissenschaftliche Erklärung aus Defiziten sozialen Lernens" mit „progressiv" oder „links" kurz geschaltet, kann man sicher sein, dass es um alles Mögliche an Glauben geht, nur nicht mehr um die Lösung des Problems X.[19]

Natürlich müssen in einer demokratisch gewaltenteiligen Gesellschaft alle Wissenschaften öffentlich ihre Forschungsprogramme gemeinverständlich darstellen, damit auch über künftige Ressourcenverteilungen entschieden werden kann. Aber dabei entgeht niemand der Frage, ob er/sie in den historisch gewachsenen Fehlidentifikationen opportunistisch mitschwimmt oder an deren kritischer Aufdeckung mitwirkt, wofür öffentlich finanzierte und international autonomisierte Forschung einmal eingerichtet worden war. Nach den Wellen an Groß- und Fehlversprechen, die erst im Namen der Gen- und dann der Hirnforschung während der beiden letzten Jahrzehnte medial, ökonomisch und politisch verwertet worden sind, ist auffällig, wie seriös Tomasello argumentiert. Seine Art und Weise von vergleichender Verhaltensforschung schleppt auch keine Fehlassoziationen mit, deren man noch zu Zeiten von Konrad Lorenz sicher sein konnte, ging es damals nicht nur um Graugänse, sondern auch um den angeblichen Aggressionstrieb des Menschen. Liest man Tomasello, kommt man doch auf die Einsicht zurück, dass eine grundlagentheoretisch emanzipierte, sich also kognitiv selber orientierende Forschung auch in ökonomischer und politischer Hinsicht freier ist. Sie muss so nicht ständig Werbeversprechen über ihre nächsten verwertbaren Anwendungen und politischen Resonanzeffekte propagieren. Aber sie kann mit anderen funktionsspezifischen Prozessen der modernen Gesellschaft interagieren, nur dann eben aus ihren eigenen Korrekturschleifen eines wissenschaftlichen Lernprozesses heraus.

---

19 Steven Pinker deckt solche Fehlidentifikationen, die in der politischen Kultur des Westens nach dem Zweiten Weltkrieg und Holocaust – zunächst historisch verständlich – entstanden sind, dann aber zu absurden Kurzschlüssen geführt haben, auf, ohne selbst hinreichend aus ihnen heraustreten zu können. St. Pinker, Das unbeschriebene Blatt. Die moderne Leugnung der menschlichen Natur, Berlin 2003. Vgl. grundlegender zur Abhängigkeit der Naturauffassungen von den Stufen der soziokulturellen Arbeitsteilung: S. Moscovici, Versuch über die menschliche Geschichte der Natur, Frankfurt/M. 1984.

3. Der humanontogenetische Beitrag zur Konzipierung eines horizontalen Vergleichs: Eine Modellierung der Ontogenese in sieben Phasen

Um die Humanontogenese als interkulturell vergleichbare erfassen zu können, geht Tomasello vom biologisch und kulturell gemeinsamen Erbe der Primaten aus, das nach Funktionen der humanspezifischen Kommunikation ergänzt und umstrukturiert wird. Damit entfällt die dualistische Trennung von Natur und Geist zugunsten einer Reihe von Unterscheidungen, die es gestatten, je nach ontogenetischem Stadium einen Zusammenhang zwischen Primatenerbe und Humanspezifikation herzustellen. Dies hat zweifellos den Vorteil, nicht allein in einem „Geist" anzufangen, der über einem vermeintlich gleichbleibenden Naturmechanismus sozusagen in der Luft schwebt und sich aus lauter Berührungsangst auf kein stadiales Ineinandergreifen mit differenzierteren Naturphänomenen einlassen kann. Der so von der Natur getrennte Geist führt auch leicht zu einer dramatischen Überbewertung der Differenzen zwischen humanen Soziokulturen, als ob diese von vornherein unvergleichlich wären: Als ob jede Soziokultur in historistischer Selbsterschaffung in dem unübersetzbaren Sprachgefängnis ihrer Epoche, eben dem ihr eigenen hermeneutischen Zirkel, fest hänge. Diese Unvergleichlichkeit lässt sich nicht ohne Selbstwiderspruch für „jede Eigenheit" behaupten und beansprucht das Bild von einem mindestens kleinen Gott, der sich selbst schöpft. Aber abgesehen davon darf man erwarten, dass ein derart eifersüchtig in sich verschlossener „Geist" in der Tat schlichtweg nicht lebensfähig ist. Man wird „Geist" auch untreu, wenn man ihn als Schließung statt Öffnung missversteht. Statt ihn also sogleich ontologisch gegen das Leben zu verselbständigen, lohnt es sich, ihn zunächst einmal in den Expressionen und Interaktionen der lebendigen Natur von Primaten zu situieren. Im Einschlagen dieser Richtung kann die Philosophische Anthropologie Tomasellos Forschungsprogramm nur bestärken.

Tomasello fasst das gemeinsame kognitive Primatenerbe hinsichtlich der Humanontogenese in vier Arten des „Patternfinding" zusammen, die in folgenden Fertigkeiten bestehen sollen. a) Primaten können „perceptual and conceptual categories of ‚similar' objects and events" formen. b) Sie können aus in der Wahrnehmung und Handlung wiederkehrenden Mustern senso-motorische Schemata bilden. c) Sie führen Analysen verschiedener Arten von Wahrnehmungs- und Verhaltenssequenzen aus, wobei diese Analysen als eine Art statistisch basierter Verteilung („statistically based distributional analyses") beschrieben werden können. d) Sie schaffen Analogien im Sinne eines „structure mapping" zwischen zwei oder mehr komplexen Ganzheiten, wobei sich diese Analogien auf die funktional ähnliche Rolle bestimmter Elemente in diesen verschiedenen Ganzheiten stützen (Tomasello 2003, S. 4).

Am schwierigsten verständlich ist in dieser Aufzählung a), die Redeweise der „perceptual and conceptual categories" von ähnlichen Objekten und Ereignissen. Gemeint ist mit dieser Ähnlichkeit einerseits mehr, als durch Assoziation nach Versuch und Irrtum erlernt werden kann, andererseits weniger, als unter Sprache zu verstehen ist. Es geht nicht um sprachliche Kategorien, nach denen als ähnlich (*perceptual*) wahrgenommen und (*conceptual*) erkannt wird, sondern um Schemata. Plessner spricht von „Dingkonstanten" (für *similar objects*) und „Feldverhalten" (für *similar events*) im Unterschied zu „Gegenständen" und „Sachverhalten", deren Formung Sprache in einer Welt unterstellen.[20] Während sich a) mehr darauf zu beziehen scheint, wie das von außen Begegnende genommen wird, geht b) aus der Schematisierung der eigenen Wahrnehmung und des eigenen Tuns hervor. Daran schließt die Zergliederung des eigenen Tuns und die Verteilung der gewonnenen Elemente nach statistischer Wahrscheinlichkeit an c), während sich d) wieder mehr auf das – nun neu genommene – Begegnende bezieht. Damit sind vier Angelpunkte für Lernmöglichkeiten im Verhaltensaufbau rekursiv, d. h. im Verhaltenszyklus auf sich zurücklaufend, erfasst. Die für niedere Säuger charakteristische Einheit von „Signalfeld" und „Aktionsfeld"[21] würde so unter den höheren Säugern i. S. der o. g. Unterbrechungen (Pausen) ausdifferenziert.

Die ontogenetische Humanspezifikation des gemeinsamen Primatenerbes erfolgt bei Tomasello über fünf kommunikative Eigenarten sprachlicher Symbole. Sprachliche Symbole werden a) in dem Sinne *sozial erlernt*, als sie durch Imitation anderer erlernt werden. Imitation bedeute nicht nur die Aneignung ihrer konventionalen Form, sondern auch dieser konventionalen Form in Akten der Kommunikation durch den Lernenden. Da sie von anderen imitatorisch erlernt werden, werden b) die sprachlichen Symbole *intersubjektiv* von ihren Verwendern verstanden. Dies heiße, die Sprachverwender wissen, dass ihre Mitspieler die Konvention teilen, also potentiell jede/r Produzent und Rezipient der Symbole sein kann. c) Sprachliche Symbole werden nicht dyadisch zur sozialen Regulation auf direkte Weise verwendet, sondern in Äußerungen auf eine triadische, d. h. *referenzielle* Weise. Durch sie werden „attentional and mental states" der anderen auf äußere Entitäten gerichtet. d) Sprachliche Symbole werden manchmal *deklarativ* verwendet, einfach um andere Personen über etwas zu informieren, ohne die Erwartung einer Antwort im Verhalten. e) Sprachliche Symbole sind auf grundlegende Weise *perspektivisch* in dem Sinne, dass eine Person auf ein und dieselbe Entität als Hund, Tier, Liebling oder Ärgernis und auf ein und dasselbe Ereignis als „running, fleeing, moving, or surviving" referieren darf, nämlich in Abhängigkeit von ihrem kommunikativen Ziel hinsichtlich der Aufmerksamkeit des Zuhörers (Tomasello 2003, S. 12). – Viele Gegenwartsphilosophien werden den meisten dieser fünf Aspekte sprachlicher Symbole zustimmen können, am ehesten *cum grano salis*, was Tomasellos kommunikativ-funktionale Klammer zwischen diesen Aspekten angeht.

Die Differenz zwischen vorsprachlicher Primatenkognition und einer Humanspezifikation, die durch sprachliche Kommunikation geleistet wird, wird nun aber nicht wie üblich einfach allgemein behauptet, sondern für Stadien so präzisiert, dass in jedem Stadium beide unterschiedenen Seiten ineinander greifen können, d. h. ihr Zusammenhang als erlernbar rekonstruiert werden kann. Die Stadien bauen in einer Reihenfolge aufeinander auf, die für die Nachwachsenden nicht umkehrbar ist. Das vorangegangene Niveau ermöglicht das folgende Niveau, und das jeweils spätere Niveau restrukturiert das frühere nach höherer Funktion. Das jeweils folgende Interaktionslevel ersetzt nicht

---

20 H. Plessner, Die Stufen des Organischen und der Mensch, a. a. O., S. 252-258, 272-277.
21 Ebd., S. 252.

das jeweils vorangegangene, sondern reproduziert es. Tomasello kritisiert durchgängig teleologische Konzeptionen, die späte Resultate aus Hochkulturen, wie z. B. geschriebene Sprache und ein Buch über die Grammatik, vorprojizieren in die frühen Stadien der Ontogenese oder auch Kulturgeschichte. Im Genom resümieren sich Resultate der organischen Evolution aus der Phylogenese, nicht aus der Kulturgeschichte. Wenn also weder die Gene, aus der Naturgeschichte „von unten" stammend, noch ein Telos, aus der Geistesgeschichte der Hochkulturen „von oben" herkommend, die Differenz zwischen vorsprachlicher Primatenkognition und sprachlichen Symbolen für die Nachwachsenden in ihrer Ontogenese hinreichend überbrücken können, fragt sich, was dann?

Hier, in der Angabe dieses spezifischen Vermittlungsgliedes und seiner stadialen Durchführung, liegt der gesamtkonzeptionell am meisten strittige, weil entscheidende Punkt in der allgemeinen Diskussion mit Tomasellos Programm. Er stellt ihn in neueren Arbeiten präziser als früher und um die Motivationsfrage (statt der „Identifikation" mit anderen) bereichert heraus: Was zwischen dem Lebendigen überhaupt und den sprachlich-mentalen Verhaltensniveaus liegt, ist ein Verstehen von Artgenossen als intentionalen Akteuren, das unter bestimmten Aspekten Säuger und Vögel, insbesondere aber Primaten bereits haben. Intentionalität müsse demnach für die Spezies des Menschen nochmals besondert werden. Er nennt diese Art und Weise von Intentionalität „gemeinsam getragene", oder kurz: „geteilte Intentionalität" (*shared intentionality*): „We propose that the crucial difference between human cognition and that of other species is the ability to participate with others in collaborative activities with shared goals and intentions: shared intentionality. Participation in such activities requires not only especially powerful forms of intention reading and cultural learning, but also a unique motivation to share psychological states with others and unique forms of cognitive representation for doing so. The result of participating in these activities is species-unique forms of cultural cognition and evolution, enabling everything from the creation and use of linguistic symbols to the construction of social norms and individual beliefs to the establishment of social institutions."[22] Tomasello bleibt auch in der jüngeren Diskussion dabei, der geteilten Intentionalität eine ontogenetische Vorstufe vorzulagern, die bei der sog. Revolution von Menschenkindern um ihren neunten Monat herum statthabe: „It is widely believed that what distingishes the social cognition of humans from that of other animals is the belief-desire psychology of four-year-old children and adults (so-called theory of mind). We argue here that this is actually the second ontogenetic step in uniquely human social cognition. The first step is one year old children's understanding of persons as intentional agents, which enables skills of cultural learning and shared intentionality. This initial step is ‚the real thing' in the sense that it enables young children to participate in cultural activities using shared, perspectival symbols with a conven-

---

22 M. Tomasello, M. Carpenter, J. Call, T. Behne, H. Moll, Understanding and sharing intentions: The origins of cultural cognition, in: Behavioral and Brain Sciences (2005) 28, 675. Im Folgenden referiere ich auf dieses Buch gleich im Text in Klammern.

tional/normative/reflective dimension – for example, linguistic communication and pretended play – thus inaugurating children's understanding of things mental."[23]

Wir können uns angesichts der Wichtigkeit der Verschränkungsaufgabe zwischen der vorsprachlichen Primatenkognition und der sprachlich-kommunikativen Humanspezifikation nicht die Mühe ersparen, wenigstens kurz einen frei zusammenfassenden Durchgang durch Tomasellos konzeptionellen Rahmen für die ontogenetischen Stadien zu wagen, um Missverständnisse auszuschließen und die Fragefolge zu präzisieren, statt in eine Schlacht um Pauschalitäten zurückzufallen (vgl. als Überblick Tomasello 2003, S. 14):

Modell Ontogenetische Phasen

	Ungefähres Alter	Erfahrungsszene	Sprache
a)		Protokonversation	
b)	9 Monate	Szenen gemeinsamer Aufmerksamkeit	–
c)	14 Monate	Symbolisierte Szenen (undifferenzierte Symbolisierung)	Holophrasen
d)	18 Monate	Gegliederte Szenen (Differenzierung von Ereignis und Mitspieler)	Angelpunktartige Konstruktionen
e)	22 Monate	Syntaktische Szenen (Symbolische Markierung der Mitspieler)	Verbinselkonstruktionen
f)	36 Monate	Kategorisierte Szenen (Generalisierte symbolische Markierung der Mitspieler-Rollen)	Unbeschränkte Verbkonstruktionen
g)	5. –6. Jahr	Reparatur der Konversation und Erzählung	

Abb. 3: Modell ontogenetischer Phasen.

---

23 M. Tomasello, H. Rakoczy, What makes Human Cognition Unique? From Individual to Shared to Collective Intentionality, in: Mind & Language, Vol. 18 No. 2 April 2003, 121. Im Folgenden referiere ich auf dieses Buch gleich im Text in Klammern.

a) Säuglinge verstehen, andere im Blick als Lebewesen im Unterschied zu Unbelebtem zu nehmen (Tomasello 2002, 210). Von der Geburt bis zu 9 Monaten nehmen sie teil
an der sog. *Protokonversation* mit Erwachsenen, d. h. an einem emotionalen Austausch
von Angesicht zu Angesicht im einander Anblicken und Küssen. Die Protokonversation
ist für den Säugling dyadisch, nicht triadisch, also kein sprachliches Symbol. Sein
Teilnehmen bezieht sich auf Emotionen und Verhalten (Tomasello et al. 2005, S. 689).

b) Zwischen 9 und 12 Monaten beginnen Babys, an *gemeinsamer Aufmerksamkeit*
teilzunehmen. Darin bestehe die erste Form, in der sich das Verständnis von Bezugspersonen als intentionale Akteure äußere. Die gesamte – von den Erwachsenen erfass-
bare – Wahrnehmungssituation als Rahmen ist nicht für die Äußerung gemeinsamer
Aufmerksamkeit seitens des Babys relevant. Es wählt aus dieser Umgebung einen *frame*
für die gemeinsame Aufmerksamkeit zwischen sich und dem Erwachsenen aus, was
anfangs durch Zeigehandlungen des Erwachsenen unterstützt wird. Dieser Frame wird
so für es unmittelbar relevant. Die gemeinsame Aufmerksamkeit ermöglicht es dem
Kleinkind, sich auf ein Ereignis zu fokussieren, auf welches die Bezugsperson sprachlich referiert. Damit nimmt es erstmals teil an einer symbolischen, d. h. triadischen
Relation zwischen seiner Perspektive, der des Erwachsenen und der externen Entität,
auf welche die gemeinsame Aufmerksamkeit gerichtet ist und seitens des Erwachsenen
sprachlich Bezug genommen wird (Tomasello 2003, 26). Das Kind nehme teil an der
Wahrnehmung des Erwachsenen und dessen intendiertem Ziel im Unterschied zu seinem bloßen Verhalten (Tomasello et al. 2005, S. 682). Solange die Aufmerksamkeit
des Säuglings für den Erwachsenen oder den externen Gegenstand bzw. das externe
Ereignis ohne Zusammenhang hin und her wechselt, ist die triadische Relation noch
nicht für das Kind triadisch geworden. Für es werde die Relation insofern triadisch,
als die Aufmerksamkeit des Säuglings für den Erwachsenen nicht mehr allein den Erwachsenen und die Interaktion mit ihm intendiert, sondern intendiert, mit ihm eine
Aufmerksamkeit zu teilen, die sich sowohl von ihm als auch dem Kleinkind her auf
Externes richten lässt. Damit könne jede der beiden Personen das Symbol für die Intention verwenden, dass die andere Person der eigenen Aufmerksamkeit für Externes
folgen wird. Erst damit werde die Aufmerksamkeit beider für Drittes untereinander geteilt (vgl. Tomasello 2003, S. 29).

c) Das dritte Stadium beginne zwischen 12 und 14 Monaten und betrifft sprachlich
gesehen das Erlernen von *Holophrasen*. Sie bestehen aus jeweils einer Einheit, zum Beispiel einem Wort, das aber pragmatisch gesprochen als ein einzelner Sprechakt fungiert.
Die Äußerung des Kleinkindes „mehr" wird von dem Erwachsenen in der gegebenen Umgebung als „Ich möchte mehr Juice haben" verstanden. Obgleich hier bereits erstmals
für das Kleinkind eine Symbolisierung der Szene (Aufforderung und Antwort) stattfinde,
erfolgt sie doch noch nicht wie für den Erwachsenen innerhalb sprachlicher Unterscheidungen, die man von dem Frame des aktual Wahrgenommenen abheben könnte. Das
Kind nimmt nicht mehr nur Teil an dem intendierten Ziel und der intendierten Wahrnehmung des Erwachsenen (vgl. b), sondern geht zur aktiven Mitarbeit an der Verwirklichung des Gesamtziels durch Zwischenschritte im Handlungsplan über. Es beteiligt
sich am Aushandeln von Zielen und am Rollentausch, wobei unter „Rolle" ein Hand-

lungsplan verstanden wird (Tomasello et al. 2005, S. 682f.). Es ahmt nicht das senso-
motorische Verhalten des Erwachsenen nach, sondern imitiert die Handlung (Zusammenhang von Ziel und Mitteln) bzw. Teilhandlung (als Mittel), welche zu dem gemeinsamen Ziel durch gemeinsame Aufmerksamkeit führt. Hiermit begännen die „dialogic
cognitive representations", die es den Kindern fortan ermöglichen, kollaborative Praktiken im Spiel und in der sprachlichen Kommunikation zu teilen. Was Tomasello früher
„Identifikation" mit anderen genannt hat, wird so ersetzt, um jedes Missverständnis
damit auszuschließen, als ginge es um die Identifikation mit dem Körper der Mutter.
Hypothetisch sei (mit L. S. Wygotski) für dialogisch kognitive Repräsentationen Folgendes anzunehmen: Indem das Kind die intentionalen Handlungen des Erwachsenen
versteht, nun aber insbesondere auch jene, die sich auf es richten, und es gleichzeitig
seine eigenen psychischen Zustände erfährt, könne es, die Interaktion aus der 3. und der
1. Personperspektive zu begreifen lernen. Es bilde eine Art von „Vogelblick" auf die
Zusammenarbeit aus, der beide Perspektiven in ein Format der Repräsentation bringe
(Tomasello et al. 2005, S. 689, 691).

d) Beginnend mit 18 Monaten oder früher, werden die Szenen, die aus gemeinsamer
Aufmerksamkeit für Wahrnehmbares hervorgegangen sind, unterschieden nach Ereignissen und den Mitspielern des Kleinkindes. Es geht so um die Schematisierung wahr-
genommener „Dreh- und Angelpunkte" in Szenen gemeinsamer Aufmerksamkeit. Dies
komme sprachlich in *pivot schemas* zum Ausdruck, z. B. in *„more" plus something*,
„I" plus something, *„it's" plus something*. Auf diesem Level generalisieren die Kinder
noch nicht durch verschiedene Pivotschemas hindurch. Vielmehr bilde jedes Schema eine
konstruierte Insel für die Symbolisierung bestimmter Arten von Szenen, die wahrgenommen werden können. Das Kind verfügt noch nicht über eine Syntax. Das Verständnis der Kinder dafür, dass es zur Erreichung eines gemeinsamen Ziels in gemeinsamer
Aufmerksamkeit (z. B. im Spiel) komplementärer Rollen bedarf, betrifft nun den Beginn,
auch die Rollen von Sprechern und Hörern zu erlernen. Dazu gehöre insbesondere das
Aushandeln von Bedeutungen (Tomasello et al. 2005, S. 683).

e) Ab 22 Monaten begännen die Kinder erstmalig damit, wahrnehmbare Szenen syntaktisch auszudrücken. Insbesondere verwenden sie symbolische Marker für Mitspieler.
Tomasello nennt diese neue Art des sprachlichen Ausdrucks *item-based constructions*.
Unter diesen hebt er die Verb-Inseln hervor, die aus der Verwendung eines Verbs (wer-
fen, rennen, geben, fallen, brechen) und der Füllung des dem Verb entsprechenden Plat-
zes bestehen. Zu Verbinseln gehören konstitutiv Plätze für dasjenige oder denjenigen,
das oder der mit der Tätigkeit des Verbs in einer bildlich vorgestellten Funktion zusammenhängt (*wer* wirft, rennt, fällt, *was* bricht oder wird zwischen zweien gegeben, vgl.
Tomasello 2003, S. 120). Diese sachbasierten Konstruktionen (*item-based constructions*)
gehen über die Schematisierung wahrnehmbarer Dreh- und Angelpunkte (*pivot schemas*)
darin hinaus, dass sie eine syntaktische Markierung als integralen Teil der Konstruktion
aufweisen. Verwende man z. B. reversible Transitive, komme alles auf die syntaktische
Reihung an, um die Reihenfolge der von Verben beschriebenen Aktivitäten und die Füllung ihrer jeweiligen Plätze nicht durcheinander zu bringen, z. B. zwischen Häschen
und Pferd: „Make the bunny push the horse."

f) Im vierten Lebensjahr beginne die paradigmatische Kategorisierung der Szenen, die im Leben begegnen können. Gegenstands- und Tätigkeitswörter versorgen die Spracherwerber mit kreativen Möglichkeiten, neu erlernte Sachverbindungen (*items*) ohne eine direkte vorangegangene Erfahrung zu verwenden. Sprachliche Äußerungen und Konstruktionen, welche der gleichen kommunikativen Funktion dienen, werden zusammen in einer Kategorie gruppiert (vgl. Tomasello 2003, S. 301). So könne man in Abhängigkeit von dem kommunikativen Zweck auf die in der Wahrnehmung gleiche Erfahrung verschieden referieren, nämlich als explodierend (*exploding*) oder als „eine Explosion" (*an explosion*). In den westlichen Sprachen werden im allgemeinen Gegenstandswörter dazu verwendet, eine Erfahrung als „begrenzte Entität" (wie eine Explosion) aufzufassen, während Verben dazu gebraucht werden, die Erfahrungen als Prozesse (wie im Explodierenden) auszulegen. Wir kommen hier also, wenn ich Tomasello recht verstehe, in einen interkulturellen Vergleich der nach kommunikativen Funktionen verschiedenen Möglichkeiten, Sprache syntaktisch und formal-semantisch zu strukturieren, hinein. Dafür sei es wichtig, zu erkennen, dass die kommunikativen Funktionen erklären können, um bei den uns bekannten Sprachen zu bleiben, „why nouns are associated with such things as determiners, whose primary function is to help the listener to locate a referent in actual or conceptual space, and verbs are associated with such things as tense markers, whose primary function is to help the listener to locate a process in actual or conceptual time" (ebd., S. 170f., vgl. ebd., S. 241). Die Rollen der Mitspieler würden in generalisierten Symbolen als aktive und passive Kombinationen von Klassen der Gegenstands- und Tätigkeitswörter markiert. Die dafür angemessenen sprachlichen Ausdrücke bestünden in symbolisch unbegrenzten Generalisierungen von Konstruktionen mit Gegenstands- oder Tätigkeitswörtern. Die sog. Fehler, in denen Kinder die Verwendung solcher Ausdrücke symbolisch übergeneralisieren, bringen die Differenz zum Vorschein, die zwischen den Potentialen in der paradigmatischen Kategorisierung und den historischen Gewohnheiten in der Sprechergemeinschaft besteht.

g) Erst im fünften und sechsten Lebensjahr des Spracherwerbs reparierten die Kinder selbst (nicht mehr nur die Erwachsenen) ihre Konversationen und Erzählungen. Diese Reparatur sei der beste Test für das Ausmaß, in welchem das Kind die Rollen der Erwachsenen in sein Verhältnis zu sich, „into the relation of the child to itself" (Tomasello 2003, S. 244), integriert hat. Konversation beinhaltet den angemessenen Wechsel zwischen Reden und Zuhören und das Management der Aufgabe. Erzählungen erfordern, dass die Erzähler für die Hörer ein Mittelset meistern, welches durch die Reihung der Sätze hindurch einer guten Story gemäß Kohärenz und Kohäsion herstellt. Das wichtigste Mittelset bestehe in den *anaphora*. In ihnen wird auf zuvor in der Konversation verwendete sprachliche Symbole zurück verwiesen, statt direkt in Wahrnehmungssituationen (z. B. gemeinsamer Aufmerksamkeit) auf Objekte und Ereignisse außerhalb der Sprache zurückzugehen: „For example, definite reference and pronouns (*the boy, he*) must somehow make contact with something the child has already said in the narrative if the listener, who was not there for the event, is to successfully identify the intended person (the pronoun and definite article in true narratives are thus anaphoric, not deictic). Also, telling stories involves a constant monitoring of (1) which aspects of the event should be foregrounded and emphasized (such as plot line) and which should be backgrounded and deemphasized (such as onlookers if they do not play a central role in the plot; and (2) what is given and what is new for the listener. These effects are achieved by wide variety of devices, ranging from verb tense and aspect (plot line is most often conveyed with perfect tense) to complex constructions (backgrounded information is often in one or another kind of subordinate clause" (Tomasello 2003, S. 271.).

Den Spracherwerb zusammenfassend spricht Tomasello von einem graduellen Prozess von c) Holophrasen bis g) Reparatur der Konversation und der Erzählung, der durch a) Protokonversation und b) gemeinsame Aufmerksamkeit humanspezifisch ermöglicht werde. Zunächst erfolge in jeder Phase eine Expression des Kindes in *inter*personalen Relationen. Sodann werde ein je spezifisch erlernbares Niveau aus den *inter*personalen Relationen „verinnerlicht", d. h. in das Verhältnis des Kindes zu sich überführt. Die dialogisch, also in den interpersonalen Relationen gewonnene Kognition werde in eine für das Kind *intra*-personale Relation transformiert. Es verhalte sich so zu sich, mithin reflexiv. Diese Reflexivität wird sodann erneut zum Ausdruck gebracht und so fort (Tomasello et al. 2003, S. 136f., 139).

Bei aller Graduierung und Vergleichbarkeit zwischen den Phasen seien aber die Resultate doch qualitativ unterscheidbar. Geteilte Intentionalität ist nicht gleich Mentalität, sofern letztere in dem Meistern sprachlicher Ausdrücke für mentale Aktoren als mentale Aktoren besteht. Verwechsele man nicht die Expression (*expression*) mit der Zuschreibung (*ascription*) propositionaler Haltungen (*attitudes*) zu sich selbst oder zu anderen (insbesondere durch Satzergänzungen), erfolge die Zuschreibung im Sinne des Bestehens der Tests in selbständigen Reparaturen (gegen Mißverständnisse und falsche Zuschreibungen) erst in g) (bei allen individuellen oder kulturellen Variationen von plus oder minus einem halben Jahr). In „mature linguistic communication speakers monitor two main things. First, they monitor what they want to say, the basic who-did-what-to-whom they want to report (the proposition). But second, they also monitor the knowledge and expectations of the listener and so formulate their proposition in ways appropriate to the immediate speech situation, ... Initially for young children these two tasks are not differentiated; [...] But with greater experience children begin to see a difference between the propositions expressed in the conventional symbols of language and the pragmatic choices and adjustments made by individual persons on individual occasions of language use. The propositional attitudes actually encoded in language for use on specific occasions – for example ‚I think ...' – give children a handy way to get some reflective purchase on this differentiation." (Tomasello et al. 2003, S. 137). Durchläuft man die ontogenetischen Phasen, könne man zwar *post festum* als Erwachsener sagen, dass in der Folgephase sprachlich explizierbar wird, was in der Vorphase im praktischen Tun des Kindes bereits implizit enthalten war. Aber daraus folge nicht, dass für das Kind von Anfang an seine Expression *in praxi* nichts anderes war, als dann am Ende von dem Kind auch in der Sprache ausgesagt werden kann. Man verwechsele nicht, was „becomes first expressed in language", mit dem, was „then redescribed in that very same language" (ebd., S. 139), als wären ontogenetisch betrachtet nicht lebendiges und intentionales Verhalten nötig, um mentales Verhalten aufbauen zu können. Die ontogenetische Fundierungsrichtung geht klar von den lebendigen über die intentionalen zu den geistigen Verhaltensdimensionen, nicht aber umgekehrt. Sie setzt jedoch voraus, dass in der soziokulturellen Umwelt bereits geistige, intentionale und lebendige Verhaltensdimensionen auf eine reife Weise von erwachsenen Bezugspersonen verschränkt werden.

Der interessante Streit, den Tomasello mit seiner „shared intentionality" ausgelöst hat, bezieht sich auf vier ontogenetische Level, die von b) gemeinsamer Aufmerksamkeit über c) das gemeinsame Erlernen der Holophrasen, d) die gemeinsame Schematisierung der wahrgenommenen Dreh- und Angelpunkte (*pivot schemas*) bis einschließlich e) das gemeinsame Erlernen sachbezogener Konstruktionen (*item-based constructions*), durch die erstmals syntaktisch strukturiert werde, reichen. Die übliche *theory of mind* beginnt erst mit den *belief-desire*-Ausschnitten aus f), d. h. aus der paradigmatischen Kategorisierung in westlichen Sprachen. Sie stützt sich zudem auf entsprechende Ausschnitte von g), d. h. aus den Konversationen und Erzählungen in westlichen Kulturen. In diesen ist die Zuordnung auf Eigenes, Anderes und Fremdes hermeneutische Selbstverständlichkeit. Dieser *theory of mind* fehlen demnach vom 1. bis 4. Lebensjahr vier ontogenetische Phasen an gemeinsam geteilter Aufmerksamkeit, Intentionalität und Zusammenarbeit, welche diesen spezifischen „mind" allererst ermöglichen. Dies legt die Frage nahe, ob die vier Stadien gemeinsamer Intentionalität nicht auch andere Formen von Mentalität ermöglichen könnten, was empirisch im Sprachen- und Kulturenvergleich der Fall ist. Ab dem vierten Lebensjahr, d. h. in der Vorschulphase, könnte bei uns eine funktionale Selektion von Strukturpotentialen erfolgen, die in den westlichen Sprachen und Kulturen sicher stellt, dass ab Schulbeginn ein bestimmtes System der allgemeinen Bildung und Ausbildung zum Erwachsenwerden greift, welches in der Tat auch im Westen erst seit dem 19. Jahrhundert durchgesetzt worden ist. Es wäre wenig überzeugend, diesen selektiven „Mind" und die sich auf ihn aufbauenden Mentalitäten zum ethnozentrischen Maßstab des Menschseins zu machen.

Um diese Frage konzeptionell fassen zu können, müssen wir nun noch den Anschluss an das rekonstruieren, was Tomasello unter historischen „Prozessen der Grammatikalisierung" versteht, die sich auf Sprechergemeinschaften beziehen, also über die kleinen Gruppen und nachwachsenden Kinder hinausgehen, welche in Modellen der Ontogenese vorherrschen. Unter sozialem Gesichtspunkt beziehen sich kulturhistorische Prozesse der Grammatikalisierung auf „kollektive Intentionalitäten", d. h. in der Terminologie G. H. Meads auf nicht nur „significant other", sondern „generalized other" (Tomasello et al. 2003, S. 133 u. 139). Da Tomasello „Grammatikalisierung" gleichbedeutend mit „Syntaktisierung" (Tomasello 2003, S. 8) verwendet, kann sie nicht *ohne*, sondern nur aufbauend *auf* eine paradigmatische Kategorisierung (f) und das grundsätzliche Niveau, überhaupt an Konversation und Narration teilnehmen zu können (g), erfolgen. Es zeigt sich zwar schon sprachlich-syntaktisch eine erste Differenz zwischen den Potentialen der paradigmatischen Kategorisierung und den Gewohnheiten der Sprechergemeinschaft in den sog. Fehlern der Übergeneralisierung (in f). Aber kommunikativ relevant würde eine solche Differenz erst, insofern es um die Teilnahme oder Nicht-Teilnahme an und in Konversationen und Narrationen oder um die „falsche" bzw. andere Teilnahme daran und darin geht, etwa nach soziokulturellen Rollen für Geschlechter, Abstammung, Zukunftschancen. Ein kulturhistorischer Prozess der Grammatikalisierung unterstellt alle ontogenetischen Stadien, enthält aber mental relevante Konfliktpotentiale ab der paradigmatischen Kategorisierung und kommunikativ wirksam ab der Konversation und Narration. *Das interkulturelle Konfliktpotential läge innergeistig betrachtet nicht darin, dass überhaupt syntaktisiert wird, sondern wie und in welcher historisch-inhaltlichen Semantik dies geschieht.* Zudem kann der ontogenetische Beitrag zu Prozessen der Grammatikalisierung nur in individuellen Variationen bestehen, die es erst noch historisch zu beurteilen gilt (nicht jede Abweichung ist besser als der bisherige Standard) und die sich über Gruppen hinausgehend in der Sprechergemeinschaft durchsetzen können müssen.

Was die Erklärung des ontogenetischen Unterbaus für Prozesse der Grammatikalisierung angeht, bleibt Tomasello stringent bei seiner Ergänzung der Primatenkognition durch die vier Formen geteilter Intentionalität. Er gibt für jede Phase den empirischen Input an, den die Kinder erfahren müssen, und denjenigen kognitiven Prozess, der zu den empirisch kontrollierbaren Ausdrucksstrukturen führt, von der einfachen Expression bis zur paradigmatischen Kategorisierung (Tomasello 2003, S. 174). Dieser Ansatz ist nicht nur in dem Sinne universalisierbar, als er sich auf die Primatenkognition stützt, sondern auch auf Universalien in der humanspezifischen Interaktion, eben die *vier Formen geteilter Intentionalität. Ohne sie käme kein Kind in Soziokulturen und Sprachen überhaupt hinein.* Es gibt sie in allen Soziokulturen, auch außerhalb des Westens, nur wird das mentalistisch übersehen. Gewiß variiert auch ihre Ausgestaltung, aber nicht so, dass es sie überhaupt nicht gäbe und als ob sie zu überspringen wären. *Die – möglicherweise konfliktuelle – Überschneidung zwischen Ontogenese und Prozessen der Grammatikalisierung beginnt in der Konversation und Narration* hinsichtlich der Bewertung mentaler Kompetenzen und den semantischen Inhalten für die jeweiligen Kultur- und Sprachgemeinschaften.

Da Tomasello die Grammatikalisierung als syntaktische Schematisierung fasst, schreibt seine Theorie, soweit ich sehe, keine Bewertung im gerade genannten Sinne vor, auch keine höchste Syntax. Er folgt T. Givón in den beiden Orientierungen: „Today's morphology is yesterday's syntax" und „today's syntax is yesterday's discourse". (Tomasello 2003, S. 14). Einmal in die Zukunft gewendet, wie ich es verstehe: Der heutige Diskurs kann in der nächsten Generation syntaktisch verdichtet und in der übernächsten Generation morphologisch sedimentiert werden, je nachdem, welche kommunikative Funktion es wahrscheinlicher machen wird, dass ihre sprachlichen Konstruktionen reproduziert werden. Je höher die Reproduktionswahrscheinlichkeit für bestimmte Strukturen funktional liegt, desto eher werden sie auch syntaktisch und sodann morpholgisch verkürzt werden. Von dieser Art sind die Beispiele, die Tomasello gibt für „resultative construction", „relative clause construction", „sentential complement construction", „infinitival construction" (Tomasello 2003, S. 148). Diese syntaktischen Schematisierungen gibt es in allen Sprachen, sofern man deren Geschichten berücksichtigt, was zu tun Tomasellos Konzeption durch die kommunikativen Funktionen der Sprachen als Symbole ermöglicht. Gegen falsche, weil ihrerseits historistische oder nur anders ethnozentrische Kritiken am Eurozentrismus schreibt er zusammenfassend: „Of course there are language universals. It is just that they are not universals of form – that is, not particular kinds of linguistic symbols or grammatical categories or syntactic constructions – but rather they are universals of communication and cognition and human physiology." (Tomasello 2003, S. 18, vgl. u. a. zur Verschiedenheit chinesischer und turkischer Sprachfamilien ebd., 133-138, 188f.).

4. Der humanontogenetische Beitrag zur Konzipierung eines vertikalen Vergleichs mit vor allem den großen Menschenaffen

Beginnen wir mit erklärungsbedürftigen Phänomenen aus dem *wild life* und aus der Akkulturation von Menschenaffen, um Tomasellos Beitrag in der Diskussion einordnen zu können.

Es ist vielfach beobachtet worden, dass Menschenaffen *Populationskulturen* im Hinblick auf ihren Werkzeuggebrauch, ihre Nahrungsauswahl und -zubereitung, die Hierarchisierung im Verhalten ihrer Gruppenmitglieder und gegenüber anderen Gruppen derselben Spezies und anderen Spezies ausbilden. Mit *Kultur* ist hier gemeint, dass die beobachtbaren Verhaltensunterschiede Gruppen betreffen, deren Mitglieder Artgenossen derselben Spezies sind und deren Umwelten nicht weit auseinander liegen, weshalb die Unterschiede schwerlich aus Variationen der Gene folgen können. Es handelt sich um *erlernte Verhaltensunterschiede*, die auch nicht gänzlich an ein Individuum gebunden sein können, mit dem sie dann aussterben würden, sondern irgendwie *sozial in der Generationenfolge tradiert werden*.[24] Zudem gibt es bei individuell erlernten Neuerungen auch in ein und derselben Generation eine gewisse Ausbreitungsgeschwindigkeit, die aber für Tomasello und andere nicht hoch genug ist, um sie durch Imitation der Handlungspläne, d. h. der Rollen *in nuce*, wie bei Menschen erklären zu können. Tomasellos Kulturbegriff setzt höher als bei den meisten anderen Primatologen an. Für ihn ist nicht jede soziale Weitergabe von Lernverhalten in der Generationenfolge bereits Kultur, sondern nur eine solche, die auf Imitation beruht. Auch in dieser Hinsicht stimmen Plessner (vgl. Kap. 1.1.) und Tomasello (im Folgenden und 3.5.) überein.

Zweitens kommt für akkulturierte, d. h. unter Menschen aufgewachsene Menschenaffen das erklärungsbedürftige Phänomen hinzu, dass sie, wie man von Wolfgang Köhlers Schimpansenversuchen seit fast einem Jahrhundert weiß, in der Tat intelligentes Verhalten zeigen. Was früher unter dem Titel der „Intelligenz" diskutiert wurde, wird heute als „produktives Schlussfolgern und einsichtsvolles Problemlösen" umschrieben (Tomasello 2002, S. 26f.). Das Problem der „Einsicht" steckt in beiden Terminologien, missversteht man Intelligenz nicht nach Quotienten. „Der Unterschied der Intelligenz gegenüber dem assoziativen Gedächtnis liegt klar zu Tage: Die zu erfassende Situation, der im Verhalten praktisch Rechnung zu tragen ist, ist nicht nur *art*neu und atypisch,

---

24 Vgl. zur Diskussion der Problemstellung auch A. Paul, Von Affen und Menschen, a. a. O., S. 227-235.

sondern vor allem *auch dem Individuum* ,neu'. Ein solches objektiv sinnvolles Verhalten erfolgt *plötzlich*, und zeitlich *vor* neuen Probierversuchen und *unabhängig von der Zahl* der vorhergehenden Versuche."[25] Max Scheler nannte die zweifelsfrei vorhandene Schimpansenintelligenz eine „praktisch-organisch gebundene Intelligenz", weil sie im Rahmen der praktischen Erfüllung von organischen Trieböffnungen („Trieb" im Gegensatz zum vererbten und starren „Instinkt") des Verhaltens ins Lernen hinaus bleibt, also nicht wie Geist organisch entbunden ist. Man könne die „Einsicht" des Schimpansen, z. B. darin, durch das Aufeinanderstapeln der Kisten oder das Ineinanderschieben der Stöcke als Mittel die Früchte erlangen zu können, wie folgt verstehen: Es komme zu einer „Verlagerung" seiner „Triebhandlungskausalität" in die „Umweltdinge hinein", so dass ihm eine „anschauliche Umstellung der Umweltgegebenheiten selbst" gelingen könne.[26] Diese Bindung von Intelligenz an die Trieberfüllung würde auch erklärlich werden lassen, warum Schimpansen große Schwierigkeiten haben, komplexe Hindernisse zu beseitigen, obgleich sie doch vergleichsweise komplexe Werkzeuge zustande bringen.[27] Schimpansen fehle es im Vergleich zu Menschen nicht an Positivitäten, so auch Povinelli, der sie als die wahren Induktivisten bezeichnet hat.[28] Ihnen fehlt, so Plessner (bereits vor 80 Jahren) der „Sinne fürs Negative", für den leeren Raum und die stille Zeit als Weltrahmen zur Erwartung des Abwesenden, des Nichts als Kontrast für etwas und jemanden.[29]

Tomasello hat die problemlösende „Einsicht" von Menschenaffen stets gewürdigt, aber wie Scheler als individuelle Lernleistungen verstanden, welche nicht – wie bei Menschen – durch Imitation zu einem spezifisch kulturellen Lernen gehören, d. h. bei Scheler: welche nicht durch Teilhabe am Geistigen zustande kommen. Wie bei Scheler (ebenfalls vor 80 Jahren) geht es auch bei Tomasello um vorsymbolische und nicht-reflexive, wohl aber anschaulich schematisierende Intentionalität des Handelns im Sinne der Zwischenschaltung von Mitteln zur Erlangung der Trieberfüllung. Das Ziel wird intendiert in verschiedenen Wahrnehmungssituationen, die immer neu eine direkte Erfüllung durch ein bereits erlerntes Handlungsschema ausschließen. Daher liege eine Antizipation, so Scheler für diese Form von Intelligenz, vor. Das Ziel hebt sich nicht symbolisch unter Symbolen von möglichen Wahrnehmungssituationen ab, sondern bleibt an die Triebdynamik des eigenen Organismus in der Interaktion mit der Umwelt gebunden. Seine vermittelte Erfüllung wird kein intentionaler Handlungsplan, der sich für diesen und andere Affen symbolisch von ihrer Wahrnehmungs- und Vorstellungssituation hier und jetzt abheben ließe. Vielmehr erfüllt sich der Trieb in der Verlagerung, Umstellung und Neuverknüpfung von Handlungs- und Wahrnehmungschemata und damit auch Vorstellungsschemata. Dabei hängt vieles von der *individuellen* Gedächtnisleistung ab, weil

---

25 M. Scheler, Die Stellung des Menschen im Kosmos, a. a. O., S. 33.

26 Ebd., S. 35.

27 Vgl. ebd., S. 42 u. 45.

28 D. J. Povinelli, Folk Physics for Apes. The Chimpanzee's Theory of How The World Works, Oxford 2000.

29 H. Plessner, Die Stufen des Organischen und der Mensch, a. a. O., S. 270-272.

es die Teilhabe an einem *soziokulturellen* oder mentalen „Gedächtnis" für intelligente Neukombination nicht gibt. Da es sich um individuelle Intelligenzleistungen, die unglaublich individuell variieren können, handelt, bleibt die Frage nach ihrer sozialen Tradierung offen. Oder es ist eben gerade diese Art und Weise von intelligenter Einsicht, die nicht soziokulturell weiter gegeben werden kann. Die Vergleichbarkeit der Intelligenz von Menschenaffen untereinander ergäbe sich dann aus der Vergleichbarkeit ihrer Trieböffnung des Verhaltens in die Umwelt hinein, um dort zu einer intelligenten Beantwortung und damit Schließung ihres Verhaltens gelangen zu können.

Was mich wundert, ist, dass Tomasello kein konzeptionelles Äquivalent für das hat, was Scheler diese „Triebhandlungskausalität" nannte, obgleich doch Tomasello inzwischen das Motivationsproblem für das Sharing bei Menschenkindern aufgewertet hat. Steht nicht bei Menschenaffen zunächst einmal diese, an den individuellen Organismus gebundene Triebdynamik an der Stelle, an welcher bei Menschenkindern die hohe Motivation für das Sharing in allen seinen Formen steht? Und würden die von der freien Wildbahn abweichenden Leistungen der Akkulturierten nicht zunächst dadurch möglich werden, dass für die plastisch Nachwachsenden in ihrer Spielphase die Erfüllung der Triebdynamik in der Menschenumwelt grundsätzlich gesichert und symbolisch aufgeladen wird?

Für diese Frage schienen die Versuche, Menschenaffen unter Menschen (mit oder ohne ein spezielles Training) die Menschensprache durch die Yerkes-Tastatur beizubringen, einen Durchbruch zu bedeuten. Indessen darf man nicht – wider alle sympathisierenden Projektionen, die insbesondere bei Schimpansen und Bonobos der evolutionsgeschichtlichen Verwandtschaft im Ausdruck wegen nahe liegen – vergessen, dass die Meisterung der Sprache an das Bestehen von Tests für ihre Selbstreferenz zu binden ist. Ein solcher Test kann z. B. in Versuchen zu der Frage bestehen, ob ein Übergang in die Verwendung von Anaphora – statt des ständigen Rückgriffes auf deiktische Handlungen oder andere Rückgänge in erfahrene Wahrnehmungssituationen – erfolgt. Selbst Schimpansen gehen nicht zur Konversation und Narration im o. g. Sinne über, und es ist strittig, ob sie überhaupt aspektweise syntaktisch generalisieren. Sicher ist andererseits, dass sie schematisieren und an Schemata Symbole anlagern können. Strittig ist dann wieder, ob und wie sie über einzelne Symbole (semiotische Dreiecke) zur Bezeichnung von Wahrnehmungsmöglichkeiten (in Abhängigkeit von ihrer sehr individuellen Gedächtniskapazität) in symbolische Netzwerke hineinkommen, die sich von der schematisierten Wahrnehmung lösen können. Steigen sie also, im Vergleich mit den Leistungen von Menschenkindern, eher zu Beginn oder eher am Ende des 3. Lebensjahres von Menschenkindern aus dem Spracherwerb aus? – Die Frage so zu stellen, schließt ein, dass Menschenaffen grundsätzlich Intentionalität zuzuerkennen ist. Es fragt sich nur, in welchen Formen, die offenbar auch unter günstigsten Bedingungen der Akkulturation nicht ermöglichen, in die Meisterung einer sprachlich-mentalen Selbstreferenz hineinzukommen.

Tomasello anerkennt (seit 2003), dass große Menschenaffen intentionale Handlungen „in terms of goals and perception" verstehen können (Tomasello et al. 2005, 684). Sie folgen den Blicken von Artgenossen und Menschen auf externe Handlungsziele. Sie verstehen, die gutwilligen oder böswilligen Intentionen auch von Menschen den Affen gegenüber anhand des Ausdrucks der Menschen zu unterscheiden. Sie differenzieren auch zwischen der Intention und der bloß senso-motorischen Ungeschicklichkeit von Menschen oder so etwas wie einem senso-motorischen Unfall in der Ausführung, ihnen etwas Gutes zukommen zu lassen (ebd.). Aber all dies, dabei bleibt Tomasello, bedeute nicht, dass sie die Intentionen anderer selbst symbolisch teilen, also den Weg der humanspezifischen Intentionalitätsformen des „sharing" und der Zusammenarbeit in der Aushandlung von Bedeutungen und in der Handlungsplanung beschreiten. Der Verhaltenskontext, in dem sie die Intentionen anderer erkennen und berücksichtigen, ob andere etwas wahrgenommen oder nicht wahrgenommen haben, sei der von Dominanz versus Unterordnung (in der eigenen Gruppe) oder der Jagd auf bzw. des Überfalls von Außenstehenden (kleineren Affen, Gebietskonkurrenten der eigenen Spezies bei Schimpansen). Es komme zu keiner Ergänzung von Rollen für eine gemeinsame Zusammenarbeit nach Handlungsplänen oder gar einem Rollentausch (Tomasello et al. 2005, S. 685), selbst nicht bei akkulturierten Menschenaffen. Selbst sie bezögen ihre Nachahmung primär auf die Veränderung des Zustands in der Umwelt gemäß dem intendierten Ziel, nicht aber auf die Handlungspläne, die eine Unterscheidung von Ziel und Mittel für einen anderen Zusammenhang zwischen Ziel und Mittel eröffnen. Akkulturierte Menschenaffen würden zwar durch die Sozialisierung seitens der Menschen und in der symbolisch-interaktiven Umwelt von Menschen „menschenähnlicher" als ihre Artgenossen in freier Wildbahn, aber auch sie würden eben keine Menschen (ebd., S. 686, vgl. Tomasello 2002, S. 47f.).

Es reiche womöglich die Annahme eines „social-cognitive schema enabling them to see a bit below the surface and perceive something of the intentional structure of behavior and how perception influences it" (Tomasello et al 2003, S. 142). Würde eine soziale Kognition auf dem Niveau von Schemata (also vorsymbolisch, aber für Typen wiederkehrender Handlungs- und Wahrnehmungssituationen) ausreichen, um die von Tomasello selbst erwähnten Fakten der folgenden Art erklärlich werden zu lassen? Primaten haben, im Unterschied zu anderen Säugern, ein „Verständnis von sozialen Beziehungen Dritter, also von Beziehungen, die zwischen anderen Individuen bestehen; beispielsweise verstehen sie die Verwandtschafts- und Dominanzbeziehungen, die andere Individuen untereinander haben. [...] Es gibt sogar Belege dafür, dass Primaten ganze Kategorien sozialer Beziehungen zwischen Dritten verstehen, z. B. verschiedene Instanzen der ‚Mutter-Kind'-Beziehung." (Tomasello 2002, S. 27). Hier kommen wir offenbar doch relational in Triaden von Triaden hinein, die sich symbolisch aufladen lassen könnten. Oder reichen die Triebdynamik, das Verständnis relationaler Kategorien für Dinge und einige Spiegelneuronen aus, um die soziale Schematisierung dieser Kognition zu verstehen? – Tomasello selbst gibt nicht vor, über eine abschließende Antwort zu verfügen, wohl aber über ein Forschungsprogramm, das weitere Untersuchungen orientieren kann (Tomasello et a. 2005, S. 690).

Abgesehen von den empirischen Deutungen, die Tomasello selbst vornimmt, bleibt die Frage, was er konzeptionell anbietet, um die soziokulturelle Weitergabe von erlerntem Verhalten unter Menschenaffen erklärlich werden zu lassen, ohne zu dem menschenspezifischen „Sharing" greifen zu müssen. Auch für Tomasello reichen die drei folgenden Lernmechanismen zur Erklärung der Populationskulturen *nicht* aus: a) *Physischer Kontakt mit Lernsituationen.* „Jungtiere können einfach deshalb mit neuen Lernerfahrungen konfrontiert sein, weil sie nahe bei ihren Artgenossen bleiben, ohne dass sie irgendetwas direkt vom Verhalten der Artgenossen lernen." (Tomasello 2002, S. 37). b) *Reizvertiefung*: „Jungtiere können von Gegenständen angezogen werden, mit denen andere gerade interagieren, und dann unabhängig von den anderen verschiedene Dinge über diese Gegenstände lernen." (ebd.) c) *Nachahmung (mimicry).* „Jungtiere sind besonders für die Reproduktion des tatsächlichen Verhaltens ihrer Artgenossen angepasst, obwohl sie kein Verständnis für die instrumentelle Wirksamkeit ihrer Nachahmung haben und obwohl das nachgeahmte Verhalten aus einem eng umschriebenen Bereich stammt" (ebd.). Da a) bis c) nicht ausreichen, wird d) das *Imitationslernen* aus der Humanspezifikation, aber auf einem elementaren Level ins Spiel gebracht: „Jungtiere reproduzieren das Verhalten oder die Verhaltensstrategie eines Vorführenden mit demselben Ziel, das der Vorführende verfolgt." (Ebd.)

Um empirisch überprüfen zu können, ob bereits Imitationslernen (d) vorliegt oder nicht vorliegt, ohne auf a) bis c) zurückgehen zu müssen, hat Tomasello zwei weitere Unterscheidungen vorgesehen, nämlich die des Emulationslernens vom Imitationslernen und die der ontogenetischen Ritualisierung zu Gesten von der Lehre für den Lernenden in der Imitation. Im *Emulationslernen* konzentriert sich der Lernende auf „Veränderungen des Zustands der Umgebung, die ein anderer bewirkt hat – und nicht auf das Verhalten oder eine Verhaltensstrategie eines Artgenossen" (ebd., S. 41). Während Menschenkinder früh und sehr häufig die Methode des Vorführenden imitieren, unternehmen Schimpansen oft verschiedene Dinge, um den Gegenstand zu erreichen (ebd.). Dieser Unterschied muss aber bei akkulturierten Schimpansen nicht signifikant sein, d. h. sie können wie zweijährige Menschenkinder imitieren und sprachähnliche Symbole erlernen (ebd., S. 47). Bei der *ontogenetischen Ritualisierung* „wird ein kommunikatives Signal von zwei Organismen erzeugt, die in wiederholten sozialen Interaktionen das Verhalten des jeweils anderen formen" (ebd., S. 43). Daraus folge eine große Variabilität solcher Dyaden für Dyaden, während das Imitationslernen stärker durch Lehre und Teilnahme an intentionalen Strukturen homogenisiere (ebd., S. 44). Es gebe dann eine aktive Instruktion der Lernenden „von oben nach unten" durch die Lehrenden und ein aktives soziales Lernen der Nachwachsenden „von unten nach oben" in der Generationenfolge. Das Interessante an der Vergleichsuntersuchung mit Schimpansenkindern, die von ihren Schimpansenmüttern aufgezogen worden waren, besteht darin, dass es diesen Kindern „fast nie gelang, sowohl das Ziel als auch das Mittel der neuen Handlung zu reproduzieren (d. h. sie zeigten kein Imitationslernen)." (ebd., S. 47).

Der konzeptionell springende Punkt in dem Vergleich der Humanontogenese mit anderen Primaten liegt in der Differenz *zwischen* der biologisch adaptierten „Nachahmung" (*mimicry*) (c), die auch zur Erklärung der Schimpansenleistungen zu wenig hergibt, und dem geteilt intentionalem und so Mentalität ermöglichendem „Imitationslernen" (d), also wirklich in dem, was Zwischen c) und d) liegt. So hilfreich dafür das Emulationslernen und die ontogenetische Ritualisierung zu Gesten sein mögen, sie treffen noch nicht diesen unterscheidenden Punkt. Er wird auch unter Schimpansenkindern selbst erreicht, eben solchen, die mit Schimpansenmüttern, und solchen, die unter Menschen aufwachsen. Jedoch bleiben auch die „besten" akkulturierten Leistungen auf einem Niveau stehen, das vergleichsweise im 3. Lebensjahr von Menschenkindern überschritten wird.

5. Differenzierung und Erweiterung des Forschungsprogramms von Tomasello in der Philosophischen Anthropologie

a) Plessners Unterscheidung zwischen Ausdruckserwiderung, Mitmachen/Nachmachen und Nachahmung (Imitation)

Es wird Tomasellos entscheidende Problemstellung bestärken, aber auch erweitern, wenn ich hier auf Plessners Unterscheidung dreier Phänomene verweise, die häufig verwechselt werden: „die Phänomene der Ausdruckserwiderung, des Mitvollzugs von Bewegungen und der eigentlichen Nachahmung".[30] Die *Ausdruckserwiderung* ist so etwas, wie Tomasellos ontogenetische Ritualisierung meint: Lebewesen B reagiert auf den Ausdruck von Lebewesen A situativ. Diese Situationsart wiederholt sich anhand von Wahrnehmungsschemata im Gedächtnis. Lebewesen A reagiert auf die Reaktion von Lebewesen B, indem es seinen Ausdruck wiederholt. Dies geschieht auch umgekehrt. Demgegenüber bezieht sich der *Mitvollzug*, auch „*mitmachen*" im Unterschied zu „*nachmachen*" genannt, auf alle im Sozialverband, also in „Mitverhältnissen"[31] gegenüber Drittem (Dinge, Ereignisse, andere Lebewesen) lebenden Tiere. Der Mitvollzug kann eine Handlung betreffen, die individuell und intentional von einem Artgenossen ausgeübt wird. Aber er ist nicht selbst eine soziale Handlung, an der beide oder weitere Artgenossen intentional teilnehmen. Vielmehr geht es um ein soziales Verhalten, das nicht *einem* Organismus zugeordnet werden kann, sondern mindestens zwei Organismen braucht, also ein *soziales* Verhalten (Mead) ist. Keines der beteiligten Tiere hat im Mitvollzug das, was Tomasello einen „Vogelblick" nennt. Dieser wäre auf das symbolische Dreieck gerichtet, in dem der Mitvollzug mindestens zweier Tiere gegenüber einem Dritten aber erfolgt. Nur im Mitvollzug ist es nicht nötig und nicht möglich, dass sich diese beiden Organismen vom Standpunkt Dritter aus wahrnehmen und vorstellen. Das Paradebeispiel für etwas Drittes unter den Primatologen ist noch immer die Jagd Dritter. Aber in der Jagd stellt sich kein Jäger vor, wie seine Triebbefriedigung vom Standpunkt des Jagdopfers ausschaut. Jeder beteiligte Organismus ist in „Frontalstel-

---

30 H. Plessner, Zur Anthropologie der Nachahmung (1948), in: Ders., Gesammelte Schriften VII (S. 389-398), Frankfurt/M. 1982, S. 398.

31 Ders., Die Stufen des Organischen und der Mensch, a.a.O., S. 306-308: zum Unterschied zwischen „Mitverhältnis" und „Mitwelt".

lung" in Dyaden befangen. Er lebt in seinem Lebenskreis, der „konzentrisch"[32] auf ihn hin und um ihn herum gebildet wird. Gleichwohl überschneiden sich im Mitvollzug bzw. Mitmachen diese konzentrischen Verhaltenskreise leiblich gegenüber Drittem. Dies verwundert nicht, weil es sich um Artgenossen handelt, deren Organismus ähnlich aufgebaut und an das Zusammenleben in der Population gewöhnt ist. Es ist nicht mehr nur wie in der Ausdrucksbewegung so, dass der eine Organismus die Handlung eröffnet, während der andere sie schließt, was durch Habitualisierung eine signifikante Geste ergeben kann (G.H. Mead). Beide eröffnen und erwidern, erwidern und eröffnen, bis sich diese Interaktion am Dritten oder durch das Dritte schließt. Das Dritte ist aber Ziel der noch immer individuellen Triebbefriedigung, fällt also nicht aus der o. g. Triebhandlungskausalität heraus. Es braucht keine gemeinsam bewusste, durch geteilte Intentionen erfolgende Abstimmung eines Plans für dieses soziale Handeln, sondern nur die je individuelle Vorstellung der nahen Triebbefriedigung. Mit dieser Vorstellung kommt die Erweiterung des *Mitmachens* in das *Nachmachen* ins Spiel: In Abhängigkeit vom individuellen Gedächtnis, kann der Ausgang des vorangegangen Mitmachens im nächsten Mitmachen vorgestellt werden. Nachmachen ist Wiederholung des Mitmachens dank der Vorstellung im Gedächtnis. Alle Triebbefriedigungen müssen erfahrungsabhängig erlernt werden, weil Triebe keine Instinkte sind (vgl. hier 1.1.). Die weitere Verteilung der Beute, um beim Jagdbeispiel zu bleiben, folgt dem Platz der Artgenossen im bisherigen Ranking ihrer Gruppe. Die aktualen Anpassungen im Mitvollzug, d. h. in dem Mitmachen und seiner Wiederholung im Nachmachen (*mimicry*), gehen nur unter der Voraussetzung, dass es schon eine strukturfunktionale Angepasstheit der Population in dieser bestimmten Umwelt gibt (ebd.).

Die Spannbreite echter *Nachahmung* (Imitation), die auch Plessner für menschenspezifisch hält, gibt er an, wenn er schreibt: „Jemandem etwas nach-machen ist nicht dasselbe wie jemanden nachmachen."[33] Was Tomasello das *Emulationslernen* nennt, wäre für Plessner ein *etwas*, das im Sinne von *Feldverhalten* (zweifelsfreie Schimpansenkompetenz) nachgemacht wird. Die Darstellung von *Sachverhalten* (Plessner 1975, 272, 276f.) kann demgegenüber laut Plessner nur in der *Nachahmung* (*imitation*), nicht im Nachmachen (*mimicry*) bestehen. Sie unterstellt, dass der Imitator den Unterschied zwischen, *etwas* nachzuahmen und *jemanden* nachzuahmen, kennt. Dieses Etwas (Sachverhalt) und dieser Jemand (Person) sind keine Begriffe, die aus der Wiederholung von Situationen der Wahrnehmung in der Vorstellung hervorgehen, etwa probabilistisch durch Versuch und Irrtum. Es ist vielmehr umgekehrt: Sie ermöglichen die Wiederholung der Wahrnehmung und Vorstellung, indem sie diese nach symbolischen Strukturen und Funktionen kontuireren. So werden durch symbolische Vergleiche und Differenzierungen neue Arten und Weisen der Wahrnehmung und Vorstellung möglich.

George Herbert Meads „Identifikation" des Nachwachsenden mit den erwachsenen Bezugspersonen hat Tomasello zwischenzeitlich zu schnell in eine Motivationsfrage ver-

---

32 H. Plessner, Die Stufen des Organischen und der Mensch, a. a. O., S. 230f., 240f.
33 Ders., Zur Anthropologie der Nachahmung, a. a. O., S. 397.

kürzt. In ihr steckt Plessners Problem, *jemanden* und nicht *etwas* nachzumachen. Tomasellos Intentionalitätsbegriff ist in der empirischen Durchführung zu eng auf *etwas* ausgerichtet und vernachlässigt *jemanden*. Etwas durch Mittel zu erreichen, sei der Kern von Intentionalität, und die wird dann terminologisch einer Person (dem Erwachsenen, Lehrer) zugeordnet, die vorausgesetzt und nicht weiter hinterfragt wird. Was Plessner die „exzentrische Positionalität" nennt, welche Imitation ermögliche, liegt nicht innerhalb, sondern außerhalb eines bestimmten, gerade zu erlernenden symbolischen Dreiecks. Es muss kein „Vogelblick" (Tomasello et a. 2005, S. 681) sein. Er kann auch von der Seite, nebenher oder von unten kommen. Von diesem Außerhalb her wird dann der Blick des anderen, der mir in meinem Blicken begegnet, zum Leitfaden für Reziprozität und Symmetrie[34], die sich dank Symbol gemeinsam auf Drittes richten kann. Nur lässt sich dieser vierte Punkt von außerhalb, von dem her sich die Dreiecke symbolisieren lassen, selbst nicht in einem Viereck feststellen, sondern aktual nur vollziehen. Er wird nicht optisch (räumlich), sondern durch das Stimmen (zeitlich), durch die Intonation nach außen, erreicht. Er bildet einen Rückbezug auf sich, da die eigene Stimmenexpression gehört werden und dabei mit anderen Stimmen in der Zeit (*succession, turning*) abgestimmt werden kann. Die exzentrische Positionalität ist phänomenologisch betrachtet wie ein Kameraschwenken mit Stimmen in einer Reihe von Filmsequenzen. Dadurch kommt es zu einem Hintergrund an Weltrahmen, der im Vordergrund die Ausbildung und Handhabung signifikanter Symbole ermöglicht. Von dem vierten Punkt her betrachtet, der es ermöglicht, in Raum und Zeit symbolische Dreiecke einzurichten, ist es auch möglich, von dem jeweils dritten Glied in einem Symbol auf das erste und zweite Relatum zurückzukommen. Dies geschieht in jeder Melodie, in jedem symbolischen Gesehenwerden der eigenen Teilnahme an einer Kooperation. Kurzum: Um noch einmal auf das Jagdbeispiel zu rekurrieren: Man kann sich dann die Jagd symbolisch auch vom Opfer her konturieren, was körperliche Vorteile (Technologie) und leibliche Nachteile (Enthemmung und Selbsthemmung) verschafft.

b) Vordergrund und Hintergrund einer Welt von und für Personen im Nirgendwo und Nirgendwann

Tomasello beginnt zwar in der gemeinsamen Aufmerksamkeit mit einem Weltrahmen der Erwachsenen, aus dem dann eine bestimmte Bühne selegiert wird, und er kommt zwischendurch, bei den dialogisch-kognitiven Repräsentationen, auf den Vogelblick zu sprechen, der als Ermöglichung in Anspruch genommen wird, verliert sich aber in der Durchführung im jeweiligen Vordergrund möglicher Versuchsserien.

---

34 H. Plessner, Zur Anthropologie der Nachahmung, a.a.O., S. 394-396. Zur Ausführung der für die Imitation nötigen Kooperation der Sinne, insbesondere über das Sehen, Stimmen (auch gerade die eigene) hören und Sprechen ders., Anthropologie der Sinne (1970), in: Ders., Gesammelte Schriften III (S. 317-394), Frankfurt/M. 1980.

Gleichwohl behält Tomasello in der Markierung der Einschränkungen geteilter Intentionalitäten durch die *theory of mind* Recht. Der Analogieschluss von mir auf andere und die Einfühlung von mir in andere unterstellen die in westlichen Kulturen und Sprachen üblichen, exklusiven Zuschreibungen, welche das Problem verstellen.[35] Wenn es noch nichts Geistiges gibt, das geteilt werden kann, wird die ganze Aufteilung in eigenes und anderes bzw. fremdes Ich sinnlos. Sie rutscht auf Affenniveau ab, auf dem unbewusst, ohne die Unterscheidung zu kennen, so senso-motorisch gehandelt wird, nämlich je individuell. Die Individualisierung von geistig Geteiltem ist in der Tat etwas anderes als die Individualisierung des Primatenerbes. „Bei der Annahme der Existenz anderer Iche handelt es sich nicht um Übertragung der eigenen Daseinsweise, in der ein Mensch für sich lebt, auf andere ihm nur körperhaft gegenwärtige Dinge, sondern um eine Einengung und Beschränkung dieses ursprünglich eben nicht lokalisierten und seiner Lokalisierung Widerstände entgegensetzenden Seinskreises auf die ‚Menschen'. Das *Verfahren* der Beschränkung, wie es sich in der Deutung leibhaft erscheinender fremder Lebenszentren abspielt, muss streng getrennt werden von der *Voraussetzung*, dass fremde Personen möglich sind, dass es eine personale Welt überhaupt gibt."[36]

Da Tomasello Plessner wie die ganze Philosophische Anthropologie, auch die an ihr beteiligt gewesenen Biologen (vgl. 1.1.) nicht kennt, da sie nicht auf Englisch vorliegen, kommt er aber doch mit Thomas Nagel der Weltauffassung in der exzentrischen Positionalität in dem folgenden Sinne nahe: Auch Tomasello braucht, um die Idee, Menschenkinder lernten aus einem „Vogelblick" heraus, stützen zu können, die konsequente Ausführung dieses Gedankens. Sie liegt in der englischen Diskussion in Nagels „Blick von nirgendwo" vor, der an Plessners utopischen Standort zwischen der Nichtigkeit und der Transzendenz erinnert[37] (vgl. Plessner 1975, 341-346). Bei der Identifikation mit anderen, um von woanders her sehen und hören zu lernen, gehe es um keinen Altruismus in dem psychologischen Sinne, diese Persönlichkeit vorzuziehen oder jene Persönlichkeit abzulehnen. Es handele sich vielmehr um einen gleichsam strukturellen Altruismus, in dem gelte, „he is me": „what the philosopher Thomas Nagel proposes in *The Possibility of Altruims*, what we might call a ‚he is me' attitude of identification with others and a conception of the self as one among many, leading to the impersonal ‚view from nowhere.'"[38] Dass die Selbstrelation niemandem gehört, wie einem Eigentümer etwas gehören könnte, sagt Plessner genauer, weil es sich im Selbstverhältnis von mir zu mir um die gleiche Struktur wie im Verhältnis von ihm/ihr/es zu mir handele: Bevor man zwischen Einzahl und Mehrzahl unterscheiden könne, also wieder gleich in Zuordnungen rutsche, nun entlang den Personalpronomina,[39] gelte es erst einmal, folgende

35 Vgl. H. Plessner, Die Deutung des mimischen Ausdrucks. Ein Beitrag zur Lehre vom Bewusstsein des anderen Ich (1925), in: Ders., Gesammelte Schriften VII (S. 67-130), a.a.O., S. 67-129.

36 Ders., Die Stufen des Organischen und der Mensch, a.a.O., S. 301.

37 Vgl. ders., Die Stufen des Organischen und der Mensch, a.a.O., S. 341-346.

38 M. Tomasello, Why we cooperate, Cambridge/London 2009, S. 40. Im Folgenden referiere ich auf dieses Buch gleich im Text in Klammern.

39 H. Plessner, Die Stufen des Organischen und der Mensch, a.a.O., S. 302, 304.

Ermöglichungsstruktur zu begreifen: „Zwischen mir und mir, mir und ihm liegt die Sphäre dieser Welt des Geistes. [...] [S]o beruht der geistige Charakter der Person in der Wir-Form des eigenen Ichs, in dem durchaus einheitlichen Umgriffensein *und* Umgreifen der eigenen Lebensexistenz nach dem Modus der Exzentrizität."[40]. Die Struktur, von außen auf mich zurückzukommen, ermöglicht mir nicht nur, von anderen auf mich, sondern auch von mir auf mich zurückzugehen. Gewöhnlicher Weise fällt einem diese, schon immer präsupponierte Relation zu sich, d. h. Selbstrelation, nur anhand der Personalpronomen auf. Aber darin ist diese Ermöglichungsstruktur bereits kulturgeschichtlich interpretiert, weil sie nur in leiblicher Markierung gelebt werden kann. Der Unterschied zwischen ihm und mir, etwa derart, dass er in die Wirform meines eigenes Ichs gehört oder aus ihr ausgeschlossen wird, ist eine Frage der leiblichen Markierung, die sich kulturgeschichtlich ändert. Jeder, der schon einmal mit ostasiatischen Kolleginnen und Kollegen über die Verwendung der Personalpronomina diskutiert hat, weiß, dass es das westlich abstrakte und je persönlich gemeinte Ich – außerhalb und unabhängig von allen Interaktionsarten – nicht geben muss. „Im anderen erfasst der Mensch den anderen als er selbst, ‚weil' er der andere auch ist. Das bedeutet keine Identifikation mit ihm, obwohl sie ihm dadurch ermöglicht wird, sondern eine einfache, in der Ichhaftigkeit wurzelnde Eigenart des Mitseins. Miteinander in diesem durch Reziprozität der Perspektiven gewährten Sinn können nur Menschen sein."[41]

c) Kooperativität, Konformität und die Grenze der Gruppenebene

Diese Erkenntnis, dass die Struktur des Selbst etwas ermöglicht, was dann aufgeteilt werden kann, aber als Ermöglichung nicht schon diesem oder jenem Individuum oder Kollektiv zuzuordnen ist, hat auf seine Weise auch Mead entwickelt, an den Tomasello seit langem anschließt. So heißt es in der jüngsten Publikation Tomasellos erneut: „Initially children base such a ‚we-ness' on identification with significant-other individuals such as parents and family and schoolmates (G. H. Mead's *significant other*), and only later generalize them into truly impersonal cultural norms based on idenification with some type of cultural group (Mead's generalized other)".(Tomasello 2009, S. 41). Ich verstehe, dass hier „impersonal" eine Entpsychologisierung der Struktur zwischen dem Anderen und mir einerseits und mir und mir andererseits bedeuten soll. Ich kann auch nachvollziehen, dass Tomasellos Forschungsprogramm unter dem Druck der empirischen Forschung steht, also nicht einfach eine Philosophie sein kann. Gleichwohl fehlt mir hier, bei allen Verweisen auf Nagel, Mead, Paul Grice u.v.a., die Rekonstruktion der letzten, bei Plessner höchst brüchigen Ermöglichungsstrukturen des Menschseins, die nicht in diesem selbst liegen. Daher kommt sein Netzwerk von Kategorien gleicher Ord-

---

40 H. Plessner, Die Stufen des Organischen und der Mensch, a. a. O., S. 303.
41 Ders., Der Mensch als Lebewesen. Adolf Portmann zum 70. Geburtstag (1967), in: Ders., Gesammelte Schriften VIII (S. 314-327), Frankfurt/M. 1983, S. 320.

nung, auf der Welthaftigkeit, Personalität in der Körper-Leib-Differenz, geistiger Charakter der Mitwelt liegen.

Tomasello geht nicht der weiteren Entfaltung solcher Kategorien gegen falsche oder zentrische Zuordnungen nach, sondern versucht, aus seinem Grundverständnis, dass Kooperation genealogisch gesehen Kommunikation fundiert (und nicht umgekehrt), und aus Meads Identifikationsansatz nun den folgenden, empirisch greifenden Unterschied aufzumachen: Während der Kooperationszugang zur Kommunikation und schließlich auch einer Kommunikation ohne Kooperation oder mit neuer Kooperation ausgearbeitet werden könne, führe die Identifikation zur Eingrenzung und Beschränkung auf eine Gruppenidentität, eben zur Konformität (Tomasello 2009, S. 88f., 93f., 106). Ich kann das Konformitätsproblem im menschlichen Verhalten sehr gut nachvollziehen, glaube aber nicht, dass es aus der Meadschen Identifikationsauffassung folgt.[42] Vielmehr räumt Tomasello die Gruppengrenze als ein echtes Problem in seinem primär humanontogenetischen und primatologischem Verfahren ein (Tomasello 2009, S. 100). Für die Thematisierung von Gesellschaft, Gemeinschaft, Kultur, Zivilisation ist mehr vonnöten als John Searles Konstruktion der sozialen Realität, auf den sich Tomasello stützt (Tomasello 2009, 87 f.).

Immerhin kann man aber einstweilen festhalten: Für Tomasello scheint die fortlaufende Rekursion von Kommunikation auf Kooperation eine entgrenzende und kumulative Dynamik von Kultur zu ermöglichen, womit ich vollkommen einverstanden bin: Die Umkehr der Fundierungsordnung war auch mein Haupteinwand gegen Habermas' Konzipierung des kommunikativen Handelns von oben.[43] „Human collaboration is the original home of human cooperative communication, but then this new form of communication facilitates ever more complex forms of collaboration in a coevolutinary spiral."[44] Demgegenüber begünstigten, so Tomasello, die psychologisch-persönlichen Identifikationen mit einzelnen und kollektiven Personen eine Beschränkung und Eingrenzung, auch entsprechende Politik und Krieg. In Übereinstimmung mit der Linie der Identifikation werden nun auch Schuld- und Schamphänomene thematisiert (ebd., 43). Ich leugne nicht, dass sie für politisch begrenzte Identitätspolitiken eingesetzt werden können, aber all dies erschließt nicht ihre ursprünglichen Möglichkeiten in der *conditio humana*, also auch nicht ihr zivilisatorisches Veränderungspotential. Hier ließe sich viel aus Max Schelers Grammatik der Gefühle[45] und aus Plessners Spektrum der menschlichen Verhaltensphänomene zwischen Lachen und Weinen[46] lernen und damit der quasitranszendentale Charakter von Tomasellos Naturalismus stärken.

---

42 Vgl. dagegen schon: J. Habermas, Individuierung durch Vergesellschaftung, in: Ders., Nachmetaphysisches Denken, Frankfurt a. M. 1988, S. 227ff.

43 Vgl. H.-P. Krüger, Kritik der kommunikativen Vernunft. Kommunikationsorientierte Wissenschaftsforschung im Streit mit Sohn-Rethel, Toulmin und Habermas, Berlin 1990, 5. Kapitel.

44 M. Tomasello, Origins of Human Communication, Cabridge/London 2008, S. 343f.

45 M. Schloßberger, Die Erfahrung des Anderen. Gefühle im menschlichen Miteinander, Berlin 2005. Auch: H.-P. Krüger, Philosophische Anthropologie als Lebenspolitik, a.a.O., 6. u. 7. Kapitel.

46 Ders., Zwischen Lachen und Weinen. Bd. 1, a.a.O., u. im vorliegenden Buch: 1.1.

Unter den Primatologen vertritt Frans de Waal das Gegenprogramm zu Tomasello u. a. In diesem Gegenprogramm wird bereits mit Schelers Unterscheidung der Mitgefühle von der Einsfühlung und Einfühlung über Empathie und Sympathie bis zu der typisch menschlichen Ambivalenz in Mitgefühlen gearbeitet.[47] Auch de Waal sieht das Problem einer fehlenden, erst neu zu konzipierenden Rahmentheorie, welche die Gruppen- bzw. Gemeinschaftsebene der Primatologen übersteigt. Seine Kernforderung lautet, von den verschiedenen Levels der Empathie her die sog. *theory of mind* aufzubauen, insbesondere von der erotischen Empathie her, damit das sog. *Mind reading* nicht in der Luft hänge.[48] Er rückt die früher dem Menschen vorbehaltene Sonderstellung vor in die Sonderstellung der Menschenaffen, seit denen in Empathie und Reziprozität die beiden neuen Hauptsäulen der Entwicklung bestünden (ebd., S. 179, 183, 187, 193).

d) Die zivilisationstheoretische Überwindung der Gruppengrenze in der Verhaltensforschung

Tomasello geht die Thematisierung des Sozialen unter Primaten richtig an als die Frage der Institutionalisierung von Kultur (in seinem o. g., also symbolisch-triadischen Sinne), welche grundsätzlich über Dritte erfolge (Tomasello 2009, S. 87f., 92, 99). Erst dadurch entstehe eine normative Macht (*deontic power*), die sich nicht mehr hinreichend auf physische Strafe und Vergeltung zurückführen lasse. Diese Erweiterungsrichtung der Ebene von Primatengruppen wird aber vorschnell mit einer rationalen Lösungsrichtung verwechselt: „In mutualistic collaborative activities, we both know together that we both depend on one another for reaching our joint goal. This basically transforms the individual normativity or rational action – to achieve this goal, I should do X (characteristic of all cognitively guided organisms) – into a kind of social normativity of joint rational action – to achieve our joint goal, I should do X, and you should do Y." (ebd., S. 90). Damit befindet sich Tomasello in dem Modell einer rationalen Sachgemeinschaft, während de Waals Gegenprogramm im Modell der empathisch-affektiven Gemeinschaftsform verfährt. Die Philosophische Anthropologie arbeitet mit beiden Modellen, woraus das Problem der gesellschaftlichen Interaktion mit – der Wertebindung nach – Anderen und Fremden entspringt. Darauf antwortet dann die Zivilisationsgeschichte mit der Institutionalisierung der Personalität, um die für alle noch heute gekämpft wird. Das letztere Problem fehlt in der vergleichenden Verhaltensforschung, sowohl in Tomasellos als auch in de Waals Programm, weshalb es auch so leicht fällt, eine *community of equals* (de Waal) zu fordern (vgl. 3. 1) oder der Eindruck entstehen kann, wir wären wieder nur bei Rousseaus und Hobbes' anthropologischen Setzungen des Naturzustandes im Unterschied zum Gesellschaftszustande angekommen (Tomasello 2009, S. 44f.).

---

47 F. d. Waal, Primaten und Philosophen. Wie die Evolution die Moral hervorbrachte, München 2008, S. 42-49, 57ff.

48 Ebd., S. 73f., 88-91, 95.

Gemeinschaft

Interaktionen, die nach geteilten Werten emotional bewertet und sprachlich beurteilt werden:

Lebens-(Existenz-) gemeinschaften	Sachgemeinschaften
Affektwerte primär (z. B. Familie, Liebe, Freundschaft)	*Sachwerte* primär (z. B. gemeinsame Unternehmung, ök. pol., scientific community)
persönliche Beziehungen dominant (Verwandtschaft, Wahlverwandtschaft) Ich – Uns – Wir – Ihr	*sachliche* Beziehungen dominant (kulturelle, wiss., ök. polit., sportliche Erfolge/Misserfolge vor Dritten Personen)
Tendenz zur *asymmetrischen Evaluation* der Personen (Fürsorge, Eifersucht, Liebling)	Tendenz zur *Leistungsbewertung in Ablösung* von persönlichen Besonderheiten

Abb. 4: Formen der Gemeinschaftsbildung

Plessner hat, in Auswertung der soziologischen Diskussion seit Ferdinand Tönnies, 1924 in seinem Buch „Grenzen der Gemeinschaft. Zur Kritik des sozialen Radikalismus" die beiden – anthropologisch gesehen wichtigsten – Formen von Gemeinschaftsbildung unterschieden (Abb. 4). Auf der einen Seite kann die Gemeinschaftsbildung an das Modell der Verwandtschaft angelagert und von daher durch symbolische Transformation über die Gruppenebene hinausgeführt werden (linke Seite), etwa durch entsprechende Abstammungsgeschichten, wie wir sie in Schriftform aus der Bibel und dem Koran kennen, die in den oralen Kulturen Vorläufer hatten. Im Zentrum dieser Kulturbildung stehen Affektwerte, die in der Generationenfolge auftreten, von den Liebesformen der Geschlechter und Generationen über deren Einheiten (Stämme, Familien) bis zu Wahlverwandtschaften und Freundschaften, die sich um die Pflege solcher Affektwerte und ihre Tradierung kümmern. Demgegenüber kann Gemeinschaftsbildung aber auch bei großen Aufgaben und gemeinsamen Zielen in der Zukunft ansetzen, ohne die Mitgliedschaft in der Gemeinschaft von den Verwandtschaftsbeziehungen und deren Übertragungen abhängig zu machen (rechte Seite). Es geht dann eher um die arbeitsteilige oder koordinatorische Leistung der Einzelnen in der gemeinsamen Unternehmung, z. B. ökonomischer, ökologischer, politischer, fachlicher oder wissenschaftlicher Art und Weise. In solchen Gemeinschaften stehen die Sachwerte ganz oben und gehen vor den Affektwerten. Die Beziehungen in den Sachgemeinschaften sollen der gemeinsamen Sache ergeben sein und sich freihalten von persönlichen Beziehungen, die demgegenüber in den affektiven Lebensgemeinschaften dominieren. Das Primat der Sache über die Affekte erfordert eine rekursive Steigerung der Rolle von persönlich unabhängigen Dritten in der Beurteilung der persönlichen Leistungen unter Absehung von den persönlichen Beziehungen aller Beteiligten. Demgegenüber bleiben die Beurteilungen des Verhaltens, der Intentionen, Taten und Folgen einzelner in den Lebensgemeinschaften von den persönlichen Asymmetrien zwischen ihren Mitgliedern abhängig, je nachdem, in welcher Rolle die Mitglieder auftreten, was wir noch heute im Recht anhand der Grade von Verwandtschaft nicht nur für die Erbfolge kennen. Es ist offenbar, dass menschliche Lebensformen beide Arten von Gemeinschaftsbildung brauchen, wenn sie überdauern sollen. Man kann nicht, ohne die historische und empirische Aufgabe genau einzukreisen, von vornherein einem Typ gegenüber dem anderen Typ einen kategorialen Vorzug einräumen. Es versteht sich von selbst, dass die Empirie aus Mischformen reiner Typen besteht und je nach Inhalt die Form verkehrt sein kann, d. h. auch Möglichkeiten des Scheiterns enthält.

In beide Richtungen der Gemeinschaftsbildung, sowohl wenn sie sich um Affektwerte als auch wenn sie sich um Sachwerte dreht, entsteht eine jeweils entsprechende Sphäre von Vertrautheit, gemessen an den jeweiligen Wertorientierungen für das Verhalten. Es schleifen sich habituelle Selbstverständlichkeiten ein, von denen Abweichungen auffallen. Die Abweichungen werden kasuistisch interpretiert, integriert oder ausgestoßen, weil sie der regulierenden Erfüllung der jeweiligen Werte grundsätzlich im Wege stehen. Sie müssen im Rahmen derjenigen Erzählung, in der die Fortsetzung der entsprechenden Gemeinschaft als hehre Aufgabe erscheint, zugeordnet werden, als Fatum, als vom Teufel besessen, als persönlich heimtückisch etc.. Beide Formen der Gemeinschaftsbildung erfassen nicht das ganze Potential sozial, kulturell und individuell möglicher Verhaltensweisen. Sie stellen nur Selektionen aus diesem Potential, das zudem in der Generationenfolge variiert, dar. Das Problem aller Gemeinschaftsbildung besteht darin, dass – gemessen an ihren Werten – alles andere als wenigstens anders, wenn nicht gänzlich fremd erscheint.

Wie verhält man sich also gegenüber Anderem und Fremdem, das es gemessen an den in der eigenen Gemeinschaft gültigen Werten gibt? – Darin besteht anthropologisch die Frage nach *Gesellschafts*formen (Abb. 5) im Unterschied zu *Gemeinschafts*formen. Anderes und Fremdes gibt es nicht erst in dem Sinne, dass eine Gemeinschaft in sich auf homogene Weise eigen wäre, während um sie herum Anderes und Fremdes vorkommt. Das ihr Andere und Fremde entsteht auch in der Generationenfolge und den individuellen Lebensgeschichten der Mitglieder dieser Gemeinschaft. Sie ist oder wird auch in sich inhomogen oder heterogen. Aber dies betrifft ebenso im Zeitfluss der Lebewesen, der irreversibel ist, die anderen Gemeinschaften. Womöglich gehören Individuen ja auch – regulär oder irregulär – verschiedenen Gemeinschaften an. Und womöglich wird unter dem Dach der Hochreligion von Personalität die Integration der Gemeinschafts- und Gesellschaftsformen erprobt, indem das Sakrale für den Umgang mit dem ganz Anderen und dem ganz Fremden eingerichtet wird.

Gesellschaft (elementar)

Interaktionen mit Anderen/Fremden,
die einer Äquivalenz für Gem.werte bedürfen (weder Assimilat. noch
Verhinderung d. IA durch Gewalt)

Wertäquivalenz durch öffentliche Verfahren herstellen
(Kultur der Oberfläche als Anhaltspunkt, n. d. Innerlichkeit)

„Zeremonie" (formelle Höflichkeit) *„Prestige"* (indiv. Anliegen)

für   *sich gegenseitig (reziprok) Spielraum und -zeit*
Aufführung   *sprachlich habituelle*   *geben*

Diplomatie   *Takt*

(agonales Schauspiel   (anderes/fremdes
zwischen anderen/fremden   Ind. nach dem ihm
Personen)   eigenen Maßstab
                                          nehmen)

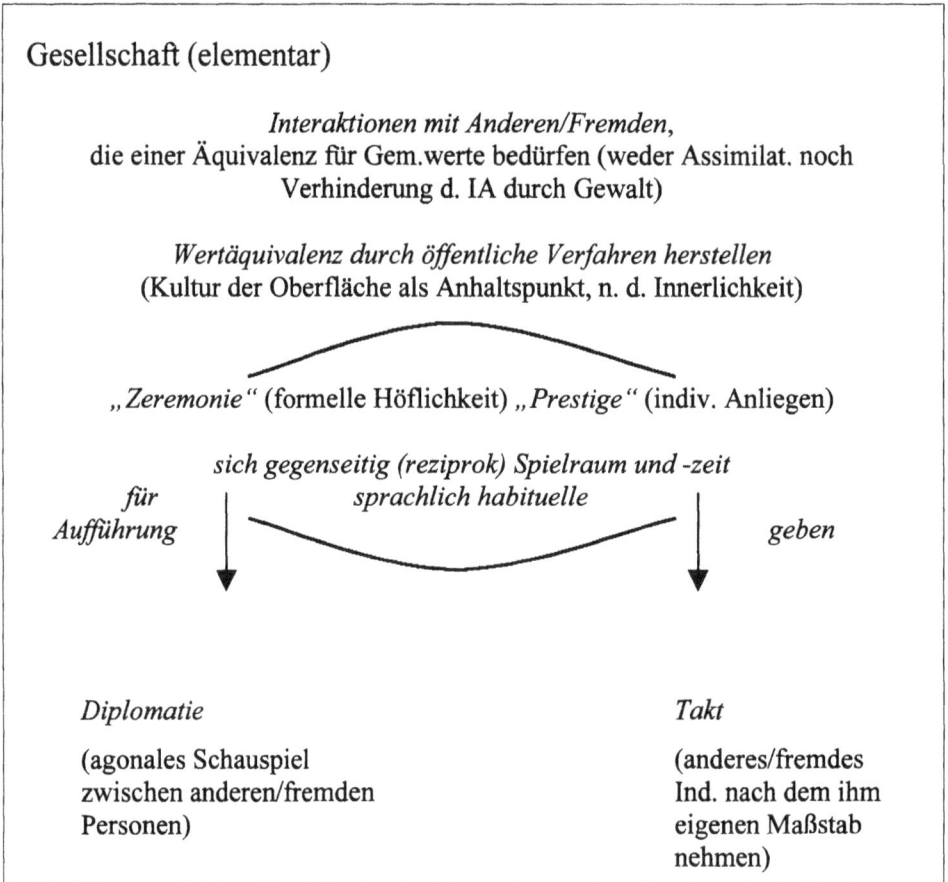

Abb. 5: Gesellschaftsformen

Zur Vereinfachung des Problems auf der anthropologisch elementaren Ebene, ver-
kürzen wir das Andere und Fremde auf deren Personifikationen. Abgesehen von der bis
heute geschichtlich massiven Tatsache, dass die Interaktion mit Anderen und Fremden
marginalisiert wurde oder durch Gewalt und Taboos verunmöglicht wurde, also eine
Geschichte von Flucht, Vertreibung und Kriegen ist, die in den Gangbildungen der
Nachwachsenden immer wieder aufkeimt, lautet die Frage nach Gesellschaftsformen
also: Wie sind Interaktionen mit Anderen/Fremden möglich? – Da man keine gemeinsamen Werte teilt, besteht die Aufgabe darin, für diese Werte eine Äquivalenz an Orientierung einzuräumen. Der Spielraum hierfür kann nur in dem Maße entstehen, als man
gegenseitig darauf verzichtet, sich Gewalt anzutun und den Anderen/Fremden dem Druck
auszusetzen, sich assimilieren zu müssen. Man gesteht sich gegenseitig Spielraum und
Spielzeit zu, die jeweils eigene Kultur im Äußeren aufführen zu können. Die jeweilige
Kultur muss an ihrer Oberfläche für Andere/Fremde wahrnehmbar und beurteilbar wer-

den, von Fall zu Fall, von Situation zu Situation. Der Austausch kann nur im Äußeren, nicht im Inneren der exemplarisch aufeinander treffenden Kulturen erfolgen. Daher haben sich kulturgeschichtlich Formen der Zeremonie, der formellen Höflichkeit gegenüber dem Anderen/Fremden, und des Prestiges, für das jeweilige Individuum, herausgebildet. Die Personen dürfen sich also in einem öffentlichen Verfahren verdoppeln. Sie treten einerseits als Träger einer anderen Kulturgemeinschaft in Erscheinung, andererseits aber als eine Individualisierung von derselben. Gegenüber den Rollenträgern des Anderen/ Fremden wird Diplomatie geübt, gegenüber dem Individuum Takt. Diplomatie gestattet den schauspielerischen Kampf zwischen den verschiedenen offiziellen Repräsentanten am Rande der Gewalt. Takt unterwirft die persönliche Individualität der Rollenträger weder der anderen/fremden noch der eigenen Kulturgemeinschaft vollständig. Sie darf an je ihrem Maßstab gemessen werden, eine Lerninnovation für alle, die geschichtlich gewachsene Rollen individualisieren müssen.

Wenn man das Problem der Unterscheidung und des Zusammenhanges von Gemeinschafts- und Gesellschaftsformen derart anthropologisch angeht, dann verwechselt man es nicht mit dem anderen Problem, dass in modernen Gesellschaften neue und besonders dominante Gesellschaftsformen in Wirtschaft, Politik, Kultur etc. entstehen (Marktmodell, deliberative Demokratieformen, funktionale Autonomie von Handlungsbereichen oder -arten). Die Sozialwissenschaften sind so zwar erst entstanden, aber dies bedeutet weder, dass man sich davor keine Gedanken über das Soziale gemacht hätte, noch dass es davor nicht Gemeinschafts- und Gesellschaftsformen gegeben hätte, deren Zusammenhang als das Zivilisationsproblem bezeichnet werden kann.[49] Der moderne westliche Zentrismus kommt in der Unterstellung zum Ausdruck, dass Gesellschaft erst durch Kapital- und Finanzmärkte entstanden sei: Umgekehrt: Die vormodernen Märkte waren Austauschformen zwischen einander anderen und fremden Kulturen. Man kann sich getrost fragen, ob nicht die heute spekulativen und zugleich kartellierten Global-Märkte alle einem strukturellen Assimilationszwang aussetzen.

6. Kollektive Intentionalität und Mentalität als *explanans* und als *explanandum*

Natürlich müssen die Erfahrungswissenschaftler untereinander klären, warum und wieso welche Versuchsserien und Freilandbeobachtungen empirisch überzeugen können. Selbst wenn der Empiriker Tomasello in fast allem, was er behauptet, widerlegt werden sollte, würde dies nichts an seinem theoretisch-methodischen Verdienst ändern, einen Rahmen entworfen zu haben, in dem sinnvoll geforscht werden kann. Philosophie kann helfen, die konzeptuellen und methodischen Verstehens- und Erklärungsmöglichkeiten zu er-

---

49 Vgl. H.-P. Krüger, Zwischen Lachen und Weinen. Bd. I, a.a.O., 6. Kap. Ders., Philosophische Anthropologie als Lebenspolitik, a.a.O., 8. Kap. Grenzfragen für einen neuen Umgang mit Dualismen, in: Ders. (Hrsg.), Hirn als Subjekt? Philosophische Grenzfragen der Neurobiologie, Berlin 2007, S. 9-24, 431-437.

weitern und im Hinblick auf andere Erklärungs- und Verstehensaufgaben auch zu begrenzen. Dabei bringt Tomasello selbst deutlich zum Ausdruck, dass er seinen Ansatz als Alternative zu zwei anderen versteht, nämlich die Spezifikation des Menschen durch Sprache oder eine *theory of mind* grundlegend leisten zu können, wodurch er selbst auch in die philosophische Diskussion einsteigt. Gegen den Sprachansatz heißt es: „What could it mean to say that language is responsible for understanding and sharing intentions, when in fact the idea of linguistic communication without these underlying skills is incoherent. And so, while it is true that language represents a major difference between humans and other primates, we believe that it actually derives from the uniquely human abilities to read and to share intentions with other people – which also underwrite other uniquely human skills that emerge along with language such as declarative gestures, collaboration, pretense, and imitative learning" (Tomasello et al. 2005, S. 690). Und im Hinblick auf eine *theory of mind* im Sinne der *belief-desire-psychology* heißt es für die Humanontogenese ebenso überzeugend: While „the understanding and sharing of intentions emerges ontogenetically in all cultural settings at around 1 year of age – [...]- the understanding of beliefs emerges some years later at somewhat different ages in different cultural settings, and there is very good evidence that participating in linguistic communication with other persons (especially some forms of perspective-shifting discourse) is a crucial, perhaps even necessary, condition for its normal development." (Ebd.)

Kommen wir zum Schluss auf den Anfang dieses Kapitels zurück, so wäre die verhaltenswissenschaftliche Erklärung komplett, wenn es laut Tomasello gelänge, a) die Formen geteilter Intentionalität und eine elementare Sprache (als *explanandum*) aus einer biologischen Adaptation phylogenetisch zu erklären (Tomasello et al. 2005, S. 687f.), und b) dieses Erklärte nun selbst als *explanans* zu verwenden, um den ontogenetischen Beitrag in der Kumulation von Kultur durch Wagenhebereffekte zu erklären (ebd., S. 688f.). Während wir b) rekonstruiert haben, müsste unter a) vor allem ein Selektionsvorteil darin bestanden haben, Formen der Intentionalität miteinander zu teilen und in Formen der Zusammenarbeit – exemplarisch wie in einem Prozess der Grammatikalisierung – kulturell zu stabilisieren. Dann wäre die biologische Adaptation einer kulturell integrierten Gruppe ein Selektionsvorteil gewesen, nämlich in einer solchen Umwelt, in der die Zusammenarbeit bei der Nahrungsbeschaffung die Antwort auf einen Selektionsdruck war (siehe Tomasello 2009, S. 75). Hat man erst einmal diesen kooperativen Inhalt durch elementar-sprachliche Kommunikation geformt, kann der Wagenhebereffekt greifen.

Tomasello spricht a) und b) als Hypothesen an, hält sie also noch längst nicht für bewiesen. Selbst wenn man nun b) im Sinne eines anfangs erwähnten quasitranszendentalen und daher nicht-reduktiven Naturalismus versteht, fragt sich der Philosophische Anthropologe, was Tomasello mit Mitarbeitern in den für dieses Forschungsprogramm relevanten Erfahrungswissenschaften als Ermöglichungsbedingungen dieser anvisierten Forschungsleistung in Anspruch nimmt. Nicht die Evolutionsgeschichte hatte die Fragen a) und b) gestellt, geschweige zu beantworten. Sie stammen aus der heute vergleichenden Verhaltensforschung. Es dürfte sich bei ihr mindestens um einen Weltrahmen von Personen in schriftsprachlichen Subkulturen handeln, die gemeinsam einen kulturgeschichtlich gewachsnen Commonsense teilen. Sie können daher in solchem Weltrahmen u. a. zwischen biosozialen und soziokulturellen Umwelten unterscheiden (vgl. 1.1.). All dies wird als Ermöglichungsbedingung unter den Titeln „the adult" oder „a person" (passim), welche die Ausschnitte an gemeinsamer Aufmerksamkeit und Zusammenarbeit zwischen Probanden und Versuchsleitern protokolliert und erkennt, vorausgesetzt. Im Hinblick auf diese, wie selbstverständlich unterstellten Voraussetzungen, die nicht durch das starke ontogenetische Modell mit Wagenhebereffekten erklärt werden, möchte ich Grenzen von Tomasellos Forschungsprogramm nennen. Was immer vor 200 Tausend Jahren in Afrika geschehen sein mag, wir können nicht mehr dort und nicht mehr damals anfangen, ohne auf die Hochkulturen der Personalität und damit auch ohne auf die Wissenschaft zu verzichten. Unser Ursprung liegt in der zivilisatorischen Ermöglichung durch Zukunft.

Gewiss zeigen die akkulturierten Menschenaffen die Bedeutung einer soziokulturellen Umwelt auf, in der von vornherein aktiv instruiert und symbolisch interagiert wird, und dies in der empfänglichsten Phase der Schimpansenkinder. Ich habe diesen Testfall für das, was ich die Möglichkeiten und Grenzen der *Einspielung* einer zentrischen Organisationsform (Binnendifferenzierung des Organismus mit Gehirn) in eine exzentrische Positionalitätsform genannt habe, präziser in den gleich- und gegensinnigen Verhaltensrichtungen andernorts situiert. In einer exzentrischen Positionalitätsform verlagert sich das Zentrum der Verhaltensbildung vom Organismus weg in die symbolisch-rekursiven Interaktionsformen hinein, die sich durch weitere symbolische Rekursionen aufeinander gegen den Ausgangsorganismus verselbständigen können. Durch diese Ex-Zentrierung entsteht ein Problem der Rückkopplung an den Organismus, d. h. der Re-Zentrierung des Verhaltens auf den Organismus hin.[50] Diese Exzentrierung ist nicht einfach eine symbolische Dezentrierung, aus der man dann alles Mögliche dekonstruieren könnte, indem man alle *syntaktisch* möglichen Markierungen durchspielt. Vielmehr bleibt sie lebbar in ihrer *leiblichen* Markierung. Von der leiblichen Markierung her und zu ihr hin, werden alle möglichen Symbolisierungsweisen verwendet. Davon hat die Dekonstruktion (Derrida) bis zur Leblosigkeit abstrahiert.

Wenn man sich fragt, welcher Verschränkungen es bedarf, damit die Spannung zwischen der Ex- und der Re-Zentrierung des Verhaltens nicht in eine unlebbare Trennung auseinander bricht, dann muss man m. E. erstens die erotische und symbolische Transformation der Triebdynamik von Primaten in spielerische Verhaltensweisen berücksichtigen. Dadurch könnte besser die bei Tomasello offene Motivationsfrage für das „Sharing" bearbeitet werden. Man kann anhand der Umkehr vom Spielverhalten (der Säuger, insbesondere Primaten) in Verhaltensspiele des *homo ludens* zwischen der tierischen Dominanz der zentrischen Organisationsform (über die exzentrische Positionalitätsform) und der humanen Dominanz der exzentrischen Positionalitätsform (über die zentrische Organisationsform) unterscheiden.[51] In Tomasellos, aber auch in de Waals Programm

---

50 Vgl. H.-P. Krüger, Zwischen Lachen und Weinen. Bd. I, a. a. O., S. 88-98.
51 Vgl. ebd., S. 98-116.

fehlt der Spielansatz für die Ontogenese von Tieren[52] und der Schauspielansatz für die Humanontogenese bzw. die Kulturgeschichte.[53]

Zweitens braucht man eine funktionale Antwort auf die Frage, unter welchen Strukturbedingungen die Individualisierung der Person und die Personalisierung des Individuums möglich sein können. Alle *scientific communities*, die sich an den beiden anthropologischen Vergleichsreihen beteiligen, präsupponieren für ihre eigenen Spielregeln individuierte Personen und personalisierte Individuen unter den Lebewesen, was keineswegs selbstverständlich ist. Diese philosophisch-anthropologische Rollentheorie setzt dort fort, wo Tomasellos ontogenetisches Modell endet (Vorschulkinder), also mit Mead zu reden, in den *generalized others*.[54]

Dies führt drittens über die redliche Selbstbeschränkung von Tomasellos und de Waals Forschungsprogrammen auf die Gruppenebene hinaus. Es wäre zu schön, um wahr sein zu können, wenn die Artgenossen des *homo sapiens sapiens* bei der Aufpotenzierung der „sharing"-Formen in Intentionalität und Mentalität bleiben könnten. Dies wird einem klar, wenn man den (schon anfangs erwähnten) strukturellen Ermöglichungsbedingungen für eine geschichtlich stets erneute Ausdifferenzierung der Gemeinschafts- und Gesellschaftsformen gegeneinander und für eine geschichtlich immer wieder zu erkämpfende oder eben nicht gelingende Verschränkung beider Sozialisationsformen in der Zivilisationsgeschichte rekonstruiert.[55]

Viertens können alle diese Rekonstruktionen nur geleistet werden, wenn man methodisch anders verfährt, als in dem Dualismus zwischen der 1. und der 3. Personperspektive *singularis* stehen zu bleiben, der in der *theory of mind* üblich ist. Gibt es – gerade ontogenetisch gesehen – etwas Wichtigeres als das *Du* (philosophisch in der ganzen Palette von K. Jaspers bis J. Habermas), als vorsymbolisches, symbolisches und nachsymbolisches Du? Kommt man nicht von dort zum „Wir", damit zur Differenz des „Wir" zu „Ihr", also dem Urteilsproblem in der 3. Personperspektive *pluralis*. Die „Gewissheit der Du-Form und der Du-Realität ist gleichursprünglich mit, weil gegensinnig zu der Gewissheit der Ich-Form, der Ichheit und der Ich-Realität."[56] Schaut man nur von diesem personal-pronominal möglichen Rahmen zurück auf die 1. und 3. Personperspektive *singularis*, gestalten sich diese Perspektiven als andere Verschränkungsaufgaben zwischen Körper und Leib, denn in dem üblichen Dualismus auch nur zur Sprache kommen, geschweige gelebt werden kann. Philosophisch gesehen muss man vor allem zwischen der Drittheit (z. B. Ch. S. Peirces vollem Zeichen), dem Dritten (als Neutrum und Medium) und der 3. Person als Perspektive und Position unterscheiden.[57]

52 Siehe F. J. J. Buytendijk, Wesen und Sinn des Spiels. Das Spielen der Menschen und der Tiere als Erscheinungsform der Lebenstriebe, Berlin 1933.

53 Siehe J. Huizinga, Homo ludens. Vom Ursprung der Kultur im Spiel, Hamburg 1956.

54 Vgl. H.-P. Krüger, Zwischen Lachen und Weinen I, a. a. O., 4. u. 5. Kap.

55 Vgl. ebd., 6. Kapitel.

56 H. Plessner, Die Deutung des mimischen Ausdrucks, a. a. O., S. 125.

57 Vgl. H.-P. Krüger/G. Lindemann (Hrsg.), Philosophische Anthropologie im 21. Jahrhundert, a. a. O., S. 30f. u. 2. Teil.

Literaturverzeichnis

Bennet, Maxwell Richard/Hacker, Peter Michael Stephan: Philosophical Foundations of Neuroscience, Malden/Oxford 2003: Blackwell Publishing Ltd.

Bourdieu, Pierre/Wacquant, Loïc J.D., An Invitation to Reflexive Sociology, Chicago/London 1992: University of Chicago Press.

Brandom, Robert B.: Making It Explicit. Reasoning, Representing, and Discursive Commitment, Cambridge/London 1994: Harvard University Press.

Buytendijk, Frederick Jacobus Johannes/Plessner, Helmuth: Die Deutung des mimischen Ausdrucks. Ein Beitrag zur Lehre vom Bewusstsein des anderen Ichs (1925), in: H. Plessner, Gesammelte Schriften VII (S. 67-130), hrsg. v. Günter Dux, Odo Marquard, Elisabeth Ströker, Frankfurt/M. 1982: Suhrkamp Verlag.

Buytendijk, Frederick Jacobus Johannes: Wesen und Sinn des Spiels. Das Spielen der Menschen und der Tiere als Erscheinungsform der Lebenstriebe, Berlin 1933: Kurt Wolff Verlag.

Canguilhem, Georges: Das Normale und das Pathologische, München 1974: Carl Hanser Verlag.

Dreyfus, Hubert L./Rabinow, Paul: Michel Foucault. Jenseits von Strukturalismus und Hermeneutik, Frankfurt/M. 1987: Athenäum Verlag.

Fischer, Joachim: Philosophische Anthropologie. Eine Denkrichtung des 20. Jahrhunderts, Freiburg/München 2008: Verlag Karl Alber.

Foucault, Michel: Die Geburt der Klinik. Eine Archäologie des ärztlichen Blicks (frz. 1963), München 1973: Carl Hanser Verlag.

Foucault, Michel: Ordnung der Dinge. Eine Archäologie der Humanwissenschaften (frz. 1966), Frankfurt/M. 1971: Suhrkamp Verlag.

Foucault, Michel: In Verteidigung der Gesellschaft. Vorlesungen am Collège de France (1975 – 76), Frankfurt/M. 1999: Suhrkamp Verlag.

Foucault, Michel: Sexualität und Wahrheit. Bd. 1: Der Wille zum Wissen (frz. 1976), Frankfurt/M. 1977: Suhrkamp Verlag.

Foucault, Michel: Der Mensch ist ein Erfahrungstier, Gespräch mit Ducio Trombadori (1989), Frankfurt/M. 1996: Suhrkamp Verlag.

Fuchs, Thomas: Das Gehirn – ein Beziehungsorgan. Eine phänomenologisch-ökologische Konzeption, Stuttgart 2008: Kohlhammer Verlag.

Habermas, Jürgen: Individuierung durch Vergesellschaftung, in: Ders., Nachmetaphysisches Denken (S. 187-241), Frankfurt a. M. 1988: Suhrkamp Verlag.

Habermas, Jürgen: Die Zukunft der menschlichen Natur. Auf dem Weg zu einer liberalen Eugenik?, Frankfurt/M. 2001: Suhrkamp Verlag.

Hacker, Peter Michael Stephan: Human Nature: The Categorial Framework, Malden/Oxford 2007: Blackwell Publishing Ltd.

Hamilton, William Donald: The genetical evolution of social behaviour, in: Journal of Theoretical Biology, 7, 1964, S. 1-52.

Hegel, Georg Wilhelm Friedrich: Phänomenologie des Geistes (1807), hrsg. v. Johannes Hoffmeister, Berlin 1971: Akademie Verlag.

Huizinga, Johan: Homo ludens. Vom Ursprung der Kultur im Spiel, Hamburg 1956: Rowohlt.

Hurford, James R.: The Origins of Meaning. Language in the light of evolution, Oxford 2007: Oxford University Press.

Iacobini, Marco: Mirroring People. The New Science of How We Connect with Others, New York 2008: Farrar, Straus and Giroux.

Krüger, Hans-Peter: Kritik der kommunikativen Vernunft. Kommunikationsorientierte Wissenschaftsforschung im Streit mit Sohn-Rethel, Toulmin und Habermas, Berlin 1990: Akademie Verlag.

Krüger, Hans-Peter: Perspektivenwechsel. Autopoiese, Moderne und Postmoderne im kommunikationsorientierten Vergleich, Berlin 1993: Akademie Verlag.

Krüger, Hans-Peter: Zwischen Lachen und Weinen, Bd. I: Das Spektrum menschlicher Phänomene, Berlin 1999: Akademie Verlag.

Krüger, Hans-Peter: Zwischen Lachen und Weinen, Bd. II: Der dritte Weg Philosophischer Anthropologie und die Geschlechterfrage, Berlin 2001: Akademie Verlag.

Krüger, Hans-Peter: Die Aussetzung der lebendigen Natur als geschichtliche Aufgabe in ihr, in: Deutsche Zeitschrift für Philosophie, Jg. 52, H. 1, Berlin 2004: Akademie Verlag, S. 1-7.

Krüger, Hans-Peter: Das Hirn im Kontext exzentrischer Positionierungen. Zur philosophischen Herausforderung der neurobiologischen Hirnforschung, in: Deutsche Zeitschrift für Philosophie, Berlin, Jg. 52, H. 2, Berlin 2004: Akademie Verlag, S. 257-293.

Krüger, Hans-Peter: Die neurobiologische Naturalisierung reflexiver Innerlichkeit, in: Christian Geyer (Hrsg.), Hirnforschung und Willensfreiheit, Frankfurt/M. 2004: Suhrkamp Verlag, S. 183-193.

Krüger, Hans-Peter/Lindemann, Gesa (Hrsg.): Philosophische Anthropologie im 21. Jahrhundert, Berlin 2006: Akademie Verlag.

Krüger, Hans-Peter: Die Antwortlichkeit in der exzentrischen Positionalität. Die Drittheit, das Dritte und die dritte Person als philosophische Minima, in: Ders./G. Lindemann (Hrsg.), Philosophische Anthropologie im 21. Jahrhundert, a. a. O., S. 164-183.

Krüger, Hans-Peter (Hrsg.): Hirn als Subjekt? Philosophische Grenzfragen der Neurobiologie, Berlin 2007: Akademie Verlag.

Krüger, Hans-Peter: Die Entdeckung und das Missverständnis der neurobiologischen Hirnforschung, in: Thomas Fuchs, Kai Vogeley, und Martin Heinze (Hrsg.), Subjektivität und Gehirn, Berlin/Lengerich 2007: Parados Verlag, S. 73-90.

Krüger, Hans-Peter: Intentionalität und Mentalität als *explanans* und *explanandum*. Das komparative Forschungsprogramm von Michael Tomasello, in: Deutsche Zeitschrift für Philosophie, Jg. 55, H. 5, Berlin 2007: Akademie Verlag, S. 789-814.

Krüger, Hans-Peter: Philosophische Anthropologie als Lebenspolitik. Deutsch-jüdische und pragmatistische Moderne-Kritik, Berlin 2009: Akademie Verlag.

Landmann, Michael: Philosophische Anthropologie. Menschliche Selbstdarstellung in Geschichte und Gegenwart, Berlin/New York 1982: Walter de Gruyter.

Lindemann, Gesa: Die Grenzen des Sozialen. Zur sozio-technischen Konstruktion von Leben und Tod in der Intensivmedizin, München 2002: Wilhelm Fink Verlag.

Lindemann, Gesa: Unheimliche Sicherheiten. Zur Genese des Hirntodkonzepts, Konstanz 2003: UVK.

Luhmann, Niklas: Die Tücke des Subjekts und die Frage nach den Menschen, in: Soziologische Aufklärung 6: Die Soziologie und der Mensch, Opladen 1995: VS Verlag für Sozialwissenschaften.

Mead, George Herbert: Mind, Self and Society from the Standpoint of a Social Behaviourist, Chicago 1934: University of Chicago Press.

Metzinger, Thomas (Hrsg.): Bewusstsein. Beiträge aus der Gegenwartsphilosophie, Paderborn 1995: Mentis-Verlag.

Mithen, Steven: The Prehistory of the Mind. A Search for the origins of art, religion and science, London 1996: Thames and Hudson.Mitscherlich, Olivia: Natur *und* Geschichte. Helmuth Plessners in sich gebrochene Lebensphilosophie, Berlin 2007: Akademie Verlag.

Moscovici, Serge: Versuch über die menschliche Geschichte der Natur, Frankfurt/M. 1984: Suhrkamp Verlag.

Nagel, Thomas: The View from Nowhere, N. Y./Oxford 1986: Oxford University Press.

Neuweiler, Gerhard: Und wir sind es doch – die Krone der Evolution, Berlin 2008: Wagenbach.

Paul, Andreas: Von Affen und Menschen. Verhaltensbiologie der Primaten, Darmstadt 1998: Wissenschaftliche Buchgesellschaft.

Pinker, Steven: Das unbeschriebene Blatt. Die moderne Leugnung der menschlichen Natur, Berlin 2003: Berlin Verlag.

Plessner, Helmuth: Die Einheit der Sinne. Grundlinien einer Ästhesiologie des Geistes (1923), in: Ders., Gesammelte Schriften III (S. 7-315), hrsg. v. Günter Dux, Odo Marquard, Elisabeth Ströker, Frankfurt/M. 1980: Suhrkamp Verlag.

Plessner, Helmuth: Über die Erkenntnisquellen des Arztes (1923), in: Ders., Gesammelte Schriften IX (S. 45-55), hrsg. v. Günter Dux, Odo Marquard, Elisabeth Ströker, Frankfurt/M. 1985: Suhrkamp Verlag.

Plessner, Helmuth: Grenzen der Gemeinschaft. Eine Kritik des sozialen Radikalismus (1924), in: Ders., Gesammelte Schriften V (S. 7-133), hrsg. v. Günter Dux, Odo Marquard, Elisabeth Ströker, Frankfurt a M. 1981: Suhrkamp Verlag.

Plessner, Helmuth: Die Stufen des Organischen und der Mensch. Einleitung in die philosophische Anthropologie (1928), Berlin 1975: Walter de Gruyter.

Plessner, Helmuth: Macht und menschliche Natur. Ein Versuch zur Anthropologie der geschichtlichen Weltansicht (1931), in: Ders., Gesammelte Schriften V (S. 135-234), hrsg. v. Günter Dux, Odo Marquard, Elisabeth Ströker, Frankfurt/M. 1981: Suhrkamp Verlag.

Plessner, Helmuth: Elemente der Metaphysik. Eine Vorlesung aus dem Wintersemester 1931/32, hrsg. v. Hans-Ulrich Lessing, Berlin 2002: Akademie Verlag.

Plessner, Helmuth: Die verspätete Nation (1935/59), Frankfurt/M. 1995: Suhrkamp Verlag.

Plessner, Helmuth: Die Aufgabe der Philosophischen Anthropologie (1937), in: Ders., Gesammelte Schriften VIII (S. 33-51), hrsg. v. Günter Dux, Odo Marquard, Elisabeth Ströker, Frankfurt/M. 1983: Suhrkamp Verlag.

Plessner, Helmuth: Lachen und Weinen. Eine Untersuchung der Grenzen menschlichen Verhaltens (1941), in: Ders., Gesammelte Schriften VII (S. 201-387), hrsg. v. Günter Dux, Odo Marquard, Elisabeth Ströker, Frankfurt/M. 1982: Suhrkamp Verlag.

Plessner, Helmuth: Zur Anthropologie der Nachahmung (1948), in: Ders., Gesammelte Schriften VII (S. 389-398), hrsg. v. Günter Dux, Odo Marquard, Elisabeth Ströker, Frankfurt/M. 1982: Suhrkamp Verlag.

Plessner, Helmuth: Soziale Rolle und menschliche Natur (1960), in: Ders., Gesammelte Schriften X (S. 227-240), hrsg. v. Günter Dux, Odo Marquard, Elisabeth Ströker, Frankfurt/M.1985: Suhrkamp Verlag.

Plessner, Helmuth: Der imitatorische Akt (1961), in: Ders., Gesammelte Schriften VII (S. 446-458), hrsg. v. Günter Dux, Odo Marquard, Elisabeth Ströker, Frankfurt/M. 1982: Suhrkamp Verlag.

Plessner, Helmuth: Die Frage nach der Conditio humana (1961), in: Ders., Gesammelte Schriften VIII (S. 136-217), hrsg. v. Günter Dux, Odo Marquard, Elisabeth Ströker, Frankfurt/M. 1983: Suhrkamp Verlag.

Plessner, Helmuth: Elemente menschlichen Verhaltens (1961), in: Ders., Gesammelte Schriften VIII (S. 218-234), hrsg. v. Günter Dux, Odo Marquard, Elisabeth Ströker, Frankfurt/M. 1983: Suhrkamp Verlag.

Plessner, Helmuth: Immer noch Philosophische Anthropologie? (1963), in: Ders., Gesammelte Schriften VIII (S. 235-246), hrsg. v. Günter Dux, Odo Marquard, Elisabeth Ströker, Frankfurt/M. 1983: Suhrkamp Verlag.

Plessner, Helmuth: Ein Newton des Grashalms? (1964), in: Ders., Gesammelte Schriften VIII (S. 247-266), hrsg. v. Günter Dux, Odo Marquard, Elisabeth Ströker, Frankfurt/M. 1983: Suhrkamp Verlag.

Plessner, Helmuth: Der Mensch als Naturereignis (1965), in: Ders., Gesammelte Schriften VIII (S. 267-283), hrsg. v. Günter Dux, Odo Marquard, Elisabeth Ströker, Frankfurt/M. 1983: Suhrkamp Verlag.

Plessner, Helmuth: Zur Frage der Vergleichbarkeit tierischen und menschlichen Verhaltens (1965), in: Ders., Gesammelte Schriften VIII (S. 284-293), hrsg. v. Günter Dux, Odo Marquard, Elisabeth Ströker, Frankfurt/M. 1983: Suhrkamp Verlag.

Plessner, Helmuth: Der Mensch im Spiel (1967), in: Ders., Gesammelte Schriften VIII (S. 307-313), hrsg. v. Günter Dux, Odo Marquard, Elisabeth Ströker, Frankfurt/M. 1983: Suhrkamp Verlag.

Plessner, Helmuth: Der Mensch als Lebewesen. Adolf Portmann zum 70. Geburtstag (1967), in: Ders., Gesammelte Schriften VIII (S. 314-327), hrsg. v. Günter Dux, Odo Marquard, Elisabeth Ströker, Frankfurt/M. 1983: Suhrkamp Verlag.

Plessner, Helmuth: Anthropologie der Sinne (1970), in: Ders., Gesammelte Schriften III (S. 317-394), hrsg. v. Günter Dux, Odo Marquard, Elisabeth Ströker, Frankfurt/M. 1980: Suhrkamp Verlag.

Povinelli, Daniel J.: Folk Physics for Apes. The Chimpanzee's Theory of How the World Works, Oxford 2000: Oxford University Press.

Quante, Michael: Michael: Person, Berlin 2007: Walter de Gruyter.

Rescher, Nicholas: Rationalität, Wissenschaft und Praxis, Würzburg 2002: Königshausen & Neumann.

Rheinberger, Hans-Jörg: Historische Epistemologie zur Einführung, Hamburg 2007: Junius Verlag.

Robinson, Daniel (Ed.): Neuroscience and Philosophy. Brain, Mind, and Language, New York 2007: Columbia University Press.

Ros, Arno: Mentale Verursachung und mereologische Erklärungen. Eine einfache Lösung für ein komplexes Problem, in: Deutsche Zeitschrift für Philosophie, Jg. 56, H. 2, Berlin 2008: Akademie Verlag, S. 167-203.

Roth, Gerhard: Das Gehirn und seine Wirklichkeit. Kognitive Neurobiologie und ihre philosophischen Konsequenzen, Frankfurt/M. 1996: Suhrkamp Verlag.

Roth, Gerhard: Fühlen, Denken, Handeln. Wie das Gehirn unser Verhalten steuert, Frankfurt/M. 2001: Suhrkamp Verlag.

Roth, Gerhard: Aus Sicht des Gehirns, Frankfurt/M. 2003: Suhrkamp Verlag.

Sartre, Jean-Paul: Das Sein und das Nichts. Versuch einer phänomenologischen Ontologie (frz. 1943), Reinbek bei Hamburg 1991: Rowohlt.

Scheler, Max: Das Ressentiment im Aufbau der Moralen (1912), hrsg. v. Manfred S. Frings, Frankfurt/M. 1978: Klostermann.

Scheler, Max: Die Stellung des Menschen im Kosmos, Bonn 1995: Bouvier Verlag.

Schloßberger, Matthias: Die Erfahrung des Anderen. Gefühle im menschlichen Miteinander, Berlin 2005: Akademie Verlag.

Schnädelbach, Herbert: Philosophie in Deutschland 1831-1933, Frankfurt/M. 1983: Suhrkamp Verlag.

Searle, John Rogers: Die Wiederentdeckung des Geistes, München 1993: Artemis und Winkler.

Searle, John Rogers: Geist. Eine Einführung, Frankfurt/M. 2006: Suhrkamp Verlag.

Singer, Wolf: Der Beobachter im Gehirn. Essays zur Hirnforschung, Frankfurt/M. 2002: Suhrkamp Verlag.

Singer, Wolf: Ein neues Menschenbild? Gespräche über Hirnforschung, Frankfurt/M. 2003: Suhrkamp Verlag.

Singer, Wolf: Über Bewusstsein und unsere Grenzen. Ein neurobiologischer Erklärungsversuch, in: A. Becker, C. Mehr, H. H. Nau, G. Reuter, D. Stegmüller (Hrsg.): Gene, Meme und Gehirne. Geist und Gesellschaft als Natur. Eine Debatte, Frankfurt/M. 2003.

Sommer, Volker: Schimpansenland. Wildes Leben in Afrika, München 2008: C.H. Beck.

Tomasello, Michael: First Verbs: A case study of early grammatical development, New York 1992: Cambridge University Press.

Tomasello, Michael/Call, Josep: Primate cognition, Oxford 1997: Oxford University Press.

Tomasello, Michael: Die kulturelle Entwicklung des menschlichen Denkens. Zur Evolution der Kognition, Frankfurt/M. 2002: Suhrkamp Verlag.

Tomasello, Michael: Constructing a Language. A Usage-Based Theory of Language Acquisition, Cambridge/London 2003: Harvard University Press.

Tomasello, Michael/Rakoczy, Hannes: What makes Human Cognition Unique? From Individual to Shared to Collective Intentionality, in: Mind & Language, Vol. 18 No. 2 April 2003, pp. 121-147.

Tomasello, Michael/Carpenter M./Call, J./Behne, T./Moll H.: Understanding and sharing intentions: The origins of cultural cognition, in: Behavioral and Brain Sciences (2005) 28, pp. 675-735.

Tomasello, Michael: Origins of Human Communication, Cambridge/London 2008: MIT Press.

Tomasello, Michael (with Carol Dweck, Joan Silk, Brian Skyrms, Elizabeth Spelke): Why we cooperate, Cambridge-London 2009: MIT Press.

Waal, Frans de: Primaten und Philosophen. Wie die Evolution die Moral hervorbrachte, München 2008: Carl Hanser Verlag.

Walzer, Michael: Moralischer Minimalismus, in: Deutsche Zeitschrift für Philosophie, Jg. 42, H. 1, Berlin 1994: Akademie Verlag, S. 3-13.

Wittrock, Björn: Cultural Crystallization and Civilisation change: Axiality and Modernity, in: Comparing Modernities. Pluralism versus Homogeneity. Essays in Homage to Shmuel N. Eisenstadt, ed. by Eliezer Ben-Rafael/Yitzak Sternberg, Leiden/Boston 2005: Brill, S. 83-123.

Personenverzeichnis

Sachverzeichnis

Akademie Verlag

Philosophische Anthropologie

Herausgegeben von Hans-Peter Krüger und Gesa Lindemann

Band 1 **Philosophische Anthropologie im 21. Jahrhundert**
Hans-Peter Krüger, Gesa Lindemann (Hrsg.)
2006. 300 Seiten, € 49,80
ISBN 978-3-05-004052-3

Band 2 Matthias Schloßberger
Die Erfahrung des Anderen
Gefühle im menschlichen Miteinander
2005. 225 Seiten, € 49,80
ISBN 978-3-05-004147-6

Band 3 Richard Shusterman
Leibliche Erfahrung in Kunst und Lebensstil
2005. 208 Seiten, € 49,80
ISBN 978-3-05-004109-4

Band 4 Heidí Salaverría
Spielräume des Selbst
Pragmatismus und kreatives Handeln
2007. 274 Seiten, € 59,80
ISBN 978-3-05-004297-8

Band 5 Olivia Mitscherlich
Natur *und* Geschichte
Helmuth Plessners in sich gebrochene Lebensphilosophie
2007. 368 Seiten, € 59,80
ISBN 978-3-05-004248-0

Band 6 Íngrid Vendrell Ferran
Die Emotionen
Gefühle in der realistischen Phänomenologie
2008. 273 Seiten, € 59,80
ISBN 978-3-05-004387-6

(Alle Bände Festeinband, 170 x 240 mm)

www.akademie-verlag.de | info@akademie-verlag.de

Akademie Verlag

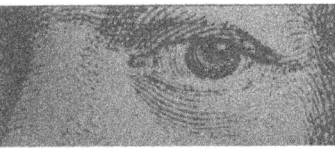

Hans-Peter Krüger

Philosophische Anthropologie als Lebenspolitik

Deutsch-jüdische und
pragmatistische Moderne-Kritik

Deutsche Zeitschrift für Philosophie,
Sonderband 23

2009. 372 S. – 170 x 240 mm,
Festeinband, € 49,80
(für Abonnenten der DZPhil € 44,80)
ISBN 978-3-05-004605-1

Das Thema der Lebenspolitik ist in der reflexiven Moderne zwischen den Philosophien von Jürgen Habermas und Michel Foucault wiederentdeckt worden. Aber die Individualisierung der Risikogesellschaft legt nicht den anthropologischen Zirkel der Moderne frei, von dem die gegenwärtige Lebenspolitik inhaltlich abhängt.

Dieser inhaltliche Fokus bedeutet nicht, wie viele Philosophen seit Heidegger glauben, die Auflösung der Philosophie. Sie kann mit ihren eigenen Methoden und theoretischen Ansprüchen diejenige personale Lebensform freilegen, die aus dem anthropologischen Zirkel herausführt. Speziesismen (im Naturenvergleich) und Ethnozentrismen (im Kulturenvergleich) lassen sich durch eine bestimmte Kombination aus Phänomenologie, Hermeneutik, verhaltenskritischer Dialektik und Rekonstruktion der praktischen Ermöglichungsbedingungen begründet kritisieren.

Die Philosophischen Anthropologien des amerikanischen Pragmatismus, insbesondere von John Dewey, und von deutsch-jüdischen Denkern wie Hannah Arendt, Ernst Cassirer, Helmuth Plessner und Max Scheler haben solche interkulturellen und interdisziplinären Leistungen bereits im 20. Jahrhundert erbracht. Sie werden hier erstmals in eine systematische Diskussion miteinander versetzt, die der Gegenwartsphilosophie bislang fehlt.

www.akademie-verlag.de | info@akademie-verlag.de

Akademie Verlag

Natürlicher Geist

Beiträge zu einer undogmatischen Anthropologie

Alexander Becker, Wolfgang Detel (Hrsg.)

Wissenskultur und gesellschaftlicher Wandel, Band 30
2009. 277 S. – 170 x 240 mm, Festeinband, € 59,80
ISBN 978-3-05-004500-9

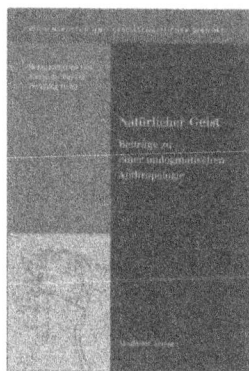

Das Verhältnis zwischen Geist und Natur ist seit der frühen Neuzeit eines der großen Themen der Philosophie, das in das Zentrum unseres Selbstverständnisses als menschliche Wesen stößt. Auch die aktuellen Debatten in der Philosophie des Geistes sind davon bestimmt. Dabei steht seit Descartes im Hintergrund die Überzeugung, dass zwischen Geist und Natur eine tiefe Kluft besteht und unser Geist nicht in die Natur passt. Erst diese Überzeugung verleiht den Debatten ihre Brisanz.

Diese Kluft ist jedoch nicht leicht zu präzisieren, denn weder ist der Naturbegriff klar, noch gibt es eine allgemein akzeptierte Definition des Mentalen, aus der hervorginge, was genau das Mentale zu einem nicht-natürlichen Phänomen macht. Das eröffnet den Spielraum für die Vermutung, dass die Kluft zwischen Geist und Natur nur eine scheinbare ist. Immerhin sprechen starke Intuitionen dafür, den Geist ohne reduktive Abstriche als Bestandteil der Natur zu betrachten: Er ist ein Produkt der Evolution; die Grenze zur tierischen Kognition ist eine graduelle; unsere personale Identität hängt von unserem Selbstverständnis als biologische Wesen ab.

Die Beiträge des Bandes sammeln und diskutieren Argumente dafür, den menschlichen Geist auf eine unproblematische Weise als Teil der Natur zu begreifen, ohne eine tiefe Erschütterung unseres Selbstbildes befürchten zu müssen.

www.akademie-verlag.de | info@akademie-verlag.de

www.ingramcontent.com/pod-product-compliance
Lightning Source LLC
Chambersburg PA
CBHW081557190326
41458CB00015B/5643